U0158726

公园社区

四川天府新区公园城市治理之路

周少来 主编

中国社会科学出版社

图书在版编目（CIP）数据

公园社区：四川天府新区公园城市治理之路／周少来主编．—北京：中国社会科学出版社，2022.1

ISBN 978 – 7 – 5203 – 9278 – 5

Ⅰ.①公…　Ⅱ.①周…　Ⅲ.①城市公园—社区管理—研究—成都

Ⅳ.①TU986.627.11②D669.3

中国版本图书馆 CIP 数据核字（2021）第 214678 号

出 版 人	赵剑英	
责任编辑	王　琪	
责任校对	杜若普	
责任印制	王　超	

出　　版	中国社会科学出版社	
社　　址	北京鼓楼西大街甲 158 号	
邮　　编	100720	
网　　址	http://www.csspw.cn	
发 行 部	010 – 84083685	
门 市 部	010 – 84029450	
经　　销	新华书店及其他书店	

印　　刷	北京明恒达印务有限公司	
装　　订	廊坊市广阳区广增装订厂	
版　　次	2022 年 1 月第 1 版	
印　　次	2022 年 1 月第 1 次印刷	

开　　本	710×1000　1/16	
印　　张	25	
插　　页	2	
字　　数	352 千字	
定　　价	139.00 元	

凡购买中国社会科学出版社图书，如有质量问题请与本社营销中心联系调换
电话：010 – 84083683

目　录

序　言

　　人类社会聚居生活经历了从族群到部落、村庄、社区的演变历程，反映出人类社会发展历史进程，也是人走向全面自由发展的过程。公园社区作为人类聚居的高级形态，体现了人与自然、人与人的和谐共生，是人类命运共同体的最基本单元，是公园城市高质量发展、高品质生活、高效能治理的组成部分，也是人们美好生活的向往地和承载地。四川天府新区遵循公园营城理念，着力塑造人与自然、人与人最和谐的幸福美好生活共同体——公园社区，为世界社区发展治理提供中国方案。

　　2018年2月11日，习近平总书记视察天府新区时，提出天府新区是"一带一路"建设和长江经济带发展的重要节点，一定要规划好建设好，特别是要突出公园城市特点，把生态价值考虑进去。作为公园城市首提地，四川天府新区聚焦建设践行新发展理念公园城市先行区目标，坚持社区规划与城市规划同步、社区建设和社区治理同步，用公园社区涵养公园城市绿水青山的生态价值、诗意栖居的美学价值、绿色低碳的经济价值、以文化人的人文价值、健康宜人的生活价值、和谐共享的社会价值。

　　三年来，四川天府新区深入贯彻习近平新时代中国特色社会主义思想，认真落实中共中央、国务院《关于加强和完善城乡社区治理的意见》和四川省委省政府关于城乡社区治理的重大部署，紧紧围绕到 2020 年基本形成基层党组织领导、基层政府主导的多方参与、共同治理的城乡社区治理体系，城乡社区治理体制更加完善，城乡社区治理能力显著提升，城乡社区公共服务、公共管理、公共安全得到有效保障的总体目标，严格按照成都市建设高品质和谐宜居生活社区的总体部署，坚持以基层党组织建设为关键、政府治理为主导、居民需求为导向、改革创新为动力，健全体系、整合资源、增强能力，完善城乡社区治理体制，创新推动公园社区发展治理，先后涌现出了安公社区、麓湖公园社区、秦东社区、兴隆湖社区、老龙村等一批未来幸福美好示范社区、理想生活家园，成为公园城市闪亮的群星，市民美好生活需要在公园社区得到极大满足。

在习近平新时代中国特色社会主义思想的指引下，四川天府新区作为公园城市的首提地，始终站稳人民立场，坚定践行新发展理念，准确把握新发展阶段，深刻诠释公园社区科学内涵，系统回答了"建设什么样的公园社区，怎样建设公园社区"的时代命题，提出了建设生态环境秀美、空间形态优美社区、生活服务完美、人文关怀善美、社会关系和美、心灵感知甜美"六美"公园社区，努力建设幸福美好生活家园，着力打造全面展示中国特色社会主义制度优越性的未来城市、未来社区、未来生活样板。

四川天府新区秉承"高标准规划、高质量建设、高水平保障、高效能治理、高品质生活"的城市理想，坚守公园营城，以公园为中心，围绕社区蓝绿空间，布局社区绿道，串联社区服务，建设幸福宜居社区，真正实现用公园社区涵养表达公园城市绿水青山的生态价值、诗意栖居的美学价值、绿色低碳的经济价值、以文化人的人文价值、健康宜人的生活价值、和谐共享的社会价值"六大价值"，夯实筑牢创新引领的活力城市、协调共融的和谐城市、生态宜居的美丽城市、内外联动的包容城市和共建共享的幸福城市"五个城市"的底部支撑。

面向未来，四川天府新区牢牢把握人民对美好生活的向往，大力实施幸福美好生活十大工程，着力塑造"巴适安逸和美"为特征的全民参与、全龄友好公园社区生活场景，汇聚人民之智、凝聚共建之力，努力把公园社区建设成为人本价值充分彰显的幸福美好生活家园，以实实在在的发展成效请人民群众阅卷。

上　篇

公园城市的治理体系

从公园城市到公园社区：城乡一体融合发展的制度样板

"九天开出一成都，万户千门入画图。"

盛唐大诗人李白的千古吟唱，描绘出一幅成都人民诗意生活的绚丽画卷，经过成都人民一千多年来的不懈奋斗，"万户千门入画图"的"公园城市"壮丽篇章，正在当代中国全面现代化的伟大进程中，由成都人民徐徐绘就，次第展开。

1978 年，改革开放的大门打开，成都人民奋勇争先的千年活力激情喷发，老成都"竹篱茅舍、砖木板房"的城市样态，快速退出历史舞台，小别墅、大高楼的现代化城市喷薄而出。

2007 年，成都作为全国统筹城乡综合配套改革试验区之一，改革重点放在统筹城乡规划，建立城乡统一的行政管理体制，建立覆盖城乡的基础设施，建立城乡均等化的公共服务保障体制，建立覆盖城乡居民的社会保障体系，建立城乡统一的户籍制度，健全基层自治组织，统筹城乡产业发展等重点领域和关键环节率先突破。通过改革探索，加快经济社会健康快速协调发展。

2014 年，成都天府新区获批成为国家级新区，成都"南拓"战略获得崭新的发展空间，在广阔的成都平原上，"一山连两翼"的城乡一体、绿色发展的新型城市样态初步展现。

2018 年，习近平总书记视察成都天府新区，明确提出"特别是要突出公园城市特点，把生态价值考虑进去"，"公园城市首提地"的战略定位，为成都"公园城市"的快速发展指明了方向。

2019 年，成都作为国家城乡融合发展试验区之一，试验目标为实现城乡生产要素双向自由流动的制度性通道基本打开，城乡有序流动的人口迁徙制度基本建立，城乡统一的建设用地市场全面形成，城乡普惠的金融服务体系基本建立，农民持续增收体制机制更加完善，城乡发展差距和居民生活水平差距明显缩小。

2020 年中央明确提出"支持成都建设践行新发展理念的公园城市示范区"，从"公园城市首提地"到"公园城市示范区"，成都城乡一体融合发展的战略定位更加明确，体制改革和制度创新的政治责任更加重大，成都"公园城市"的发展进入全面快速提升的新征程。

截至 2021 年 5 月，成都全域公园城市和公园社区建设取得重大成就，"开窗见绿、出门入园"的公园城市样态基本呈现：整治提升背街小巷 3257 条，实施老旧城区改造项目 859 个，棚户区 17434 户，完成"拆违建拆围墙增开敞空间"点位 3270 个，打造特色精品街区 121 个，打造公园小区 70 个，建设国际化社区 45 个，实现了城乡一体的公园城市与公园社区的有机融合。①

全国首例"公园城市"的首提地和示范区，为什么是成都？为什么成都行？除了成都得天独厚的"天府之国"条件以外，离不开成都市委、市政府的坚强领导，离不开成都市人民的开拓进取，离不开成都市在城乡一体融合发展中的制度创新，离不开成都市在城乡一体融合中推动治理体系的不断探索和完善。这对于在全国范围内推广"公园城市"的建设经验和示范作用，具有更为重要的可复制制度性价值，值得我们在制度化建设的视域中加以系统梳理和总结提升。

---

① 高雪梅、吴梓溢：《成都：公园大城，雪山同框》，《瞭望东方周刊》2020 年第 20/21 期；中国社会科学院政治学研究所"国家治理体系与治理能力现代化"创新组编：《四川天府新区调研资料汇编》（上册·综合材料），2021 年 4 月。

一　纵向贯通的治理体系

现代大都市的治理体系，需要分层级的科层化治理，需要上情下达、下情上传的上下互动的信息和管理系统。作为有 2000 多万管理人口的超大城市，成都市在从公园城市到公园社区的建设过程中，建构了上下贯通、纵向一体的有效治理体系。

（一）党组织的纵向到底

中国共产党作为立党为公的执政党，是当代中国各项现代化事业的领导核心。地方和基层各级党组织，作为执政党在地方和基层的代表，同样是地方和基层治理中的政治中心、组织中心和治理中心。地方和基层各级党组织，是否高效协同、上下一体地贯彻党中央的各项方针政策，并同时结合当地实际制定地方性的政策和决策，是地方治理有效性的重要组织保障和制度前提。

成都市委作为在中共中央和四川省委领导下的党的地方组织，在公园城市和公园社区的全域推进过程中，坚持"党建引领"高质量发展的理念，建立健全起了一套完整的从市委到小区微单元的党组织体系：市委—天府新区党工委—街道工委—社区党委—小区（院落）党支部—楼栋党小组，推动党的组织体系向基层治理的各个领域拓展，向小区院落等基层治理的末端延伸，实现了社区党委和小区党支部组织体系的全覆盖。[①] 同时，加强主管单位和上级组织对"两新"组织的党建引领，在非公经济组织和社会组织中，建立健全党的基层组织，动态保持全市社会组织党组织覆盖率不低于 80%，扩大基层党组织的组织覆盖和工作覆盖。同时，为了保证非公经济

---

① 中国社会科学院政治学研究所"国家治理体系与治理能力现代化"创新组编：《四川天府新区调研资料汇编》（上册·综合材料），2021 年 4 月。

组织和社会组织党建工作的有效开展，成都市委要求各区县党委，对"两新"组织选派"党建工作指导员"，通过联系、兼职、专职、挂职、全职等多种渠道选派选拔优秀党建工作者，并要求在 2018 年实现党建工作指导的全覆盖。[①]

通过以上党的组织体系的纵向贯通体系建设，成都市在全域公园城市的快速推进过程中，不但能够保证上级决策在基层组织的高效执行，也能够通过这一上下贯通的组织体系，把社情民意和基层群众的诉求，及时有效地"上达"各级组织。这是成都市公园城市治理体系有效运作的根本组织保障，也是我们党执政能力在地方治理中的集中组织化体现，是地方和基层各项工作有效开展的组织灵魂和神经中枢。

（二）行政组织的高效执行

按照行政管理的基本通则，行政组织的主要任务是高效执行决策机构的政策和任务。作为科层化行政组织的各级地方政府，是本级应负责执行的政策和任务的一线实施者，应以高效率、低成本完成各项行政任务为第一责任。但中国的各级政府组织，有其自身的制度特点和组织优势。

一是党政统合的决策、执行和监督体系。各级政府的行政首长，如县长，也是县级党委的副书记和常委，同时参与本级政府的各项决策和执行。这是执政党各级党组织权力集中和高效治理的制度优势和组织优势，越到基层政府，党政统合、党政合一的组织体系和工作机制表现得越明显。

二是各级党委和政府的公务员队伍中，80% 以上是中共党员，其所在的行政组织中同样也有党的组织，如行政职能局财政局、教育局中的党组或党委。所以，行政组织中党的组织和党员主体的存

---

① 中国社会科学院政治学研究所"国家治理体系与治理能力现代化"创新组编：《四川天府新区调研资料汇编》（下册·成都市文件汇编），2021 年 4 月。

在，也是保证各级行政组织高效执行党委决策的组织化保障。

具体到天府新区的行政组织体系，同样具有自身的组织特征：

第一，四川天府新区党工委管委会，作为一级行政组织是受成都市委市政府领导的。管委会主任作为管委会党工委副书记，管委会及其党政部门，同样是党政统合中央、省级和成都市的执行机构。

第二，天府新区管委会下属的行政性机构，并不是传统的党政分开的职能化专职机构，而是开发区或高新区一般通行的"大部制"组织设置，如四川天府新区党群工作部，负责党的组织部门、宣传部门、统战部门、宗教工作和基层政权建设等党政统合的各项工作。又如四川天府新区社区发展治理和社会事业局，负责传统的教育局、文化局、卫生局、科技局以及基层治理和社区治理的各项工作。党政统合的"大部制"组织体制，保证了推进各项工作的组织整合和功能整合，也是降低行政成本和合作协同的组织保障。

第三，作为基层政府的街道体制，四川天府新区原来有13个街道、乡镇，在2019年的乡镇体制改革中，为了更有力地推动全域公园社区建设，把原来的乡镇全部改为街道建制，合并为9个街道，并下移行政重心，放权赋能强化街道的党政权力和执行力。

第四，作为基层群众自治组织的城市社区和行政村"两委"，在行政重心下移的过程中，也做了行政化和专职化的组织重建，城乡统一地实行"社区化"管理。社区党委书记和主任全部实行"一肩挑"，并有工资、福利、奖金的保障机制，同时实行行政化的绩效考核机制，社区的行政化管理进一步下延到小区和院落的自治管理组织当中。

行政组织的纵向贯通体制，是各项政策任务的实施落实机制，也是保证公园城市和公园社区高效推进的组织化保障。

（三）社区治理体系的纵向贯通

城乡社区建设，在传统行政管理体制中，属于县级民政部门管理。虽然近年来为了加强对基层自治组织选举问题的管理，县委组织部一般会直接介入基层选举之中，但关于社区建设和村委会建设，具体事务还是隶属县级民政部门。但民政部门与县级其他职能部门行政并列，权属相当，在具体的协调和管理中对其他职能部门并无多大的指挥权和协调权，由此造成很多具体的社区建设（包括城镇社区和乡村社区）问题，特别是涉及征地、拆迁、集体经济资产管理等复杂问题时，民政部门更是受到很多地方保护主义和部门利益的掣肘。

成都市为了有效应对大城市快速扩张中的众多治理难题，特别是在公园城市建设过程中遇到的复杂利益问题，提高社区发展治理的整合能力，2017 年 9 月，市委召开城乡社区发展治理大会，在市、区县两级党委序列中独立设置"城乡社区发展治理委员会"，开启了党建引领城乡基层治理的制度创新实践。由此在全国范围内，首先创新了城乡社区的治理体系建制：市城乡社区发展治理委员会—县区城乡社区发展治理委员会—街道社区发展治理办公室—城乡社区。市、区县两级的城乡社区发展治理委员会，由同级党委常委、组织部部长兼任主任，统一协调统筹基层党建和基层治理工作，具体履行城乡基层治理"顶层设计、统筹协调、整合资源、重点突破、督导落实"职能，破解基层治理"九龙治水"的体制弊端。通过这一市、区县、街道直达社区的纵向贯通的组织领导体系，在提高社区治理领导体制的权威性的同时，实现了组织整合和功能整合，整体提升了城乡社区发展治理的决策能力和执行能力。同时，建立"月调度、季督导、半年拉练"的重点工作推进制度，建立区县、街道、城乡社区、小区"四级示范建设引领"体系，构建起统一领导、上下联动、运转高效的基层治理创新工作机制。①

---

① 中国社会科学院政治学研究所"国家治理体系与治理能力现代化"创新组编：《四川天府新区调研资料汇编》（上册·综合材料），2021 年 4 月。

这一在全国首创的"城乡社区发展治理委员会"体系，实现了把执政党的制度优势和组织优势转化为治理效能的制度创新，在成都市的城乡公园社区的建设中发挥了极大的组织化功能。

二　横向一体的治理体系

中国城乡二元分治的制度体系，自从 1958 年正式确立以来，在维护城乡社会结构稳定、保障城市建设发展方面发挥了一定的历史作用。但随着改革开放的深入和城乡要素流动的加剧，城乡二元的治理体系的制度弊端日益凸显，成为中国全面现代化进程制度改革难点。如何破解城乡二元分治的制度困局，加快城乡一体融合的进程，成了中央期待、民众期盼的重要制度改革领域。

成都市在大城市发展与都市圈建设中，同样遇到了城乡二元分治的制度性障碍。关于如何破解城乡二元分治、推进城乡一体融合的制度体系，虽然自 2007 年成都成为国家级城乡统筹试验区以来，成都市在推进土地制度、户籍制度和社会保障制度的城乡一体化进程中取得了很大成就，但在公园城市和公园社区的建设中，成都市依然面临着巨大的制度性改革挑战。截至 2020 年，成都市户籍人口 1519.7 万人，实际服务人口 2233.6 万人，户籍人口城镇化率为 66.83%，也就是说，还有 33.17% 的户籍人口常住乡村，还有巨大的城乡公共服务一体化的压力。

以四川天府新区为例，总体规划面积为 1578 平方公里，成都直管区为 564 平方公里，其中乡村振兴区域面积为 395 平方公里，占到天府新区直管区的 70% 以上。[①]　所以，推进城乡一体融合发展治

---

① 中国社会科学院政治学研究所"国家治理体系与治理能力现代化"创新组编：《四川天府新区调研资料汇编》（上册·综合材料），2021 年 4 月；中国社会科学院政治学研究所"新时代中国特色社会主义的理论与实践"创新组编：《四川天府新区调研资料汇编》，2020 年 10 月。

理的制度体系建设，成为成都市委、市政府近年来深化体制改革的重点工作。

（一）城乡规划建设的一体衔接

由于在成都市管辖下的 23 个区县市中，还有 70%—80% 的地域为传统的乡村地区，人们的生产生活方式还保留着一定的传统习惯，城乡分治的二元体系，还制约着城乡之间各种要素的自由流动，但为了推动全域公园城市和公园社区的建设，首先需要在规划建设中实现城乡的一体衔接。

第一，城乡规划上的一体统筹，按照《成都建设践行新发展理念的公园城市示范区总体方案》《成都市美丽宜居公园城市规划 (2018—2023 年)》，以及更为具体的《成都践行新发展理念的公园城市示范区建设实施规划 (2020—2025 年)》，各个方案和规划都突出强调一体统筹城乡发展建设的原则，特别是一体统筹城乡各个部门、各个区县的规划和建设行动，形成全市一盘棋的建设总体规划和各部门各系统的专项建设规划。[①]

第二，一体优化城乡层次分明的空间体系，协调构建城乡"公园城市—公园城市功能区—公园城市单元—公园城市社区—公园城市街区"五级空间体系。[②]

第三，城乡基础设施和公共服务设施的一体建设，在对接和服务城乡土地利用规划、产业发展规划和生态环境保护规划的同时，城乡一体建设高标准的基础公共设施，为城乡居民在水、电、路、气、网和党政公共服务均等化方面，提供硬件设施的基础性保障。

---

① 成都市公园城市建设领导小组编著：《公园城市：成都实践》，中国发展出版社 2020 年版，第 8—9 页。

② 成都市公园城市建设领导小组编著：《公园城市：成都实践》，中国发展出版社 2020 年版，第 28 页。

（二）城乡社区经费和服务的一体保障

经费支持是社区发展治理的物质保障，成都市在建构城乡一体的社区治理制度体系的同时，也在经费保障上实现城乡一体化，甚至在对乡村社区的支持上加大力度。

一是社区保障资金，全市最低保障标准：城镇社区为"15 万元（基准数）+1500 元/百人（每百人增加数）"，行政村（乡村社区）为"25 万元（基准数）+4000 元/百人（每百人增加数）"，加大对乡村社区的支持力度。

二是社区奖励资金，对获得百佳示范的社区和小区，市社治委将给予每个社区 30 万元的奖励（其中社区 10 万元、社区所在的街镇 2 万元），每个小区奖励 5 万元。其中，2018—2020 年，三年累计向城乡社区拨付保障和激励资金共 50.8 万元，其中保障资金 423.6万元，激励资金 8.2 万元。

三是在全市城乡社区共建立了 3043 个村（社区）党群服务中心，构建城乡一体的公共服务体系设施，构建系统的 15 分钟街区级、10 分钟社区级、5 分钟小区级的生活服务圈，合理布局养老托幼、社区医疗、社区教育、文化体育等服务资源，共吸引 1.3 万家社会组织、102 家社会企业等多元主体，承接村（社区）的公共服务项目，推动公共服务供给与人口流动迁徙、区域功能疏解实现精准匹配和动态平衡。[①]

（三）城乡基础性制度的一体改革

城乡二元分治的城乡结构背后，最为根本的是其一系列基础性制度的二元分割，如城乡二元、同地不同价的土地制度，城乡二元的户籍制度及其附着的福利制度，城乡二元的社会保障制度等，由

[①] 中国社会科学院政治学研究所"国家治理体系与治理能力现代化"创新组编：《四川天府新区调研资料汇编》（上册·综合材料），2021 年 4 月。

此导致城乡居民不同的公民身份属性和不同的公民权利保障水平。而这一系列制度的形成及其保障的权利和利益差别，有其深刻的历史根源和利益纠结，又牵扯到极其复杂的制度和政策调整，并非地方政府单独改革就能完成消除，只有依靠中央层级的带有"顶层设计"性质的制度体系改革，才能有效消除城乡一体融合发展的制度性障碍。

虽然在城乡基础性制度改革方面，成都市政府并没有太多的地方自主权和能动权，但自 2007 年成为国家级城乡统筹改革试验区以来，成都市委、市政府还是依据中央政策精神和宪法法律，进行了最大限度的地方性基础制度改革。

户籍制度方面，2004 年，成都市对全市户籍人口取消"农业户口"和"非农业户口"的区分，统一登记为"居民户口"。2007 年，成都市正式宣布大成都范围内户籍可实现全域自由迁移，同时保证农民在进入城市的同时保留自己的承包地和宅基地。① 2018 年以来，成都实行大学生毕业即可落户的政策，每年有 35 万之多的各种人才落户成都。

土地制度方面，自成为国家级城乡统筹改革试验区以来，成都在城乡土地制度改革方面，始终走在全国前列。2008 年成都农村产权交易所成立，为农村承包地、林地和集体建设用地交易流转提供制度平台。2013 年成都市公共资源交易服务中心成立，为包括城乡土地资源平等交易在内的所有公共资源交易提供了基础平台。特别是天府新区成立以来，涉及大量的土地征用和农村土地整理，其所涉及的土地整理和招标项目，都可以通过土地交易平台进行公正平等的土地交易，实现了农村集体建设用地与城市建设用地的同等入市、同地同价，不但保证了城市建设用地的急剧扩大，也实现了对农民土地财产和土地利益的有效保护。

---

① ［美］约翰·奈斯比特、［奥］多丽丝·奈斯比特：《成都调查》，魏平、毕香玲译，吉林出版集团、中华工商联合出版社 2011 年版，第 94 页。

社会保障制度方面，户籍制度最根本的差别，是其上附着的社会保障制度的差别。2004 年，成都首先在全国范围内率先将农村养老保险与城市养老保险进行统一。2008 年，成都市政府部门为老年人制订了养老保险计划，并延伸覆盖至农村居民。2009 年，成都市将农村、城市和高校学生的三级医疗保险进行了统一。① 2018 年自全域公园城市建设以来，成都市在失地农民的养老保险全覆盖、城乡医疗保险均等化方面不断进行制度改革和资金保障。在建立城乡有序流动的人口迁徙制度上，加快义务教育、社会保障、医疗卫生、劳动就业等制度城乡一体设计、一体实施，为城乡一体的社会保障制度的健全和提升进行着不懈的制度探索。

三　复合协同的治理体系

地方和基层治理的现代化，其核心任务是治理体系和治理能力的现代化，其制度改革的关键是制度体系、体制机制的建构和高效运转，其深层根源涉及国家与社会关系的转型与调整，涉及政府（包括党和政府）、市场、社会的协调协同和互动互强，最终目标是建构政府有为、市场有效、社会有力的协同治理体系。

成都市在建设公园城市与公园社区的过程中，通过建构纵向贯通的治理体系和横向一体的治理体系，努力在地方和基层的治理实践中，建构复合协同的高效治理体系。

（一）党政统合协同

党建引领、党政统合的治理体系，体现了当代中国现代化的本质特征，也是当代中国制度优势和组织优势转化为治理效能的制度

---

① ［美］约翰·奈斯比特、［奥］多丽丝·奈斯比特：《成都调查》，魏平、毕香玲译，吉林出版集团、中华工商联合出版社 2011 年版，第 67—68 页。

机制。在成都市的治理实践中，党政统合机制体现了以下的制度创新特征。

第一，党政统合协同，集中体现为党政统一决策、统一执行和统一监督。党政统合不是完全党政不分、党政合一，而是在党政基本分工的基础之上的统一协作，这既有领导干部交叉任职的主体性保障（市长是市委常委、市委副书记），又有政府职能部门党组织的健全和领导作用（如各个职能局委党组织的建立和领导核心作用），这是党政统合协同的组织性基础。体现在成都市重大决策和重大工程项目中，都是在市委的统一领导之下，政府的各个职能部门参与决策和执行，并在工程项目的推进过程中，由市委各个部门与政府各个部门组成联合的检查考核小组，对工程项目进行全过程的监督和考评，这是党政合力保证重大决策和工程高效推进的组织保障。

第二，统一规划设计，在公园城市的建设过程中，成都市紧紧抓住城乡一体融合这一根本主题，无论是土地利用规划、空间开发规划、城乡产业规划，还是公园体系规划、公园社区建设规划，都是在全域范围内，由党政部门统一牵头协调、统一规划设计，成都城乡"规划师"（如乡村规划师）的全域全覆盖就是其集中体现。

第三，统一政策支持，在公园城市城乡一体融合的建设过程中，成都市党政部门制定和出台的各项政策都是城乡一体、平等对待。如各个乡镇机构统一调整为街道体制，城乡社区统一的经费支持，城乡社区专职工作者的统一管理，"两新"组织党建指导员的统一设立，城乡政府购买社会组织服务的统一管理等，都是党政部门统合协同下统一制定政策和经费支持标准，这在天府新区管委会"大部制"下体现得更为明显。

第四，统一搭建平台，各项工程项目的落实实现，必须有实体性的机构和平台，在公园城市的快速推进中，成都市都是在党政部门的统一领导下，城乡平台体系一体建设和运营。如城乡一体的党群服务中心的标准化建设，城乡统一的公共资源交易平台，城乡统一的教育医疗机构建设，城乡统一的社会保障中心建设，城乡统一的村（居）民议事会的建设，就连独具成都特点的"天府绿道"建设，也是城乡一体贯通和连接一体的，城乡总里程可达 1.69 万公里。[①]

（二）多方参与协同

成都市的地方和基层治理，体现了在党建引领和党政统合下的多元主体参与，是多元主体合力协同的治理共同体，体现了人民主体和社会主体的治理原则。

第一，党政主体。这是治理共同体的领导和组织核心，是组织整合和功能整合的协调指挥中心，也是治理共同体高效运转的政治保证。在天府新区体现为在"大部制"党政体制下，在城乡公园社区的建设中，党政统一领导下的城乡一体规划设计、一体政策支持和一体平台建设。

第二，企事业主体。在公园城市和公园社区的建设中，企业公司通过公开的工程招标平台，承接政府的工程项目建设，特别是田园综合体的建设、工程项目的落地建设和日常运营，都是在有关乡村建设的公司参与下完成的。事业单位，如社区周边的学校、医院和科研设计单位等，都可以通过"区域化党建"的组织体系，以其专业化的职能，参与公园社区的建设，企业和事业单位是区域化功能整合的重要主体。

第三，社会组织。在成都市的公园城市建设中，可以细分为三类：枢纽性社会组织、社区自组织和社会企业。枢纽性社会组织通过其专业化功能，覆盖全市或天府新区，通过承接政府购买服务项目，为社区居民提供养老托幼、教育医疗和困难帮扶等一系列社会

---

① 成都市公园城市建设领导小组编著：《公园城市：成都实践》，中国发展出版社 2020 年版，第 196 页。

化服务。社区自组织，是社区居民自发组织起来的公益性、慈善性、娱乐性群众组织，是丰富社区生活的组织化保障。社会企业，是具有社会性和公益性服务目标、少量盈利反馈服务项目的新兴社会组织，也是承接政府购买服务项目的社会主体之一。在成都市、区县两级社会组织孵化中心的大力培育下，截至2020年底，成都市全市共有社会组织1.3万家，社会企业102家，社区基金会9家，孵化社区基金743支，动态培育社区志愿者245万名，[①] 成为参与基层治理和提供社会化服务的强大社会力量。

第四，公民个体。基层民众是社会治理的最大主体力量，是公园社区建设的直接参与者和最终评价者。基层民众可以以个体公民的身份，参与各种各样的基层活动，如作为志愿者参与社区公益活动，作为居民代表和业委会成员参与社区的管理和监督，作为居民议事会成员参与基层协商民主，作为监督评议者给政府部门及其领导打分考评，作为公园城市建议者给政府公共工程提出建议和议案，作为文明公民维护公园城市的绿色生态和优美环境等。

（三）复合协同治理

成都市在党建引领和党政统合的制度架构下，实际上按照党的十九届四中全会的原则要求，建构起"党委领导、政府负责、民主协商、社会协同、公众参与、法治保障、科技支撑"的社会治理共同体，是具有结构贯通、组织协同和功能互强的社会治理体系，也是成都市所提倡的"一核三治（党组织为核心，自治、法治、德治三治融合）、共建共治"的治理格局，最终构建起了党政统合—多方参与—复合协同治理的制度体系和运转体系。

如各级党政协同，统一决策、统一执行和统一监督；政府与企业协同，参与工程建设和乡村振兴项目；政府与社会组织协同，

---

① 中国社会科学院政治学研究所"国家治理体系与治理能力现代化"创新组编：《四川天府新区调研资料汇编》（上册·综合材料），2021年4月。

提供低成本、高效率的社会化服务；党政组织与居民自治组织协同，共同推进公园社区的民主治理。最终是党政组织、企事业单位、社会组织和公民个体协同合力，共同推动公园城市和公园社区的高水平建设，形成成都市高效能治理、高质量发展和高品质生活，协同共进的良性发展格局，这是成都市地方和基层治理现代化的组织化基础和制度化保证，也是地方和基层治理现代化的长久制度之路。

四　城乡一体融合的制度创新

制度创新和政策创新，是地域发展的重要支撑和根本保障。成都市为了公园城市的快速推进，在遵循中央政策精神和法律规定的同时，最大限度地发挥地方创新的自主性和能动性，为公园城市示范区的建设探索出一系列制度体系和政策范例。

（一）制度创新和政策创新活力的持续激发

伟大的改革开放进程，就是持续制度创新的进程。公园城市示范区的建设，更是没有先例的系统工程，是大城市形态和城乡一体融合形态的中国探索和中国方案，需要不断的制度创新和政策创新的支持和保障。

在层层压实党政责任、责任追查党政同责的政治压力下，为了改变普遍存在的庸政懒政、不敢担当的官僚体制惯性，成都市委、市政府不断激发各个层级党政机构的创新活力和创新激情，形成了一整套激发干部创新担当的激励机制和奖惩机制，在干部考核和选拔任用中加重创新担当的考核权重，由此形成市级—区县级—街道级—社区级四级联动的制度创新激励体系。

从 2007 年的统筹城乡综合配套改革试验区的城乡统筹一体化改革，到 2019 年的城乡融合发展试验区的城乡要素自由流动改革，到

2020 年的公园城市示范区的城乡公园社区一体化建设，以及天府新区公园城市城乡一体示范创新推进，再到天府新区社区治理的"五线工作法"、小区治理的"五步工作法"。每一次的制度创新和政策创新，都反映了成都市各级党政机构和部门持续创新的制度激励，也为成都市公园城市和公园社区的快速推进，提供了根本的制度保障和政策支持。

（二）制度体系和政策体系的系统配套

制度体系和政策体系内部的系统配套和功能互强，是其发挥治理作用的内在保障。以成都市制度创新和政策创新为例，这体现在以下几个方面。一是市级与中央、省级制度政策的协调配套。不能违背中央和省级的制度和政策。二是市级制度政策内部的协调配套。成都市各个党政职能部门的制度政策之间不能出现矛盾或冲突，应是政策互补和功能互强的良性循环。如成都市多规合一的规划体系（城乡土地规划、城乡空间规划、城乡产业规划、城乡建设规划等的统一协调），就能减少本级制度政策之间的摩擦。三是市级与区县级、街道级、社区级制度政策的协同配套。这在公园城市—公园社区—公园街区—公园小区的统一设计和统一政策支持方面表现明显。

一般来说，越是上级的党政部门，其制度和政策制定的自主权越大；越是下级的党政组织，其对现实中存在的问题及其解决之策越清楚。成都市在涉及户籍制度、土地制度、社会保障制度等基础制度政策时，由市委、市政府统一制定制度政策和贯彻执行，但对各个区县、街道及社区，则充分地授权和给予创新自由。由此形成既有市级统一制度政策的保障和支持，又有各个层级创新活力迸发的全域开拓创新局面，并能保证中央、省级、市级、区县级、街道级五级党政体系制度创新和政策创新的系统配套。如在天府新区人才引入和落户政策方面，就形成市级、新区和街道政策的协同合力，保证了每年有 10 万多优秀人才落户天府新区。同时，在社区治理体系的建构中，由于各个社区具有充分的创新活力，各个社区的治理体系也都具有符合本社区特点的创新多样性和丰富性。

（三）人民主体和社会参与的制度化保障

以人民为中心和人民至上的主体地位，是各级党政部门制度创新和政策制定的出发点和根本宗旨。成都市的公园城市和公园社区建设，始终坚持人民参与、人民评价、人民满意的治理原则，以人民共建、共治、共享治理体系目标，建构起一系列保障人民主体地位和主体参与的制度机制。如在基层社区，普遍建立了"民事民议、民事民决、民事民评"的基层民主自治体系，普遍建立了村民议事会、居民议事会、小区自治委员会等制度机制，保证基层协商民主的有效运行。如在社区之下的小区或院落，普遍建立了"党支部＋业主委员会＋物业公司＋居民代表"等的民主协商机制，解决普遍存在的业主与物业之间的利益矛盾和问题。如在公园城市全域景观化创建中，以社区居民的感受和满意为宗旨，实施"小游园、微绿地"建设，实现了"300 米见绿、500 米见园"的处处公园城市场景。①

同时，各级党政部门并不"大包大揽"所有事项，并不垄断一切治理资源和工程项目，而是通过政策支持和制度规定，激励和吸引全社会力量参与全域公园城市建设。如通过工程承包吸引各类企业参与乡村振兴项目建设；通过大力推进政府向社会组织购买服务，激励、扶持社会组织和社会企业的发展壮大；通过区域化党建、联合党委的建立，吸引社区周边的企业事业单位协同推进社区治理；通过建立社区治理委员会、社区治理基金会等，吸引社会资源和资金共同提升社区治理。由此形成党政统合、多方参与、协同治理的地方治理现代化制度体系。

---

① 中国社会科学院政治学研究所"国家治理体系与治理能力现代化"创新组编：《四川天府新区调研资料汇编》（下册・成都市文件汇编），2021 年 4 月。

（四）城乡要素的自由双向流动

"贫富悬殊与城乡差异成为中国当今最急需解决的问题。"① 因此，中国全面现代化的重要历程，是推动城乡一体化的制度体制建设，是保证城乡居民平等公民权利的切实实现。如何推动农民市民化进程，降低农民融入城市的门槛和成本，保障农民市民化的平等公民资格和福利；如何开放城市居民和资金进入乡村社会的门户和渠道，放活承包地流转程序和宅基地流转限制，健全城市退休人员和回乡创业人员扎根乡村的制度保障，全面促成城乡之间人员、资金、技术、落户的自由双向流动，成为未来中国城乡社会结构稳定平衡的重要制度体制改革重点。

推进城乡一体融合发展，一直是成都市制度创新和政策创新的主题和主线。自 2007 年成为全国统筹城乡综合配套改革试验区以来，成都市就持续致力于城乡一体的制度政策体系建设，特别是 2019 年成为国家城乡融合发展试验区和 2020 年成为公园城市示范区以来，成都市在加快推进城乡要素双向自由流动方面，出台了一系列制度和政策。如城乡一体的自由迁徙的户籍制度，城乡一体的建设用地招拍挂制度，城乡一体的教育体系、医疗卫生体系和社会保障体系，全域城乡一体的公园社区建设体系等。在推动城乡双向开放、自由流动、一体发展建设方面，走在了全国城乡一体融合发展的制度创新前列。

（五）城乡居民权利的平等保障

保障中华人民共和国全体公民的权利平等，是宪法规定的崇高法治原则。全体公民政治权利、经济权利和社会文化权利的平等实现，成为中国走向全面现代化的基础性前提条件。城乡 一体融合发

---

① ［美］约翰·奈斯比特、［奥］多丽丝·奈斯比特：《成都调查》，魏平、毕香玲译，吉林出版集团、中华工商联合出版社 2011 年版，第 9 页。

展的根本和灵魂，也是最终实现城乡居民公民资格和公民福利的平等。

　　成都市在城乡一体融合发展的制度体系和政策体系的创新、实施中，其最终目的也是实现城乡居民公民权利和福利的平等。成都市城乡土地制度的平等交易和同地同价，是为了保障城乡财产性收入和财产权利的平等实现；成都市城乡一体自由迁徙的户籍制度，是为了保障城乡居住权利和福利权利的平等实现；成都市城乡一体建设的教育体系和医疗卫生体系，是为了保障城乡居民生命权和受教育权的平等实现；成都市城乡一体的社会保障制度，是为了保障城乡居民发展权和福利权的平等实现。坚持城乡居民公民权利的平等制度保障和政策体系支持，是成都市在城乡一体融合发展中最有创意的制度建设和制度创新。

五　城乡一体融合发展面临的未来挑战

　　当代中国正处于城乡结构大转化、大调整的历史性转型时期，大城市和都市圈建设面临着一系列困难和挑战：城市空间形态的急剧扩张、历史文化名城的保护、城乡规划建设的一体推进、农民工和外来人口的大规模迁入、城乡环境生态的保护和开发、城乡社区体制的规范和管理等，都给未来城乡一体融合发展的制度体系和治理体系带来众多挑战。[1]

　　成都市未来公园城市和公园社区的品质提升，同样面临着一系列的制度创新和治理挑战：如何争取更大的地方制度创新和政策创新的自主空间和能动权，保障制度体系和政策体系创新的连续和稳定实施；如何在户籍制度、土地制度和社会保障制度方面，实现更加平等的权利保障和规则体系，促进城乡要

---

[1]　王国平：《城市论》（上册），人民出版社2009年版，第59—101页。

素更加自由平等的双向流动；如何降低农民市民化的资格限制和门槛条件，降低农民工融入城市生活的成本和代价，更加顺畅地推进农民市民化进程，为农民和弱势群体在公园城市留下一片居住和生活的可靠空间；如何尽快开放城市人员、资金、技术反馈乡村和返乡居住创业的渠道和制度保障，推动以城带乡、以工促农的逆城市化进程，提高农业产业的规模和收入水平，尽快促成城乡互动、乡村振兴的良性循环；如何细化和完善党政统合、多方参与、协同治理的制度体制，激励党政部门、企业事业单位、社会组织和公民个体共同参与基层治理，形成党政有为、市场有效、社会有力的良性互动格局，推动基层治理体系在民主法治的基础之上稳步走向现代化；如何完善城乡一体的公共服务设施建设，提高城乡一体的公共服务水平，美化细化公园社区和公园小区的微环境和拐角节点，一体提升公园城市市民生活的品质和质量。这些都需要成都市在未来的发展进程中，继续保持开拓进取、勇于创新的勇气和担当，在制度创新和政策创新方面，为中国公园城市的建设提供可示范、可推广的制度经验和制度样板。

"上有天堂、下有天府。"天府之都的公园城市示范区建设，正在使大诗人李白憧憬的千年公园城市梦想变为现实。在"推窗见绿、出门入园"的公园城市场景全域打造中，在城乡一体的"天府绿道"贯通连接中，在"一城连两山"的龙泉市城市森林公园营建中，在农商文旅体融合发展的"川西林盘"细化美化中，南宋大诗人陆游所描绘的"当年走马锦城西，曾为梅花醉似泥。二十里中香不断，青羊宫到浣花溪"，已经成为公园城市平常人家随处可见的日常生活场景。

成都市的未来发展，取决于成都市人民的不懈努力。只要持续不懈地坚持制度创新和政策创新，持续不懈地激励全社会参与公园城市建设的积极性，持续不懈地完善地方和基层治理现代化体系，构建高效能治理、高质量发展和高品质生活的互动共赢格局，"公园城市、城乡一体"的天府之都制度样板，一定会在引领国际化公园城市建设的进程中，绽放出更加绚丽的制度光芒。

（作者：中国社会科学院大学政府管理学院副院长，中国社会科学院政治学研究所首席研究员周少来）

中国城乡治理的升级再造

——以四川天府新区公园城市探索为中心①

　　"升级再造"已成为当前重要的理论和理念，在社会实践中被广泛运用。德国的"工业 4.0"，即是继蒸汽、电气和信息三次革命后，以第四次革命（生产高度数字化、网络化、机器自组织）升级换代的产物。在我国，"升级再造"也不断得到强化，2015 年《国务院关于印发〈中国制造 2025〉的通知》将制造业和产业的"转型升级"作为核心内容，提出"实现中国制造向中国创造的转变，中国速度向中国质量的转变，中国产品向中国品牌的转变，完成中国制造由大变强的战略任务"。在我国"十四五"规划中，专设"加快发展现代产业体系，推动经济体系优化升级"一部分，强调"推动生活性服务业向高品质和多样化升级"，"实施产业基础再造工程"，"坚定不移建设制造强国、质量强国、网络强国、数字中国，推进产业基础高级化、产业链现代化，提高经济质量效益和核心竞争力"。这种"升级再造"有着强烈的自觉自动自主意识，既令人振奋又给人以美好的前景。不过，遗憾的是，在城乡治理中，目前还没形成工业、产业、服务业等领域的"升级再造"意识，还没引

① 本文为中国社会科学院创新工程重大科研规划项目"国家治理体系和治理能力现代化研究"（项目编号：2019ZDGH014）的阶段性成果。

起学界和实践部门的高度重视。

应该承认，经过四十多年的改革开放，中国城乡治理发生了翻天覆地的变化，并取得了举世瞩目的伟大成就。不过，当进入新发展阶段，现代化高质量发展成为时代主调，城乡治理如仍按以往的理念方法，就会形成路径依赖，很难获得新的发展动能。因此，中国城乡治理亟须升级再造，突破固化僵化思维，进行全新式变革发展。我们以四川天府新区的探索为中心，思考中国城乡治理的升级再造，以便为城乡发展和国家治理提供某些建设性意见。

一　中国城乡治理面临的困局与盲点

"城乡治理"是个广义概念，它既包括制度机制，也包括地理区划、空间布局、生态人文、人力资源等。近几十年，中国城乡的发展速度惊人，但也积累了不少问题和难题。不彻底改变观念和进行思维调整，中国城乡治理很难获得根本性突破和历史性跨越。因此，对当前中国城乡治理存在的瓶颈问题要有清醒认知，这是升级再造的前提和关键。

（一）在向西方学习过程中，有模式化、类同化、形式主义做法，影响创新性意识和动能

近现代特别是改革开放以来，中国城乡治理逐渐走出了一条中国化发展道路。但也一直存在向西方学习过程中的简单化模仿，有模式化、类同化、形式主义做法。进入新时代特别是在新发展阶段，随着党和国家提出高质量发展要求，我国城乡治理要在学习借鉴西方现代化时，反思其问题局限，这是升级再造的前提。

第一，在城乡空间发展中，如不考虑中国特色，片面追求西方模式，容易导致不接地气的情况出现。以广场为例，作为城市地标也是空间发展，广场确实带来公共性等现代化特点；但在全国大中

小城市到处建设广场，有的还突破城市比例，就不合国情，也不利于城市科学合理布局和有效发展。在"广场"理念指导下，中国特色的城市街道、胡同、四合院等就容易被视为封闭、落后、保守的代名词。其实，中国传统的胡同和四合院有着独特的文化内涵，是独立、宁静、安逸、休闲的象征，是中国人对于生活、人生、生命的独特理解与智慧设计，非西方广场文化所能代替。大连某楼盘被称为"洋风建筑"①，是西方城市的空洞翻版。如果我们不加反思地予以倡导，甚至将它视为标杆，就会受制于西方理念，影响中国城乡治理现代化。有学者认为："如果一个城市只是表现出全球化的同质性，人们很难为它感到自豪。""共同体意识就像对个人自由的追求是扎根于人性深处的东西，往往需要附着在表达某种特别性或所谓的'气质'或'精神'上面。"② 因此，中国城市要有精神、气质、个性，并且应该是中国特色和中国化的。广大农村也是如此，许多古老村庄难以留住，新农村建设标准整齐划一，简单向外国特别是西方学习，就会变得不切实际，也会失去中国特色和中国元素。从农村的空间发展看，拆迁并居的最大问题是类同化、模式化、西方化和形式主义做法。

第二，城乡在建筑风格上，存在千篇一律、不适合人居和缺乏美感的现象，这是目前中国城乡治理的短板。改革开放以来，中国城乡建筑面目一新，一些乡镇甚至村庄看上去就像小城市，许多农村盖起了小洋楼；但有的城乡建筑过于类同化，没有特色和美感。最典型的是火柴盒式建筑大行其道，握手楼随处可见，由拆迁并居而成的统一社区有着惊人的模式化建筑风格，仿佛全国各地的城乡建筑是由一个设计师设计，透射出思想、文化、审美的单一、苍白与贫乏。如作家肖复兴在《城市屋顶》中所言："屋顶可以是一门艺术，也可以是一座城市的羞处。"因此，他在肯定青岛、大连、鼓

---

① 陈杨、陈欢、唐建：《多元文化下的"洋风建筑"——以大连东方圣克拉楼盘为例》，《城市建筑》2020 年第 24 期。

② ［加］贝淡宁、［以］艾维纳：《城市的精神》，吴万伟译，重庆出版社 2012 年版，序言。

浪屿等少数几座城市楼房的屋顶时，着力批评了北京。作者写道："以我居住的北京为例，新建筑的屋顶不少部分沿袭的是亭台楼阁仿古式的大尖顶，总让人有种洋装在身却顶戴花翎的感觉。一座这样大的城市，到处是这样不伦不类花翎般的屋顶，真是让人不敢抬头张望。"① 显然，从美学角度，结合中国实际，对古今中外建筑进行创造性转换就变得非常重要。

第三，城乡社区、村民自治等也受到西方过度的影响，中国不少地方的城乡治理有点跑偏。如以社区治理为名，将农民集中到一起居住，表面看是一种经济办法，也有助于公共精神培育，但由于不考虑中国农村农民实际，逼农民上楼，数千甚至近万人的大社区必致问题丛生，这是一种以西方社区理念进行治理的做法。还有，实行乡村竞选，有些地方也是简单搬用西方做法，甚至竞选至上，也导致一些地方出现党的领导缺位，基层组织力量薄弱涣散。应该说，大胆向西方学习特别是借鉴其优长，对于中国城乡治理不无益处；但不吸取精华，从中国化角度实行转换，只照搬硬套甚至邯郸学步，就会导致城乡治理偏向，甚至闹出笑话。

（二）片面发展城市而忽略乡村，在城乡治理中有失衡、失当、去乡村化的不足，不能充分发挥优化、共赢、高效作用

中国城乡治理长期存在二元分割对立，这包括：城市高位和乡村低位、城乡边界泾渭分明、流动性不强。改革开放使城乡变得开放自由，快速流动性克服了城乡固化封闭的格局。农民工大量进城打工，村民变市民速度加快，城乡户籍不像以前那样不可逾越，这为城乡关系带来巨大调整和改变。然而，在城镇化过程中，一些乡村仍处于被忽略、冷落、舍弃的状态，有的地方片面追求发展城市甚至不断扩大城市规模范围。

第一，城市发展得过快，不断扩大和拓展使城市治理变得愈加

---

① 肖复兴：《梦幻中的蓝色》，文汇出版社 2001 年版，第 151—152 页。

困难，治理风险增加。城市发展固然重要，但并非无限和没有边界，否则就会出现各种问题，甚至产生现代都市病。目前，我国城市发展存在不少弊端和隐患：一是科学合理规划布局做得还不够，城市发展过快导致不少"城中村"、农村消失，而城市治理又有些滞后，跟不上城市发展速度。如拆迁并居后的城市社区治理大大落后于成熟的城市社区治理，导致人数过多过杂、居民生活习惯难以协调、利益分配不均、共同体意识缺乏。二是在城镇化进程中有贪大图快求新猎奇现象。如由小镇、小城市到中等城市、大城市，再到超大城市以及超级大城市，成为惯性的发展追求。至于治理能否跟上发展步伐，如何实行现代治理，则重视不够也缺乏更科学的研讨。仅以大城市为例，数据显示，按城区常住人口200万标准计算，2017年，中国大城市数量为53座，约占全球大城市总数的1/4。① 三是城市发展过于重视个性、独特性，甚至出现怪异趋势，不太考虑治理方式与成效，给城市治理带来困难。② 以城市商业圈为例，由于过于注重经济利益，一些高层和超高层建筑林立，人口密度过大，既给交通带来不便，也增加治理风险，还不符合人的审美心理与习惯，造成一定的心理紧张和压力。

第二，有一定的去乡村化趋势，影响乡村治理和乡村振兴。中国城镇化道路并非"去乡村化"，但人们的理解有明显偏差，即中国必须走城镇化道路，有人甚至认为，现代化就是城镇化，就是不断地将乡村变为城镇，因此往往将城镇化程度作为衡量现代化的标志。当前，"去乡村化"倾向主要表现在：一是乡村消失的速度过快，③这为乡村治理增加了难度。在不少人看来，既然乡村留不住，乡村治理和乡村振兴也就失去了意义。二是乡村不少青壮年都到城里打

---

① 吴雨馨：《韧性城市的多元治理》，2020年2月24日，杭州网，http://qtll.hangzhou.com.cn/zxzxx/xxth/content/2.

② Calum Macleod：《怪异建筑包围中国》，《安家》2012年第5期。

③ 彭小辉、史清华：《中国村庄消失之谜：一个研究概述》，《新疆农垦经济》2014年第12期。

工，多数村里只剩下老人、孩子、失能人员，那凭什么开展乡村治理，治理的意义何在？三是乡村干部面临青黄不接局面，年轻干部往往留不住，干部老龄化严重，整体缺乏现代治理能力，这个问题得不到有效解决，会从根本上影响乡村治理的现代化。

第三，城乡关系缺乏良性互动，不利于乡村治理和城市治理再上台阶。这种情况具体表现在以下三个方面。一是城乡关系失衡。由于偏于加快发展城市，乡村这"一极"较难与城市保持平衡、协调、互补，不利于发挥城市发展的坚实基础与强有力后盾作用。二是城市"反哺"乡村空间还是很大的。国家虽然加大了城市反哺乡村力度，但如何更好地发挥社会作用，特别是从经济脱贫到智力脱贫再到精神脱贫，还有很多工作要做，也需要创新思维和更新观念。三是人口快速向城镇流动，教育资源向城里集中，在城中买房、到城里看病等成为一种趋势选择，乡村治理面临凋零难题和尴尬局面。

城乡治理失衡会导致不良结果，既不利于乡村振兴，也会导致城市发展失去边界，影响城乡治理互补共赢，对于国家治理也是有害无利的。因为中国现代化的实现既离不开城市现代化也离不开乡村现代化，更离不开二者的合力与优化。

（三）外在化的城乡治理导致内生力不足，制约从更高层次进行提升

在较长一段时间，城乡治理是外援式的，包括政府的运动式推进、干部下基层、脱贫攻坚、志愿者行动等。这种治理方式充分显示了社会主义制度的优势。以扶贫攻坚战为例，中国能在如此短时间，完成如此大规模任务，令全世界为之称奇。不过，也要看到外力帮扶有一定限度，真正的城乡治理还要发挥自主性和内动力。

第一，在强调经济功能时，相对忽略政治、思想、文化软实力，产生城乡治理内动力不足。纵观改革开放以来的城乡治理，经济发展为主要目标，这是实现现代化的必要前提条件，但过分重视经济尤其是经济至上观念，忽略思想文化软实力也是存在的。以乡村治

理为例。长期以来，经济一直是考核、晋升的主要指标，生态、环保、思想、文化等所占比值不大。有的地方将"富人治村"作为绝对标准，如无经济实力和致富能力，不要说当选村干部，连参选资格都没有。① 还有，一些地方主要把富商老板当乡贤，文化人才往往不受重视。另外，以经济标准进行乡村治理的最大问题是，经济思维易导致唯利是图和目光短浅，影响乡村治理可持续发展的内在动能。城市治理也是如此，由于更重视基础设施特别是硬件建设，思想文化、政治建设在不少地方没成为治理主题，即使涉及也是在节日组织一些文体活动，文化软实力没得到足够重视，没有被充分发挥出来。

第二，人民群众的民主参与度不够，容易将城乡治理变为领导干部治理，广大人民群众有"被动参与"和"被治理"的局限。改革开放以来特别是城乡社区自治大大提升了民主参与水平，但这一状况并不均衡，不少地方的城乡治理还停留在形式层面，带有明显的行政化特点。许多本应由广大人民群众积极参与的事情，却被领导干部越俎代庖。这在城乡治理规划设计、拆迁并居、扶贫攻坚等方面都有明显表现，人民群众缺乏主体性，不能积极、主动、深度、有效参与决策、监督和考核。

第三，广大干群特别是基层干群的现代化能力亟须快速提升。城乡治理归根到底取决于人，没有人才的城乡治理都是空谈。目前，制约城乡特别是基层治理的主要因素是人才缺乏。一方面，甘愿到基层特别是农村基层工作的社会精英还不普遍；另一方面，在城乡基层特别是乡村的年轻人才有向高层流动之势。与此同时，国家调配人才下基层任职又受到临时性和短期行为限制，加之农村基层志愿者队伍缺乏，可以说，人才缺乏是城乡治理现代化的突出短板。

我们在肯定城乡治理取得的巨大发展时，一定要充分认识其中

① 如江苏省某地曾硬性规定，村干部的候选人资格之一是年收入必须达到 5 万元或 10 万元。见商意盈等《富人治村，一个值得关注的新现象》，《新华每日电讯》2009 年 9 月 12 日。

所含的深层隐忧和风险。否则，就不会有危机感和改革创新意识，也不可能为城乡治理升级换代，获得更大的思想观念更新和跨越式发展治理动力。

二　城乡治理升级再造的天府经验

既要看到城乡治理面临不少难题和挑战，也要看到其出现的创新发展，这对于升级再造至为重要。前者显示了必要性、重要性和急迫感，后者确立了前提基础和方向目标。如西安市、开封市的大唐、大宋"文化梦园"，浙江省"山海协作"的"飞地抱团"发展模式①、"美丽乡村"建设，广东清远市、湖北秭归、四川成都的"微自治"，广东深圳等地"一核多元"治理创新等，都是有价值的探索。其中，以四川天府新区公园城市、公园社区以及"乡村梦"建设最有代表性。

（一）在治理观念上更新，实现新的跨越式发展

观念更新是最难的，它往往发生在时代巨变之时，有时也需要有一个契机和触发点。天府新区就是这样，它与全国各地一样，借改革开放特别是新时代大潮，在城乡治理上不断探索创新和升级换代。2018年，习近平总书记到天府新区视察并提出"突出公园城市特点，把生态价值考虑进去"。另外，早在2011年，时任国家副主席的习近平在考察天府新区时，称赞南新村为"梦想中的新农村"，成为"公园城市"和"乡村梦"的有力观念支撑和价值支撑。

---

① "山海协作"是浙江省2001年提出的一项重大战略举措，旨在加强省内海岛发达地区和欠发达山区间的协作，解决区域发展不平衡问题，"飞地抱团"即其一。通过实施跨村、跨镇、跨县，甚至跨省的土地等资源的整合利用，壮大经济薄弱村的集体经济，实现强村富民、合作共赢、共同富裕。

1. 时空观念更加开放立体

改革开放以来，中国城乡治理的一个很大变化是，越来越走向整体、开放、动态、多元的协同。但真正发生质的飞跃则始于21世纪特别是近些年。京津冀一体化改革具有典型性，河北省雄安新区的创立被称为"千年大计、国家大事"，是推进京津冀协同发展的历史性工程。浙江嘉兴等地的"飞地抱团"经济发展模式，现已升级为跨省域合作的6.0版。① 四川、青海、西藏交界处的石渠县以跨区域联合党支部为抓手，建立边界地区县级党委组织部门沟通协调机制，组建跨区域联合党支部，推动组织联建、稳定联防、发展联动，破解边界区域治理难题，这是一个更加开放立体的观念变化。四川天府新区的"公园城市"以更加开放立体的理念，"努力打造新的增长极"。所谓"公园城市"，不是"在城市中建公园"的概念，而是秉持"公园城市"理念营造新型城市的现代化治理，在时空观上有所突破。从时间上看，天府新区在注重历史、现实维度的治理时，更重未来发展图景的规划设计，是有着未来指向的治理理念。从空间上说，天府新区的开放立体化治理包括：一是园区、居区、景区的"三区融合"；二是生产、生活、生态的"三态合一"；三是突破行政区划，建立无围墙、边界、隔离的"泛社区"；四是打造开放共享、有高质量生活场景和消费要素的国际社区；五是打造"空中花园"，将闲置的脏乱差屋顶变为居民文化活动的小公园；六是提出构建"乡村梦"的理想图景。② 这显然突破和超越了单一、静态和线性时空，变得更加开放立体，有着更广阔的想象时空。

2. 中国式现代化成为城乡治理的主旨

以往，西方式现代化自觉不自觉地成为影响中国城乡治理的重要因素，近年来这一状态有明显好转。如天府新区有所突破创新，体现了"中国式现代化"的治理理念。这主要包括：一是"天人合

---

① 材料来自笔者2019年9月在浙江平湖市的调研笔记。
② 中国社会科学院政治学研究所"国家治理体系与治理能力现代化"创新组编：《四川天府新区调研资料汇编》（中册·专项规划），2021年4月。

一"观念，克服"人类中心主义"，以安全永续、自然共生、环境健康作为天府新区公园城市治理的价值标准。二是对于中国传统特别是成都休闲文化的继承发展，坚持以人民为中心，让市民在生态中享受生活，在公园中享有服务，着力提高人民生活福祉和满意度。基于此，天府新区公园城市一面是现代治理的竞争与追求，一面又不失生活、生命、生机活力的品质，体现了中国式现代化的发展趋势与旨归。三是重视伦理道德和世道人心在城乡治理中的作用，特别强调"和美善治"与智慧治理价值。如华阳街道南湖尚景小区通过管理公约、小区光荣榜、曝光台、新风栏等平台，培育居民的社会主义核心价值观，弘扬正能量。通过"四连心"（组织连心、利益连心、服务连心、文化连心）建设和谐美好家园。

3. 智慧治理成为理性的自觉追求

长期以来，中国城乡治理主要强调制度建设推力，这固然重要，但也可能会产生机械甚至形式主义遵守制度的局限。新科技的快速发展改变了这一理念，使城乡治理迎来一场观念技术革命。如杭州锚定数字经济和数字治理目标，通过建设"城市大脑"系统，借助卫星定位、大数据、物联网等技术，打造智慧城市，在"数字治堵""数字治城""数字治疫"中发挥巨大作用。滨江高新区探索直达基层、企业、群众的 11 大系统和 48 个应用场景，日均数据可达 8000 万条以上，"城市大脑"成为社会治理的利器。[①] 天府新区公园城市治理在继承以往制度化特点的前提下，加大了智慧治理力度，充分运用先进科技成果发挥巨大功能作用，也发挥了人的主体性、创造性智慧力量。如从公共服务与社会治理入手，对接多类主体开发多种应用场景，实施"互联网＋社区"行动计划，加快人工智能、大数据、5G、区块链等与社区治理服务体系的深度融合。实施"互联网＋社区发展治理"行动计划，力争建成涵盖社区智慧政务、智慧监管、智慧应用、智慧服务四大功能模块的天府新区社区发展治理

---

① 李中文、方敏：《城市更"智慧"　群众得实惠》，《人民日报》2020 年 9 月 24 日。

智慧平台,高质量建设和联通"社区小脑、小区微脑",加快形成跨部门、跨层次、跨区域的"一网通调",解决社区生活与管理中的"操心事、烦心事、揪心事",构建云端集成、智慧生活的城镇区智慧场景。与此同时,天府新区还进一步推进智慧小区建设,部署前沿科技,打通数据壁垒,建立统一平台,培育治理生态,打造主动感知、智能反应、科技赋能的小区环境,提升城乡居民的获得感、幸福感和安全感。① 像四川天府新区这样高度重视、全面系统细致、立体化推进智慧社区建设,在全国还是少见的。另外,公园城市和公园社区还强调人文精神培育,体现了中国文化的内在智慧。这既包括绿色青山生态环境建设,又包括对空间形态优美、生活服务完美、人文关怀善美、社会关系和美、心灵感知甜美的重视。

(二) 在治理思维上突破创新,获得巨大发展动能

习近平总书记强调六大思维的重要性,即辩证思维、系统思维、战略思维、法治思维、底线思维、精准思维,② 城乡治理的思维变革创新在不少地方都有体现。如 2020 年,浙江嘉善县规划出未来五年蓝图,即"迭代升级、再造嘉善、跨越发展、全面腾飞"③。天府新区在城乡治理的思维变革方面较有代表性。

1. 从战略高度部署布局城乡治理,在顶层设计上下先手棋,抓住机遇和占得先机

习近平总书记指出:"战略问题是一个政党、一个国家的根本性问题。战略上判断得准确,战略上谋划得科学,战略上赢得主动,党和人民事业就大有希望。我们要学习邓小平同志'放眼世界,放眼未来,也放眼当前,放眼一切方面'的世界眼光和战略思维,学

---

① 四川天府新区党工委管委会编:《四川天府新区公园社区发展与治理白皮书(2018—2020)》,2021 年 4 月,第 81 页。
② 杨永加:《习近平强调的思维方法》,《学习时报》2014 年 9 月 1 日。
③ 骆颖叶:《迭代升级　再造嘉善　争创社会主义现代化先行示范区——访市委常委、嘉善县委书记洪湖鹏》,《嘉兴日报》2021 年 1 月 29 日。

习他善于抓住关键、纲举目张的思想方法和工作方法，站在时代前沿观察思考问题，把党和人民事业放到历史长河和全球视野中来谋划，以小见大、见微知著，在解决突出问题中实现战略突破，在把握战略全局中推进各项工作。"① 基于习近平总书记天府新区考察的指示精神，天府新区从顶层设计和制度安排上推进"公园城市"与"乡村梦"建设。具体来说，可将之概括为公园城市"1436"思路和战略框架。以其中的"6"为例，它是指六个价值目标，即绿水青山的生态价值、诗意栖居的美学价值、以文化人的人文价值、绿色低碳的经济价值、健康宜人的生活价值、和谐共享的社会价值。基于此，天府新区从"建立规划体系、开展规划编制、指导实施"的传统规划方式，向"指标体系、空间体系、规划体系、支撑体系"的核心框架体系转变。此外，天府新区将公园社区分为三类，即城镇社区、产业社区和乡村社区，其中，在乡村社区着力打造"乡村梦"。以永兴街道的南新村为示范，形成"五突出五提升"的圆梦工作法，这包括：一是突出党建引领，提升社区战斗力，实现振兴梦；二是突出环境治理，提升群众舒适度，实现田园梦；三是突出便民服务，提升群众满意度，实现安居梦；四是突出文化传承，提升群众归属感，实现文化梦；五是突出生态产业，提升群众幸福感，实现致富梦。② 显然，天府新区的城乡治理在战略思维上实现了根本突破创新。

2. 辩证理解城乡治理，将党建与自治相结合

较长一段时间，城乡社区治理存在两个明显偏向：或简单笼统强调党建，忽略甚至否定自治，导致党建的虚浮无根状态；或片面推崇民主，以西方标准夸大自治，变相抵制党的领导。党的十八大以来，由于强调党在社区自治中的领导和引领作用，这种现象得到一定程度的纠偏，但实践中误解、片面理解的情况也时有发生。天

---

① 习近平：《在纪念邓小平同志诞辰 110 周年座谈会上的讲话》，《党的文献》2014 年第 5 期。
② 中国社会科学院政治学研究所"国家治理体系与治理能力现代化"创新组：《四川天府新区调研资料汇编》（上册·综合材料），2021 年 4 月。

府公园社区以辩证思维理解和实行党建与自治的融合。一方面明确强调党建引领，这包括推进党的组织全覆盖、党组织和党员充分发挥模范带头作用、创新党建方式。如天府新区持续深化"蓉城先锋"党组织和党员"双示范"行动，创新开展"创示范、树典型"活动，按照"一支部一特色"标准，分类制定品牌创建方案，分层量化品牌创建指标，重点打造、精心培育一批"站得住、叫得响、推得开"的党建示范品牌。另一方面，坚持社区自治原则。这包括大力培育居民骨干、社区自组织，完善社区协商议事机制；成立社区治理委员会和公共事务议事会，组建社区、小区两级议事平台，实现社区事务自理；建立居民、市民利益诉求表达机制，通过居民和多元社会力量参与的社会治理渠道，构建秩序与活力有机统一的共治格局。

3. 将城乡治理作为一个整体系统看待，以发挥共建、共赢、共享、共治的优化功能，推进公园城市现代化快速发展

现代化的显著标志是制度的规范化、科学化、体系化、效能化，没有体系化的社区治理，只靠单打独斗和各自为战，很难发挥更大优势作用。升级再造是个复杂的系统工程，必须更注重改革的系统性、整体性、协同性，统筹推进重点领域和关键环节改革，加强各项改革的关联性、系统性、可行性研究。天府公园社区高度重视制度配套和系统化建设，在许多方面都有创新。2020 年 10 月，成都市城乡社区发展治理工作领导小组发布全国首个《公园社区规划导则》。天府新区围绕"功能复合促共联、开放活力促共栖、绿意盎然促共赏、配套完善促共享、安全韧性促共济、多元协同促共治"的六大总体指导，开启公园社区发展治理探索实践。在公园社区和美社会建构中，着眼于完善"党委领导、政府负责、民主协商、社会协同、公众参与、法制保障、科技支撑"的现代化社会治理体系。还有，以小区治理为基础，将城镇社区、产业社区、乡村社区并行摆位，一体研究、一体规划，形成党建引领乡村社区发展治理的新格局。再有，天府新区创新性提出"全地域覆盖、全领域提升、全

行业推进、全人群共享"的国际化社区建设标准。天府国际基金小镇坚持"一核引领，三圈融合，四维拓展"的党建工作思路，打造服务平台，汇聚各方力量，构筑一流金融生态圈。天府"公园社区"在治理体系、自治体系、志愿者服务体系建设方面都有突出表现和制度创新，这在整体上大大提高了城乡治理效能水平。

如何从传统思维转变为现代思维，从固化、僵化思维转变为开放、创新思维，从单一、简化思维转变为多元、立体思维，这是天府新区所做的探索努力，也产生较大效应。

（三）治理内容和治理方式上更加精细化，注重执行力和治理成效

就城乡治理而言，观念和制度设计得再完善，最终都要以执行落实情况为依据。国内不少地方的城乡治理都具有精细化特点，呈现出"微自治"新动向。[1] 如南京建邺区实行"五微社区"城乡治理模式，通过建立"微平台""微心愿""微实事""微行动""微星光"互动平台，助力居民参与，实现社区和谐治理。[2] 天府新区在公园社区"微治理"方面的探索具有典型性，也富有启发性。

1. 重视具体而微的人与事，以拓展城乡治理的范畴、领域，强化个性特色

为了将治理落到实处，发挥关键部门、人与事以及细节的作用，天府新区注重突出亮点的打造，像"乡村振兴党校"和"天府微博村"就很有代表性。为助力乡村振兴，天府新区煎茶街道结合产业特点及特征属性，先后搭建"三花一彩"微党校教育平台，孵化培养乡村振兴人才。这"三花一彩"分指茶花微党校、荷花微党校、梨花微党校和耆彩微党校。所谓"茶花微党校"是取茶花的

---

① 赵秀玲：《"微自治"与中国基层治理》，《政治学研究》2014 年第 5 期。
② http://js.cri.cn/20180416/e6115522 - cd8a - a9bb - 7c2d - ba4e33dd9d6d.html。

洁白无瑕之意，通过开展各类党性教育及农村实用技能培训，提升党员的党性修养及农民的技能水平和就业能力。所谓"荷花微党校"是取荷花的"出淤泥而不染"之意，结合尖山村本地"上有高压线，下有清风莲"的地域特点，以廉洁为主题以多种形式开展教育培训，旨在增强辖区党员干部的廉洁意识。所谓"梨花微党校"是取梨花的"抖落寒峭，高洁不染"之意，在微党校内系统展示中国农村生活变革、生产变革、生态变革，着力培养"乡村振兴人才"。所谓"耆彩微党校"旨在长期开展老人党性教育、感恩教育培训、老年服务活动，保持老人热爱党、信仰不老。"天府微博村"主要包含：一是集中打造"三农"博物馆；二是运用微博公众传媒进行观念传播。通过生态、文态、业态、形态进行"四态融合"，建立乡村公园，以改变农村形态。在"四态"中又有非常细致的分类，反映了"微治理"内涵的丰富性和细化程度。如在"业态"中包括：打造集文博旅游、运动休闲、餐饮娱乐、民宿体验于一体的漫游梨源。规划引进主题文化艺术单元 58 个、特色品牌餐饮娱乐 30 家，设立主题民宿房间 320 个，配套 5 人制足球场 +7 人制足球场 +2 个网球场 +1 个标准篮球场，创新 4A 级景区。[①] 在城乡治理内容上，天府新区进行了相当高的微细化程度区分，有助于具体有效地落到实处。

2. 治理单位的网格化和单元化，有助于城乡治理落地生根，提升社区治理效能

在天府公园社区，治理单位的网格化和单元化具体落实到单元，像院落、小组、小区等都是如此。比较典型的是慕和南道小区"创新党建引领小区治理院落机制"，以公园社区的基本单元——城镇居民小组和院落，筑牢美好生活的最小家园。具体做法是，党建引领小区治理的"五步工作法"机制，通过找党员、建组织、立机制、

---

① 参见中国社会科学院政治学研究所"国家治理体系与治理能力现代化"创新组编：《四川天府新区调研资料汇编》（上册·综合材料），2021 年 4 月。

搭平台、植文化，建立小区的"三会一公开"机制，制订"十主动，十不准"邻里公约，实现居民言行有规范约束、意见问题有地方反映解决。① 在此，要做到纲举目张，公园社区离不开一个个作为坚实基础和有力支撑的网格单元。

3. 治理方式更加细化，科学化程度水平不断提高

一般来说，城乡治理是否规范、科学、系统、细致，决定其现代化程度水平。天府新区在制度机制运行中以动态式推进"微治理"，出现不少典型范例。如健全"大联动·微治理"，强调形成5—15分钟精准、精细、个性化社区生活便民服务圈。又如畅通街区街巷"微循环"，织密城市的"毛细血管"。另如，老龙村社区在长远布局促攻坚的前提下，通过探索核心领治、群众自治、院落微治、社会共治四种模式，首创"1＋25＋70"的院落"微治理"模式。夏纳滨江小区还探索小区空间激活增能的"五微更新法"，包括创新空间微造、文化微生、组织微建、服务微联、机制微创。再如，安公社区的"五线工作法"是全面、系统、细致、严密、有效的治理创新，它包括：凝聚"党员线"，强化党建引领；健全"自治线"，突出居民主体；发动"党员线"，聚集供需对接；壮大"社团线"，推动多元参与；延伸"服务线"，实现高效便民。就每条"线"来说，也做到了细致精微，如在"党员线"中，有优化党组织设置、构建"社区党委＋四类党支部＋特色党小组＋党员示范岗"的党建格局，有推动实现组织联建、活动联办、资源联享、党员联管的互联互动机制，有包括"承诺、践诺、评诺"的党员教育创新管理模式，从中可见凝聚"党员线"的细化程度。还有在"自治线"中，其精细化也相当突出。这包括：设立社区教育、小区自治、公共管理、公共服务的四大专委会，每个专委会的职能职责多达126项，切实为居民提供专业化、个性化服务；组建社区、居民小组、

---

① 四川天府新区党工委管委会编：《四川天府新区公园社区发展与治理白皮书（2018—2020）》，2021年4月，第114—115页。

小区三级议事会，议定智慧社区养老建设、公园小区改造、花园式街区建设事项 146 项；实施建立微中心、设立微平台、培育微组织、完善微机制、开展微服务的"五微"治理。① 所有这些都反映了天府公园社区治理的精细化思维路径。

总之，以天府新区探索的公园城市、公园社区和"乡村梦"为代表，全国范围内出现不少创新案例，对于中国的城乡治理具有重要的理论价值和现实意义。但从全国范围看，这些案例所占比例不大，也处于初级阶段，还存在这样和那样的问题，需要继续推进、发展、突破、创新。如何在已取得的成功经验基础上，实现跨越性发展和创造性的升级再造，还任重道远。

三　城乡治理升级再造趋向及瞻望

在全国范围内，真正实现城乡治理的升级再造，还是一个不断探索和努力推进的过程。其中，需要看到目前问题所在，补足漏洞和短板，特别是突破误区、盲区，在借鉴地方创新经验的基础上，以更加独特的观念更新和可靠有效的路径方式，获得更大的发展动能。

（一）真正改变对于城乡治理的错误认识，确立中国式现代化的治理理念与方法

1. 以中国特色社会主义城乡治理代替西化的城乡治理

如果说在改革开放初期，大胆甚至不遗余力地向西方学习可以理解；进入新时代就必须进行调整，强调中国特色，避免被西方带偏方向、影响节奏、降低效率。特别值得注意的是，受西方

---

① 四川天府新区党工委管委会编：《四川天府新区公园社区发展与治理白皮书（2018—2020）》，2021 年 4 月，第 84—118 页。

影响的具体做法容易改变，但思维方式形成的路径依赖却难以改变。以天府新区公园社区建设的国际化和开放性为例，站在突破传统和大胆改革创新的角度看，这种升级再造无疑具有开拓性，但要避免西方化观念的影响制约。因为以国际化为标准，易忽略中国特色；拆除社区围墙获得了开放性，也要避免失去中国文化特色的宁静、含蓄、自在。

2. 正确理解中国的城镇化和城乡一体化发展格局

长期以来，中国城乡治理一直存在误解：城镇化就是发展城镇，去除乡村；城乡一体化就是城乡治理以一个模式发展，或者说是让乡村按照城市的方式进行治理。这必然导致城镇的片面发展，不仅不能解决原有的城乡二元对立，还会有所加剧和强化。实际上，中国的城镇化并不是"去乡村化"，而是科学合理调整城乡比例布局；城乡一体化也是在城乡统筹发展中，保持城市和乡村的各自独立性和主体性，使二者各有所长、共同发展。在这方面，不少先进的创新典型都面临这样的困局。

3. 将乡村振兴作为基础性、根本性、关键性工作加以落实

应该说，中国特色社会主义要求城乡治理必须根据中国国情，遵循中国式现代化发展之路。但事实上，乡村振兴之所以较难落到实处，容易被各级政府忽视，主要是难理解其深意，看不到乡村振兴的战略意义。在中国式现代化建设中，快速高效发展城市，以城市带动和反哺乡村，这只是一个维度；更重要的是乡村振兴，因为中国广大乡村具有基础性、根本性、关键性的特点，从这个意义上说，它直接决定着中国现代化建设的成败。换言之，中国能否建成现代化，关键在乡村，而要达到这一目标，难度是相当大的。

中国城乡治理的升级再造，除了强调中国特色和城乡统筹发展，更重要的是乡村振兴和乡村再造，这是比城市现代化更为艰巨的任务。

（二）快速提升政府治理体系和治理能力现代化水平，充分发挥先进性、前瞻性、引领性

1. 政府在城乡治理中普遍滞后于国家政策特别是战略发展要求

城乡治理有个共同原则是政府引导。一般说来，政府在不少地方确实起到了引领作用，但也有不少地方政府很难胜任，不仅不能起到引领作用，反以行政命令甚至形式主义做法阻碍城乡治理。即使有的地方政府较好地起到了引领作用，但往往被动跟在党和国家政策后面进行简单阐释，形成明显的滞后性。如天府新区城乡治理取得巨大成就，政府的引领性较强，但其公园城市和"乡村梦"也是在习近平总书记视察提出相关要求后贯彻落实的。在真正具有引领性的城乡治理中，政府应发挥强大的主体性，站在时代甚至国家战略发展前列，能提出前瞻性的创新观点，这就为今后地方政府提出了更高要求和更长远发展目标。

2. 政府干部特别是领导干部的现代化治理能力亟须快速提高

目前，地方干部的整体素质不断提升，但毋庸讳言的是，真正有理论水平、文化思想、专业能力、管理技能的城乡干部并不太多，相反，无专业知识、不懂技术管理的城乡干部大有人在。这从根本上制约了城乡治理的升级再造，因为城乡治理体系和治理能力现代化的要求很高，一般意义的传统干部很难胜任。这在乡村社会更加突出，不要说现代化的管理人才，能掌握电脑应用技术和信息传播技能也并非易事。因此，如何从城乡治理体系和治理能力现代化角度重视人才培养，是今后城乡治理升级赋能的关键。

3. 城乡基层社区特别是广大乡村干部比较缺乏，年轻有为的干部更少，严重制约城乡治理的升级发展

近些年，党和国家为提升村干部素质虽采取了一系列措施，像

大学生做村干部、干部下乡当第一书记、在外乡贤做村干部，等等。然而，由于这些外援干部在乡村时间短，有的还没了解情况就离开；另有干部不了解乡村情况，不要说工作方法，连语言也不通，很难与村民对话交流，造成工作空转。还有一些干部有镀金意识，走过场，不能放下身段与广大地方干部群众同甘共苦、同心同德，造成不良甚至负面影响。因此，如何真正实行城乡特别是农村基层干部的制度改革，让城乡基层成为优秀干部人才的蓄水池，是今后城乡治理实现升级再造的重中之重。四川省巴中市2017年创新实施"巴山优才计划"，2019年又印发《"巴山优才千人培育工程"实施办法》，以及《关于开展村干部学历提升教育的通知》，全面重视人才队伍建设。巴中市南江县还依托行政干部学校、巴中村政学院、大巴山农民工培训学校，培训专业人才6000多人、村级后备干部400多人。[①] 像这样的培育基层人才的做法值得学习借鉴。

地方政府尤其是城乡基层政府权小责大、位低任重，在城乡治理现代化过程中，是关键的一环。需要来一场真正的制度变革，包括进行自我革命。只有这样，城乡治理升级再造才能充满希望和生机活力。

（三）进行制度创新特别是对于治理内部的制度变革，是升级增效的必由之路

1. 充分发挥党组织在城乡治理中的领导力，以创新作为引领引擎

从全国范围看，党建引领在城乡治理中功不可没，不少制度机制和工作方法都有新意。不过，严格来说党建引领城乡社区治理还很不够，主要表现在：一是不少地方的党组织涣散软弱，党组织在

---

① 中国社会科学院政治学研究所南江调研组编：《四川省南江县调研资料汇编》，2018年6月。

许多领域还未普遍建立。二是一些党组织对于城乡治理的引领性不够，没能充分发挥模范先锋带头作用，服务功能有待加强。三是党建引领创新性明显不足，模式化、类同化、形式主义做法时有发生。四是有的党建也有创新性努力和引领，但好的办法不多，缺乏现代治理思维能力。因此，如何让党建在城乡治理中生根、发芽、开花、结果，真正发挥先锋队创新引领作用，在不断自我革命中获得更大潜能动能，这是今后应加大力量进行突破的方面。

2. 加强对城乡治理专门制度的研究制定，以达到不断发展和最终的善治

城乡治理具有学科性、专业性、科学性，这需要有专门制度做保证。然而，关于城乡治理有关制度的研讨和规定还不充分，也有不少缺憾，需要今后进一步加强。以天府新区为例，对于公园城市和公园社区治理的制度规定比较重视，但对"乡村梦"还缺乏较好的制度安排。至于全国乡村治理的制度规定，也远远跟不上实践探索发展，无法与城市治理的制度规定相提并论。今后应从城乡治理制度的创新角度进行突破，克服笼统的、一般性的制度规定，特别是避免因袭重复、朝令夕改，甚至出现某些倒退的制度规定。这是今后需要努力调整和进一步完善的。

3. 改变城乡治理"协而不调"局面，在多元互动、协调发展中理顺关系，发挥制导性功能

在城乡治理中，按照多元互动协调发展理念，目前已克服单一特别是行政命令方式，从而形成了多元共治局面。但其中也有"协而不调"的局限，因为"九龙治水"，如无主导和制导性，极易形成群龙无首甚至涣散局面。因此，在多元协调发展中，一方面，要将党的领导置于核心地位并发挥巨大引领作用，这有助于城乡治理形成巨大凝聚力和创造力。另一方面，还应发挥城乡治理专业性强的特点与内在统合力量。为此，成都在市委下设立了城乡社区发展治理委员会，专门负责协调发展各参与主体关系，这在全国尚属首例。因为以往的社区治理职能分散在40多个部门，多头管理、权力

分散、效率低下，甚至产生互相抵触的局面。社区发展治理委员会的成立则担负起统筹指导、资源整合、协调推进、督促落实职责。这对于探索特大城市和社区治理体系与治理能力现代化具有重要借鉴作用。①

（四）强化城乡治理的内在发展动能，改变当前以外力为主导的被动局面

1. 充分调动城乡基层自治特别是社区社会组织的力量，这是长远可持续发展的压舱石

长期以来，在城乡统筹发展中，一条基本原则是转变政府职能，即由原来的行政管理变为指导服务，将基层治理变为人民群众的自我管理。这也是衡量城乡基层治理现代化能力水平的重要标准。然而，要处理好政府与自治的关系相当困难。以天府新区为例，在城乡治理中不少地方的自治意识和自治能力较强，像麓湖公园社区的自组织比较发达，公共意识和公民意识突出；不过，整体而言，政府的主导性较强，不论是资金、规划、创意还是决策、考核，政府功能作用过大，还应加大人民群众的参与度。这一情况在全国具有普遍性。从城乡治理升级再造看，政府加强引导特别是进行顶层设计非常重要，但也要将人民群众参与的广度和深度作为长远发展目标和提格升级之要务。有学者认为："在社会利益多元化的背景下，政府管理也要适应变化了的形势，加以改革与创新，而政府治理创新改革的一个主要着力点，就是吸纳社会力量参与治理，让社会组织、市场组织和公民个人在治理中发挥更大的作用，激发社会的活力与创造力，这就需要在控制与命令之外增加协商、合作、互动的成分。"② 由此可见，激活社会力量特别是加强人民群众参与对于城乡治理至为重要。

---

① 韩利：《全国首创成都设立市委城治委》，《成都商报》2017 年 9 月 4 日。
② 李梅：《新时期乡村治理困境与村级治理"行政化"》，《学术界》2021 年第 2 期。

2. 加大集体经济发展力度，这是提升城乡治理层级与能极的坚实基础和可靠保障

实行生产承包责任制以来，个体和家庭经济焕发了活力，集体经济整体不受重视，这一方面反映了个人积极性充分发挥的积极意义，也暴露了忽略集体与公共性的负面作用。事实上，一直有一些地方始终坚持做大做强集体经济，这为治理特别是公共产品供给提供了制度保障。浙江省不少地方近些年的乡村治理之所以获得快速健康发展，一个不可忽略的原因是集体经济发达。据统计，浙江嘉兴市 858 个村集体经济经常性收入全部超过 100 万元。[①] 与此形成鲜明对比的是，四川省天府新区的村庄集体经济在 10 万元以上的并不多，许多村的发展要靠政府提供的社区保障资金。这说明，天府新区愿意大量给城乡治理特别是乡村投资，但也反映了政府在资金方面面临巨大压力。乡村集体经济薄弱带来内生力不足。因此，未来中国城乡治理必须加大集体经济发展力度，以便为其内存的强大增容。天府新区城南坡社区在村党组织的领导下，通过成立社区社会企业组织，让社区居民特别是复员军人、弱势群体参与其中，既有效利用了资源，又增强了社区服务能力，还强化了居民自治能力。

3. 以文化软实力作为城乡治理升级换代的动力源

随着城乡治理考核科学化程度的提高，经济指标的比重有所降低，特别是经济至上观念有所淡化，思想、文化、道德等变得日益重要。但整体而言，这一趋势并未得到根本改变，文化在许多地方仍是不被重视的软实力，甚至有些可有可无。这严重影响到城乡治理突破瓶颈，进入新高度和新境界。成都、浙江、山东一些地方虽逐渐将文化软实力放在重要位置，但对其内涵的理解往往停留在表面，这必然限制城乡治理的整体提升。如"美丽乡村"建设倡导将中国传统文化与西方现代文化相结合，但主要停留在青山绿水、风

---

① 《浙江嘉兴所有村集体经济年经常性收入超过百万》，2020 年 3 月 16 日，金融界网，http://finance.jrj.com.cn/2020/03/16135129031721.shtml.

俗民情层面。其实，从中国人的文化精神发掘文化软实力，应该成为今后城乡治理的共同追求。值得注意的是，对传统文化，也要具体情况具体分析，比如一些地方的"孝文化"在乡村治理中的作用，也要进行正确选择和现代转换，如处理不好，易停留在表面甚至受到"愚孝"文化的负面影响。

城乡治理是内外互动的结果，它既离不开外援，更离不开内生力。比较而言，后者比前者更重要，也成为当前城乡治理中的当务之急。没有充足的内动力，城乡治理是不可能获得更快更好发展的。

（五）深刻理解"智慧"内涵，重视城乡治理的民间智慧

1. 区分智能与智慧的内涵，避免城乡治理对智慧进行简单化理解

当前，中国城乡治理加大科技特别是互联网、大数据、智能、区块链等的参与利用力度，这无疑是正确的，也是很有发展前途的；但要注意不能陷入技术至上和智能无限的误区，更不能将"智能"简单理解为"智慧"。如一些地方将先进科技的大量运用理解成"智慧治理"。其实，这是一种智能化治理，与智慧是有距离的。智力、智能、智慧有着不同的内涵特点，智能是对智力的升级，智慧是超越智能的限度，更强调灵性与慧心，是突破理性进入心灵世界和精神境界。天府新区公园社区的制度创新强化了丰富性、完备性，以数字化（如"1＋3＋5"政策体系、"1＋25＋70"院落"微治理"）规范城乡社区治理，这虽有其智能优势作用，但智能化不是严格意义上的智慧，反而不利于智慧发挥，因为"制度愈繁密，人才愈束缚"[1]。良好的治理需要良制做支撑，良制的一个重要标准是看它是否简明、精准、有效，因此，"中国之将来，如何把社会、政治上种种制度来简化，使人才能自由发展，这是最关紧要的"[2]。习近

---

[1]　钱穆：《中国历代政治得失》，九州出版社 2011 年版，第 168、28 页。
[2]　钱穆：《中国历代政治得失》，九州出版社 2011 年版，第 168、28 页。

平总书记指出："制度不在多，而在于精，在于务实管用，突出针对性和指导性。如果空洞乏力，起不到应有的作用，再多的制度也会流于形式。"① 这就需要从"智能"进入"智慧"，以促进中国的城乡治理快速升级。

2. 深刻理解中国文化的柔性哲学，以中国式现代化进行城乡治理

作为智慧，世界各国都有，但中国文化历史悠久、博大精深，深受孔孟儒家、老庄道家等思想的影响，可谓集智慧之大成。因此，《周易》和孔孟有积极进取的刚性哲学，老庄和禅宗有柔性哲学，后者深含中国文化哲学精髓。因此，有人认为，从哲学意义说，中国文化是具有女性气质的柔弱哲学，② 是比阳刚更深刻、内在和长久的生命哲学。我国城乡治理虽然要秉承中国阳刚文化，有借鉴地向西方学习，积极精进、开拓创新、勇于探索，但更应发挥中国文化的柔性哲学精神，进入文化软实力的积蓄、保存、孕育、生发、转化、创造过程。目前，城乡治理普遍重视硬件，忽略文化特别是政治文化建设，导致柔性文化的弱化与流失，影响长远可持续发展动能。这也是为什么形成这样的反差：道路交通日新月异，多地却陷入"堵车慌"；许多健身设施建成，人们的身心健康却令人担忧；乡村振兴、留住乡愁不断被强化，村庄却在加速度消失；人民的获得感、幸福感呼声很高，食品安全、管理失序、形式主义治理却难控制；社会主义核心价值观已成共识，在城乡治理中却没变成自觉遵循。所有这些都与治理的强制性理念有关，因为它是外在化和刚性的，优点是容易快速生效，缺点是难以深入持久。这就需要强化柔性治理作用，从文化软实力到世道人心渗透，都能达到柔性哲学的智慧层面。

---

① 习近平：《在党的群众路线教育实践活动总结大会上的讲话》（2014 年 10 月 8 日），《人民日报》2014 年 10 月 9 日。

② 林语堂：《中国人》，浙江人民出版社 1988 年版。

3. 重视发挥中国民间智慧，突破城乡基层群众"被治理" 状况

纵观中国现代化进程，一个很大的特点是精英治理以及对它的不断调整。换言之，这是一个不断中国化、大众化、民间化的过程。所谓中国化马克思主义以及对于农村农民力量的发现可为代表。城乡治理也是如此，开始是精英模式主导，后来转向农村农民基层，这是村民自治能取得成就的关键。不过，城乡治理一直有难以改变的"精英化"倾向，这就造成观念引导、政策制定、执行推广、考核评估等治理过程主要由地方领导决定，人民群众的参与度不高，致使存在"被治理"弊端。实践表明，城乡基层如缺乏真正意义的民主参与广度、深度，城乡治理必然停留在表面化和浅层次，其间蕴含的巨大潜能智慧就无法得到开发、利用。① 因此，如何在党的领导、政府引导、社会组织参与下，真正让广大人民群众成为城乡治理主体，这是城乡治理快速升级的根本所在。如河南开封的"梦回大宋繁华——清明上河园"建设有民间智慧，它充分开发利用中国古代文化资源，在园林中设旅游景点，经营者甚至游人可穿着宋朝服装穿越宋代。华灯初上，夜幕下的清明上河园流光溢彩，如梦如幻的景龙湖上大型水上实景《大宋·东京梦华》上映。② 这种文化还原与表演极富想象力和创造性，是民间智慧的闪现。它既弘扬了传统文化，又发展了地方旅游和提振了经济，还丰富了业余文化生活并提高了审美力，值得全国城乡治理学习借鉴。

城乡治理升级再造是关系到国家战略发展的系统工程，既需要对其重要意义有充分认识，也要站在政治高度看待这一问题。特别是需要改变观念、探索创新，找到有效抓手和切实可行办法，有前

---

① ［美］科恩：《论民主》，聂崇信、朱秀贤译，商务印书馆 2004 年版。
② 米广弘：《梦回大宋繁华——清明上河园》，2020 年 7 月 28 日，黑龙江网，https：//www. chinahlj. cn/news/415036. html.

瞻性眼光和战略思考，结合中国实情，有中国立场，确立中国文化自信，将工作落到实处。由此，四川天府新区所做的探索创新发展具有典型性，对城乡治理升级具有借鉴意义。

（作者：中国社会科学院大学政府管理学院教授，中国社会科学院政治学研究所研究员赵秀玲）

党建引领下的天府新区治理

在党建引领下，加强各级党组织的核心作用，是实现社区有效治理的核心要义和重要途径，是落实以人民为中心的发展思想、巩固党在基层的执政基础、强化服务管理职能、提升居民生活品质、纵深推进城乡社区发展治理、弥补当前基层治理短板的必然要求。2019年5月，中共中央办公厅印发的《关于加强和改进城市基层党的建设工作的意见》提出：要提升党组织领导基层治理工作水平，健全党组织领导下的社区居民自治机制，领导群团组织和社会组织参与基层治理。

天府新区紧扣习近平总书记提出的"一点一园一极一地"战略定位和重大要求，打造国际化社区的建设目标和产业转型的发展任务，着眼于以新发展理念统揽城市工作全局，重新定位社区的价值和功能，以党建引领城乡基层治理为抓手，以基层党组织建设为关键，积极探索超大城市治理体系和治理能力现代化新路。我们通过深入研究党建引领下天府新区治理的实践探索，总结天府新区党建引领发展治理的基本经验，探究天府新区治理的问题与难点，并就下一步如何持续推进和完善党建引领新区治理提出对策建议。

一　党建引领天府新区治理的实践探索

天府新区是国务院 2014 年 10 月批复的第 11 个国家级新区，规划面积 1578 平方公里。在全国 19 个国家级新区中，规划面积居第 6 位，经济总量居第 5 位，涉及成都、眉山两市。天府新区坚持党建引领基层发展治理，充分发挥社区党组织黏合剂和润滑剂作用。2019 年 3 月，成都市市委组织部、市委社治委印发《关于开展 2019 年党建引领城乡社区发展治理示范社区建设的推进方案》，提出"实现党建引领高质量发展、高效能治理、高品质生活"的具体要求。天府新区根据战略定位和建设任务，制发《推进城乡社区发展治理建设高品质和谐宜居社区的实施方案》《城乡社区发展治理"五大行动"三年计划》《2020 年党建引领城乡社区发展治理示范建设工作方案》《关于统筹推进新时代公园城市发展治理体系和治理能力建设的实施意见》等，并就天府新区推进全域国际化社区建设制定"1 + 3 + 5"配套政策体系，用于指导新区实践。在顶层规划的基础上，天府新区开展了一系列实践探索。如今，天府新区已成为西部地区最具人居魅力、最具创新活力、最具开放张力、最具发展潜力的城市新区。经济活跃度、社会关注度、区域识别度不断提升，成功获评"改革 2020 年度典型案例"。

（一）党建引领构建新型基层治理机制

构建"一核三治、共建共享"的社区治理机制，即以基层党组织为核心，自治为基础、法治为保障、德治为先导，推动各类治理主体共建共治，成果共享。发挥党建引领作用，把各类群体和组织团结在党的周围，带动多类主体共同参与，建设整体联动、互联互动的社区共治场景。

第一，以基层党组织为社区治理核心。坚持党对基层治理的领导,推动基层党建与基层治理深度融合,充分发挥基层党组织在社区治理中的重要作用。把加强基层党的建设、巩固党在基层的执政基础作为贯穿社会治理和基层建设的一条红线,推进街道社区党建、单位党建、行业党建互联互动,建立开放、互联、互动纽带,推动各机关单位党员到社区报到全覆盖,形成党建引领基层治理新格局。

第二,以自治为社区治理基础。形成党组织领导下民事民议、民事民办、民事民管的多层次基层协商格局,完善党组织领导下的基层民主协商机制,规范基层党组织领导下的居民议事会制度,完善小区党组织领导下的业主、业主委员会和物业机构联席协商制度。

第三,以法治为社区治理保障。制定完善城乡社区发展治理地方性法规和规章,引导各类主体依法参与社区共建。加强法制宣传,深入开展法律进社区等活动,使尊法、学法、守法、用法成为居民自觉行动。畅通利益诉求表达渠道,整合各类法治资源下沉社区,引导居民群众用法治思维和法治方式解决矛盾纠纷。

第四,以德治为社区治理先导。将弘扬社会主义核心价值观贯穿党建引领社区发展治理全过程,把天府文化作为社会主义核心价值观的成都表达,引导形成崇德向善的道德风尚和平和向上的社区心态。开展线上、线下相结合的道德教育,推动家风家训家教建设,构建友爱互助的邻里关系,培育向善向美的社区精神。

(二) 党建引领汇集多方力量

社区治理是一个动态的过程,需要突出多元主体联动、调动多方力量参与,而不是小区党组织单枪匹马的战斗。典型的如天府新区安公社区在基层党组织创新探索党建引领社区治理发展治理实践基础上,提炼形成"五线工作法",并在新区其他各地推广。切实发挥了党建引领作用,汇聚社区多元力量。具体做法如下。

第一,凝聚"党员线",强化党建引领。一是规范党组织设置。将符合条件的社区党支部升格为党委或党总支,在符合条件的居民小区、商业街区、商务楼宇等建立党支部,在有党员的楼栋、院落建立党小组。强化对社区各类组织的兜底，结合实际成立非公企业联合党支部、社会组织联合党支部等，建立平安建设、就业创业、困难帮扶等功能型党小组，实现党的组织、工作和活动全覆盖。二是健全互联互动机制。发挥街道党委区域化党建联席工作会议的作用，强化社区党组织统筹协调和资源整合能力，通过组织联建、利益联结、资源共享，广泛与驻区机关、国企、事业单位、"两新"组织等各类党组织签订共建协议，强化共建共享，构建城市区域化党建格局。三是创新党员教育管理。旗帜鲜明讲政治，引导党员牢固树立"四个意识"，坚定"四个自信"，做到"四个服从"，落实"两个维护"。严格落实"三会一课"、固定党日、书记讲党课等制度，全面推行党员积分制管理，扎实开展党员民主评议，教育引导党员履行义务责任，发挥先锋模范作用。

第二，健全"自治线"，突出居民主体。一是加强党组织对议事组织的领导。健全党组织领导下的居民议事会制度，落实"四议两公开一监督"，由社区党组织书记兼任议事会负责人，召开议事会前先召开党员大会进行讨论，强化党组织对议事会议题的审核把关作用，引导党员议事会成员在议事会讨论中发挥引领示范作用，维护群众合法权益。二是开展社区总体营造，促进居民自治参与。坚持党的群众路线，走街进社入户问需问计问效于民，以社区居民共同关心的社区公共问题难点为切入，通过引导居民依法协商凝聚共识促进问题有效解决，形成居民良性参与社区治理的有效路径，有效将矛盾和问题化解在社区，提升社区居民对社区的认同感、归属感和参与热情。三是实施社区微治理。发挥党组织的引领作用，运用法治思维和法治方式，广泛动员居民群众开展微中心、微平台、微组织、微服务建设，打造小区居民活动室、微生活馆等微更新生活场景，引导居民制定垃圾分类、卫生保洁、秩序维护等居民公约，推动小区微治理法治化规范化。

第三，壮大"社团线"，推动多元参与。一是积极稳妥培育社会企业。围绕文化、教育、关爱、人居等服务领域，由社区党组织书记带头出资、党员带头筹资、引导居民群众参与创办社区社会企业、社会组织，并同步建立党的组织，支持党组织健全的社会组织优先承接公共服务项目。二是大力发展自组织。基层党组织引导党员结合自身能力特长、兴趣爱好，参与创办读书会、舞蹈协会、应急救援队等自组织，在党员带头示范中推进党的工作覆盖和活动覆盖，增进居民共同情感、兴趣和认同，构建社区共同体。三是带动群团组织。强化党建带群建，通过政治带动、组织带动、队伍带动，把牢政治方向，指导帮助群团开展活动。鼓励社区离退休干部、专业人才、企业高管等进入社区群团组织，丰富服务活动平台载体，创建活动品牌，着力形成"党建引领、群团助力、共建共治"工作格局。

第四，发动"志愿线"，聚焦供需对接。一是构建志愿服务体系。由社区党组织牵头组织，社区党员作为组织者率先进入，广泛发动社区居民参与，建立社区志愿服务队伍。发挥社区党员示范带头作用，在志愿服务队中建立党员志愿服务先锋队、党员志愿服务小组。落实"双报到"党员志愿服务，优化服务项目和承接渠道，建立党员志愿服务评价反馈机制。完善社区志愿服务激励办法，推行星级志愿者评选和"时间银行"激励机制。二是开发志愿服务项目。将空巢老人、留守儿童、残疾人等特殊困难居民的志愿服务项目作为重点内容，多方征求居民群众需求，针对性设计志愿服务项目。利用志愿服务信息平台，广泛发布政府委托社会力量承担的服务项目、拓宽社区志愿者信息来源渠道。三是打造志愿服务品牌。树立项目意识、品牌意识，创建志愿服务活动品牌、明确服务主题、内容和形式，通过优秀的服务项目和服务品牌争取各方资源，提高志愿服务的知名度和影响力。

第五，延伸"服务线"，着眼精准高效。一是完善社区服务体系由街道社区党组织牵头，按照"布局体系化、功能综合化、服务亲民化"的思路，开展党群服务中心优化提升，构建街道、社区、小区和其他领域"3＋X"党群服务中心体系，建成居民群众"易进入、可参与、能共享"的邻里中心和温馨家园。推广"天府市民云",整合辖区单位共享资源力量,开展网上快捷服务。二是建立社区服务长效机制。建立党员直接联系服务群众制度,定期走访困难群众,做好心理抚慰,帮助解决突出问题。建立社区基金,充分发动社区内各类组织、爱心人士,定期举办公益晚会、慈善义卖等活动,募集服务资金。大力培育众筹食堂、慈善超市、社区诊所、共享停车、共享工具等社区配套服务主体,开设慈善茶座、报摊、图书角等"自我造血"项目,搭建线上线下众筹平台,实现服务项目自筹自给。三是搭建居民互助服务平台。全面收集居民可提供服务资源和个体需求,引导居民为居民点对点提供互助服务,有效发挥服务乘积效应,营造"全民享受服务,全民提供服务"的浓厚氛围。

(三) 党建引领推动城市发展

随着城市发展进入工业化城镇化中后期,天府新区的城市形态、生产方式和社会结构发生深刻变化,既面临超大城市治理的特殊考验,又面临基层治理的共性难题。新区现有居民小区 513 个,其中万人小区 25 个。面对超大社区人口分布高集聚性、人口结构高异质性、生产要素高流动性、社会管理高风险性带来的治理难题,新区坚持大抓基层的工作导向,通过党建引领推动治理重心向基层下移,全面提升社区党组织能力,有序有力有效地引领基层治理。新区提出公园城市、国际化社区、产业社区建设规划与方案,推动经济发展与城市转型升级。

1. 公园城市

2018 年 2 月,习近平总书记视察天府新区,提出"特别是要突出公园城市特点,把生态价值考虑进去"。2020 年 1 月,中央财经委员会第六次会议明确要求,支持成都建设践行新发展理念的公园城市示范区。2020 年 12 月,四川省委、省政府印发《关于支持成都建设践行新发展理念的公园城市示范区的意见》,提出抓住成渝地区双城经济圈建设重大机遇,支持成都加快建成新发展理念的践行地和公园城市的先行示范区。作为"全面体现新发展理念城市"首倡地和"公园城市"首提地，天府新区始终坚持党的领导，切实发挥基层党组织领导核心作用，以创新为动力源泉、以协调为内在要求、以绿色为发展本底、以开放为鲜明特色、以共享为价值取向，承载新发展理念的城市表达，系统解决"大城市病"；根植成渝地区双城经济圈建设，打造西部地区高质量增长极和动力源；回应人民美好生活需要，塑造天府新区持久竞争优势；诠释习近平生态文明思想，凝聚生态文明思想的价值认同和全球共识，为"中国之治"创造和提供"天府经验"。

第一，构建高效协同的发展治理新架构。推进新时代公园城市发展治理体系和治理能力建设，必须坚持党的全面领导，增强基层党组织的政治领导力、思想引领力、群众组织力、社会号召力，确保基层治理始终保持正确政治方向。新区成立统筹推进新时代公园城市发展治理工作领导小组，负责新区发展治理顶层设计、统筹协调、督导落实等职责，承担回应人民群众美好生活向往的政治责任，由党工委书记任组长，分管委领导任副组长。领导小组下设办公室，办公室设在社区治理和社事局，承担领导小组日常工作，组建工作专班，统筹各部门"社区发展治理、治安综合治理、公共危机应对、矛盾纠纷化解、市民服务供给、共建共治共享"等社会发展治理职能职责。构建新区党工委和街道两级联动推进城乡基层治理的工作格局，明确各级党组织书记为第一责任人职责，落实街道党工委副书记专管职责，把新时代公园城市发展治理体系和治理能力建设工作纳入各部门年度目标绩效综合考评，纳入党政领导班子和领导干部政绩考核，纳入街道党工委书记抓基层党建工作述职评议考核。

第二，健全党建引领发展治理新机制。完善党组织领导社区发展治理一体化机制，全面推行社区党组织书记通过法定程序实现"一肩挑"。完善居民监事会制度，发挥党组织纪检委员作用，有效规范"微权力"，减少"微腐败"。理顺社区党组织和居民委员会、业主委员会、物业服务企业之间的关系，完善社区和居民小区党组织对业主委员会和物业服务企业的监督、评议、管理体系。把党组织的领导内嵌到小区业主管理规约、业主委员会议事规则中，全面推进"红色物业"建设。

第三，选优配强发展治理带头人新队伍。新区全面落实党组织书记党工委备案管理制度和"两委"换届候选人联审机制。实行社区党组织书记职业化、专职化管理。加大从优秀农民工、退役军人、农村致富能手、网格管理员、返乡大学毕业生、社会组织等群体的党员中选拔党组织书记力度。鼓励符合条件的机关和事业单位干部担任社区党组织书记。成立天府新区公园城市党校，落实党组织书记集中轮训制度，加强年轻干部治理能力培养，充分发挥党员在社区发展治理中的先锋模范作用。

2. 国际化社区

为深入贯彻习近平总书记视察天府新区重要指示精神，全面落实省委"四向拓展、全域开放"战略、市委建设国际化城市部署，努力提升新区在全球产业链、创新链、交往链中的显示度、影响力和竞争力，构建法治化、便利化、国际化营商环境，打造高品质和谐宜居生活社区。党工委管委会决定，在新区全域建设国际化社区，要以加强党的建设为核心，坚持党建引领、整合社区资源，释放社区活力，努力营造共建共治共享的良好氛围。

第一，提高基层党组织覆盖率。建立居民小区党组织，统筹推进商务楼宇、各类园区、商圈市场党建，探索推动党的组织和工作向小区延伸，向物业机构和业主委员会拓展。采取"请进来教""走出去学"、专题培训等多种方式，持续培养提升新兴领域党组织引领服务辖区国际友人的实际本领。

第二，促进区域党组织互联互动。逐步推广街道社区兼职委员制度，鼓励辖区单位党组织负责人担任社区兼职委员。持续推进社区资源共享，重点协调驻区单位党组织共同加强党的建设、社区治理等工作，进一步实现党建资源、文化设施、公共服务共建共享。持续开展党建"结对共建"行动，鼓励社区党组织和辖区涉外机构、外资企业结对共建，进一步实现组织联建、党员联管、活动联办、人才联育、资源联用。

第三，加强专项工作联系指导。指导社区党组织全面加强对辖区社会组织、志愿者团体、物管单位、中介机构等各类组织的领导。建立社区指导工作专班，由社区党组织书记担任国际化社区建设工作指导专班负责人。优选社区干部，配备配强国际化社区班子队伍。

第四，充分发挥基层党员作用。鼓励社区党组织班子成员参与社区社会企业、社会组织工作，动员党员结合自身兴趣爱好参与创办自组织，支持社区党组织班子或党员骨干依法担任社会企业、社会组织、自组织负责人。孵化具有国际特点的各类社会组织，鼓励吸纳外籍人士参与社会组织、自组织，发挥特长，贡献智慧，通过社会组织推动社区中外居民交流与融合，提升社区的凝聚力和认同感。

3. 产业社区

随着城市转型、产业升级等因素驱动，产业社区应运而生。产业社区是以产业为基础，融入城市生活等功能，产业要素与城市协同发展的新型产业集聚区的新型概念。它相对于传统产业园区来说，打破了地理边界，空间更开放、企业生态更多元、社群交流更活跃。

天府总部商务区是国际前沿高端产业集聚地、国际开放合作新高地、国际会展目的地、公园城市首位区、也是未来新型产业社区的重要承载。为进一步提升产业社区的国际服务水准与治理水平、构建开放共融的社区氛围，新区坚持党建引领，助推天府中心国际化社区建设，加快建设成为与世界和未来城市对话的重要展示窗口。

第一，坚持党建引领，形成多方联动、互融互促的新局面。创建"1＋3＋N"的组织管理模式："1"是以功能区综合党委为核心，"3"是实现社区党委（居委）、社区运营商、相关委局的三方联动管理，"N"是企业、社会组织、社会团体、辖区居民等多元主体参与国际化社区建设，形成委街企多方联动、高效协作、互融共促的新局面，建设空间更开放、企业生态更多元、社群交流更活跃的产业社区。

第二，优化产业社区党建服务模式，打造智慧服务平台。强化党建引领，积极推进区域党建联盟，建立党员党性教育和党员实践基地；与喜马拉雅合作打造线上有声党建活动室，与字节跳动合作打造视频微课堂等智慧党建展示平台，设立党员先锋岗，提供楼宇党建指导、先锋模范服务。

（四）党建引领打造精细化服务

居民小区作为社区的末端触角和微观单元，是推进社区精细治理、精细服务的着力重点。要加强党的全面领导，发挥党建引领作用，牢固树立以人民为中心的发展思想，突出分类治理、创新治理、精细治理，切实解决好服务群众"最后一百米"中的短板和问题。

第一，完善组织体系，铸造坚强后盾。天府新区坚持把完善组织体系作为延伸党建工作触角，全面引领服务的根本保障。天府新区现在大部分社区都有上万人，最多的有四万多人，社区党组织很多时候都是眉毛胡子一把抓，很难做实做细管理服务，自从小区建立党组织后，社区管理服务能快速有效实现落地落实。通过采取单建、联建、派建等方式，全区成立小区党总支（支部）223个，按照便于开展工作、便于动员组织的原则，按楼栋设立党支部，按业缘趣缘划分党小组，构建了街道党工委＋社区党委＋小区党总支（党支部）的组织体系。

第二，建立联动机制，化解矛盾纠纷。天府新区始终坚持把建立互联互动的工作机制，作为化解矛盾问题、提高管理效能的长久之策。建立意见收集机制，由小区党组织成员听取、收集业主关于管理服务、居商关系等方面的意见建议；建立联席协商机制，由小区党组织、物业、业主、商家、社区召开联席会议，协商解决小区问题困难；建立民主评议机制，由小区党组织和物业总结工作情况，公布工作计划，组织业主现场评议，评议结果作为物业评级、年审的重要依据；建立事务公开机制，及时公开小区党务、财务、治理等事项，广泛接受监督，动员居民参与。

第三，利用公共空间，开展点单式服务。天府新区基层党组织一方面积极协助社区延伸政务服务、提供社会服务、发展志愿服务；另一方面积极开展点单式服务和菜单式服务。依托小区现有的公共空间：党群之间、连心驿站、民情接待室等，面向小区党员和居民实行点单式服务，收集并解决"最期待书记办的事"，使小区居民办事有地方、难处有人帮、怨气有人解，做到矛盾纠纷不出小区。列出小区服务菜单，让有需要的居民按图索骥，通过微信扫码、电话联络、定时定点服务等，让居民足不出小区，就能享有便捷服务。

（五）党建引领打赢疫情防控战

面对突如其来的新冠肺炎疫情，天府新区将党建引领基层治理体系积蓄的政治引领优势、组织动员优势、基层基础优势、协同治理优势迅速转化，构建起全民动员、群防群治、联防联控的严密防线，确保了以坚强的组织体系、最快的反应速度、较强的城市韧性和较低的社会成本打赢疫情防控阻击战。

第一，党委党组迅速从"平时领导机关"转化为"战时前线指挥部"，形成高效联动的应急指挥体系。把"听从总书记号令、落实中央要求"凝聚成全市的思想共识和行动自觉，充分发挥党委统筹、部门联动、社会协同、共建共治的治理体系优势，构建市县两级指挥部纵向贯通、部门横向联动的工作机制，推动职能部门与属地联动、专业机构与基层联控、党员干部与群众协同，保障疫情防控工作整体推进有序开展。

第二，城乡社区迅速从"城市治理单元"转化为"一线战斗单元"，形成闻令而动的基层响应体系。全市各级各类党组织第一时间吹响集结号，机关单位党员干部迅速到社区报到入列，综治、城管、疾控等专业力量下沉社区，在社区党组织统一组织领导下与基层党员干部混岗编组开展地毯式拉网排查。

第三，治理常态迅速从"共建共治共享"转化为"联动联防联控"，形成广泛协同的社会动员体系。发挥基层党建系统性整体性优势，建立联防联控、群防群治工作机制，社区党组织引领小区业委会、物业机构、居民自组织、"两新"组织、群众红袖套和社区志愿者等社会力量共同行动，积极投入入户走访排查、小区院落管控、居家医学观察人员服务等基础工作和社区公益服务，形成全社会共抗疫情共克时艰的强大合力。

二 党建引领天府新区治理的基本经验

天府新区党建引领基层治理的创新探索契合党中央决策部署、顺应城市发展规律、符合人民美好期待。以夯实党的执政根基的政治导向、推进治理现代化的目标导向、为人民为中心的价值导向、破解城市治理难题的问题导向和构建共建共治共享新格局的实践导向，落实了基层党组织领导基层治理的新要求，实现了城市有变化、市民有感受、社会有认同。有必要认真总结党建引领天府新区发展治理的成功经验，形成可复制、可推广的制度成果，以便为全省深化基层治理提供实践借鉴，为全国推进基层治理贡献天府方案，努力交好基层治理体系和治理能力现代化的成都答卷。

（一）把"党建引领治理"压实到党的基层组织来推动，构建一核引领多元协同的组织动员体系

第一，强化机制引领，发挥党的整合功能构建基层"行动共同体"。构建以基层党组织为核心、自治为基础、法治为根本、德治为支撑的"一核三治、共建共治共享"新型基层治理机制，在全国首创基层党组织领导的居民议事会制度，构建驻区单位、社会组织、居民群众等共同参与社区事务的协商机制，深化以"诉源治理"为重点的社区法治建设。

第二，强化组织引领，发挥党的组织功能，构建基层"治理共同体"。健全市、区、镇街、社区、小区五级党组织纵向联动体系，构建以镇街、社区党组织为核心、区域化党建联席会议为平台、兼职委员制度为支撑的城市治理组织架构。创新社区党组织引领多方共建的"五线工作法"，推广基层党组织引领小区治理的"五步工作法"，推动党的组织体系向基层治理各领域拓展，向小区院落等治理末梢延伸，以党的组织覆盖和功能链接整合调动各种资源和力量共同参与城乡基层治理。

第三，强化思想引领，发挥党的政治功能，构建基层"价值共同体"。坚定贯彻落实新思想新理念，把习近平新时代中国特色社会主义思想作为塑造社区共同价值的引领旗帜，把新发展理念科学内涵作为指引城乡基层治理路径的导向航标，把建设践行新发展理念的公园城市示范区、建设成渝地区双城经济圈作为推动城市转型跃升的目标追求，持续推动基层党组织转理念、转方式、转作风、提能力，凝聚全市党员干部和人民群众的共同信仰、精神支柱和力量源泉。

（二）把"城市转型发展"延伸到微观空间场域来驱动，构建发展治理良性互动的规划建设体系

第一，以产城融合理念推动空间重塑，构建人城境业融合统一的公园社区。坚定践行习近平生态文明思想，遵循"一个产业功能区就是若干个新型社区"原则，将公园城市营城模式落实到社区，建设集人文景观、居住消费、生态体验、生产研发等多种功能于一体的新型社区，构建空间可共享、绿色可感知、建筑可品鉴、街区可漫步的公园社区聚落，实现社区与产业时序上同步演进、空间上有序布局、功能上产城一体。

第二，以生活城市导向推动立品优城，构建舒心美好和谐宜居的生活社区。着眼于保持休闲之都、生活城市特质，围绕破解制约城市品质提升的难题和市民群众普遍关心的问题开展集中攻坚行动，

深入树立"五大行动"项目。以老旧院落改造、背街小巷整治、特色街区创建、社区服务提升、平安社区创建为牵引，分解任务指标，一条街一条街的整治，一个片区一个片区的打造，稳步推动，久久为功。市民从身边的点滴变化中感受到社区转型发展的时代变迁，共享到城市改革发展红利，增强了对城市的认同感、荣誉感、归属感，第三方调查显示，96.6%的群众表示社区环境面貌发生了可喜变化。

第三，以场景营造逻辑厚植发展优势，构建场景驱动永续发展的活力社区。坚持以场景营造为路径、以社区为场域，充分发挥举办重大赛事倒逼效应，实施"爱成都，迎大运城市共建共享七大行动"，依托社区党组织发动市民共同营造具有价值导向、文化风格、美学特征、行为符号的社区空间场景、绿色生活场景、营城机会场景和文化浸润场景，大力发展智慧服务、共享经济、体验消费、个性定制、创意经济等新型业态分类组合的社区商业，聚集城市高质量发展势能，激发办赛营城兴业动能。

（三）把"人民至上理念"具化到创造品质生活来落实，构建需求导向精准精细的服务供给体系

第一，党群服务载体亲民化改造，实现活动阵地与凝聚民心精准嵌入。以"去形式化、去办公化和改进服务"为主要内容全覆盖推进社区党群服务中心亲民化改造，构建社区党群服务中心、"天府之家"社区综合体、居民小区党群服务站服务载体，打造"易进入、可参与、能共享"的党组织活动阵地和服务空间，集成提供党群服务、政务服务和便民服务，把高品质便捷服务送到居民家门口。

第二，便民服务内容项目化供给，实现要素配置与多元需求精准对接。建立基本公共服务清单管理和动态调整制度，充分发挥社区党组织贴近群众、连接供需作用，构建15分钟街区级、10分钟社区级、5分钟小区级生活服务圈，合理布局养老托幼、社区医疗、社区教育、文化体育等服务资源，吸引多个社会组织和社会企业等多元主体承接社区服务项目，推动服务供给与人口流动迁徙、区域功能疏解精准匹配动态平衡。

第三，服务方式专业化运营，实现供给创新与服务提质精准匹配。鼓励社区充分发挥党群服务中心作用，盘活闲置资源，通过领办社区社会企业、发展农村集体经济组织、引进品牌社工机构等方式提供专业化、社会化高品质生活服务，推动居民自组织向功能型社会组织转化，提升自我服务能力，激发党建引领、社会协同、群众参与、多元供给的内生活力。推动社区服务智慧化供给，打造"天府市民云"线上平台，整合部门服务事项，实现市民服务一号通行、一键搞定。

三　党建引领天府新区治理的困惑难题

经过系统性、整体性、全域性的实践推动，党建引领天府新区发展治理取得了理论创新和制度建设的重大突破，形成了一批全国领先、示范引领的实践成果，积累了丰富的发展经验。但在深入基层调研走访的过程中，基层党组织不仅存在自身建设的问题，且在引领基层治理的实践过程中也有现实困境。总结来看，党建引领新区治理存在以下困惑难题。

（一）基层党组织引领能力不强

城乡居民小区党支部建设有形覆盖多、有效覆盖少，存在虚化、弱化、边缘化问题。主要表现在：基层党组织动员群众、组织群众的能力不足，使群众对党的主张实际上比较隔膜；一些基层干部对中央精神领会不够，多是通过宣传栏等方式、被动、生硬地宣传党的主张，起不到政治核心作用；对社区治理缺少规划、思路和方法，基本上依靠上级的推动来做工作，领导力显得不足；"三会一课"的档案做得很好、很整齐，但往往是追求检查留痕的要求，实际组织生活效果不理想。从而导致社区党组织由于自身能力较弱，引领力和组织力不强，在社区治理中发挥不了作用，难以树立社区治理的权威性。

（二）基层党员干部队伍素养有待提升

基层党组织干部队伍整体能力不强的局面并没有得到根本改变。一是基层党组织工作方式陈旧，行政化作风仍然存在，创新性不足，缺少主动结合群众意愿和关心的问题开展党建工作的能力。二是有些党员干部在实际工作中习惯"为民做主"。一些工作或活动虽然出发点是好的，但遇到群众不配合的情况就自己"代劳"，使群众成为"旁观者"，对党组织倡导的事情无动于衷甚至反感，使党组织有些好事没有办好。三是有的基层党组织对社区重大事项决策前征求群众意见走形式，征求意见情不真、面不宽；决策中走程序，决策内容介绍不详细、居民代表讨论不够充分；决策后接受群众监督不主动，对决策结果和实施情况公开不及时、不彻底，导致群众参与程度不高。

（三）党务工作者思想政治教育未有实质性突破

加强党务工作者思想政治教育，总体上依然沿用传统的教育方式和方法，无论是教育的形式还是内容都尚未有新的突破。主要表现为：一是有些社区基层党组织缺少对社区党务工作者队伍状况的具体分析，在开展思想政治教育时往往搞"一把抓""一刀切"，缺少有针对性的举措。二是部分基层党组织开展思想政治教育工作，还是习惯于开会念文件，有的虽然对教育形式进行了创新，但内容上还是照搬照抄文件，缺少对教育内容的再加工，造成老党务工作者不爱听，学习教育效果大打折扣。三是教育手段落后，不能适应当前信息化快速发展和人们的网络阅读、交往习惯。许多基层党组织也积极运用信息化技术对党员思想政治教育方法载体进行改革创新，力求提高党务工作者思想政治教育效果，但部分基层党组织对信息化的认识和理解还处在浅层次。有的虽然探索运用了信息化技术或新媒体手段开展思想政治教育，但仅仅将其作为一种技术手段，简单用以扩大党务工作者思想政治教育传播覆盖面。

（四）基层党组织在基层治理中处于"悬浮"状态

基层党组织在社区治理过程中发挥核心引领作用，这是中国特色政治体制在基层社会治理过程中的生动实践。随着中国社会的不断发展，出现社会结构的分化、社会流动性增强等特征。党组织引领基层治理过程中也随之面临诸多挑战。一是社区党组织的组织机构松散。社区内各层级、各类别党组织间融合度不高，对社区内治理资源整合力度不够，进而带来社区治理资源的碎片化，并未实现为民所用，转化为治理效能。二是社区党组织仍然扮演着基层政府行政管理的抓手，在实践中推行行政化治理，更多迎合行政性诉求，与社区共治的差异化诉求对接不够，治理权威性不足。[①] 三是社区党组织的动员机制式微。[②] 传统社区党组织主导的社区治理依赖强大的国家行政资源和统合力量，依赖自上而下的"动员式参与"[③] 或行政动员，致使社会力量的社会参与度偏低，社区居民对社区事务淡漠，导致社区居民参与的协同性难以实现。[④]

（五）基层党组织在引领基层治理中权威性不足

我国社区治理主体主要包括党的基层组织、政府行政组织和社会自治组织。党的基层组织是社区党建的主体，也是社区治理的领导力量。但在调研中发现，不少社区党组织在引领社区治理实践中缺乏主导性与权威性，民众认可度较低。社区治理权威呈现多元化

---

① 陈亮、谢琦：《城市社区共治过程中的区域化党建困境与优化路径》，《中州学刊》2019年第6期。

② 刘博、李梦莹：《社区动员与"后单位"社区公共性的重构》，《行政论坛》2019年第2期。

③ 王冠：《动员式参与与主体间性：居委会的社区参与策略考察》，《北京科技大学学报》（社会科学版）2011年第4期。

④ 何雪松、侯秋宇：《城市社区的居民参与：一个本土的阶梯模型》，《华东师范大学学报》（哲学社会科学版）2019年第5期。

与分散化趋势。一是社区居委会的存在弱化了社区党组织的治理权威。社区居委会的工作常常与社区居民日常生活密切相关，而社区党建工作内容一般较为空泛，远离社区事务，与人民生活实际关系不大，从而导致社区党组织在居民心中虽有存在感，但实际作用不大。因此，无论是社区党支部书记和居委会主任两个职务"一肩挑"的社区还是由不同的人分别担任两个职务的社区，都存在社区居委会弱化社区党组织治理权威的现实情况。① 二是社会组织的出现淡化了社区党组织的治理权威。社会组织往往缘起于社会需要，是社区治理的重要参与力量，在很大程度上能够为社区民众提供高效、便捷、及时的服务。而社区党组织在基层治理中尚处于初步发展阶段，缺乏领导社会组织的有效方法和经验。由此，民众对社会组织的认可度往往高于社区党组织，社会组织在社区治理中的话语权也随之提升，这都在一定程度上淡化了社区党组织的治理权威。

（六）基层党组织有效整合社区治理资源能力弱

现代治理理论强调多元主体的共同参与，多方力量的协同行动，多种资源的有效整合，从而实现良善治理。在实地调研中发现，社区党组织与社区内其他治理主体各自独立，未能将社区党建资源与社区治理资源进行有效整合的现象较为普遍。一是社区内各基层党组织间融合度不够，基层党建工作缺乏有效统筹推进。典型的如在同一社区范围内，社区党组织、机关单位党组织、"两新"组织党组织等基层党组织共存现象普遍，但这些基层党组织之间通常独立开展党建工作，关联度不高。同时也反映出基层党组织设置和作用发挥既有重合交叉问题也有真空地带，资源分散、党员管理服务覆盖面不广、平台欠缺等问题也不同程度的存在。二是社区党组织不善拓宽基层治理渠道。随着现代社会治理重心下移，分散的基层力量和资源难以满足社会治理的要求。单位党组织、"两新"组织、志愿

---

① 夏建中：《中国城市社区治理结构研究》，中国人民大学出版社 2011 年版，第 151 页。

者组织等，都是社区治理的重要资源。而在调研中发现很多社区党组织依然沿用传统党建方式，掌握着大量社区党建资源，却没有积极主动搭建起平台整合各方力量，将社区党建资源运用到社区治理中。不同类型治理主体间由于缺乏参与社区治理的渠道与平台，相互之间尚未形成合力，在社区治理中发挥作用受限。

（七）基层党建与社区精细化需求相脱节

伴随着天府新区公园城市和国际化社区建设，社会各类人员流动性增强，不同职业身份、利益需求、隶属关系的社会群体聚居在社区，社区基层党组织所面临的工作对象呈现多样性，社区治理难度也在加大。改变传统党建模式势在必行。而在调研中发现，社区基层党组织未能应社区变化及时调整党建工作，与现代化社区居民需求脱节。一是社区党建理念不适应社区治理要求。社区党建要发挥好领导基层治理的作用，需要实现社区党建理念上的转变，包括树立创新党建方式和体制机制的理念、以社区服务为核心的党建理念、大党建的理念以及探索智慧党建的理念等。新时代的社区党建要积极参与社区服务供给，党建内容要与社区治理有机结合，破解社区党建内容与社区治理两张皮的现象。而不少社区党组织成员仍然习惯于坐在办公室里搞党建，习惯于用行政命令和社会动员的方式开展工作，将党建活动融入社区治理的服务意识和创新意识不足。二是社区党建内容不匹配社区治理需要。社区人员构成的异质性和多元化的现实发展，对社区生活服务的供给提出了新的挑战。而实际工作中，社区党建内容与社区治理需要不匹配的矛盾日益凸显。比如党建工作主要以学习会议精神、传达文件、访贫问苦式的节日帮困慰问等为主要内容，无法满足居民群众的切身需求，导致社区居民参与社区党建活动的主动性、积极性不高，尤其是年轻群体的参与度极低。另外，社区党组织精准对接居民需求的能力严重不足，在需求提取、议题形成、供需对接、立体参与等方面存在较为明显的短板。

四　党建引领天府新区治理的对策建议

天府新区牢记习近平总书记嘱托，主动担当建设全面体现新发展理念的城市历史使命，把党建引领城乡社区发展治理作为城市转型跃升的着力点，加快推进治理体系和治理能力现代化，全面夯实超大城市发展治理底部支撑。但在党建引领基层治理实践进程中存在的上述问题在一定程度上影响基层治理效能的提升，亟须进一步提出对策建议，实现新区基层党建和基层治理的深度融合，更好地助力天府新区和谐宜居城市建设目标。

（一）强化基层党组织政治功能

一直以来，"去行政化"是社区治理的主导方向，但是"去行政化"不能误入"去政治化"的企图，不能以"去行政化"为借口而否定基层党组织对社区治理的领导作用。因此，无论是提升基层党组织的领导力还是组织力，加强政治功能都是首要前提和目的。一是强化政治意识。社区党组织领导班子成员在推进具体工作时，要从政治上考虑如何把中央的决策部署落到实处，使社区党组织建设成为宣传党的主张、贯彻党的决定、领导基层治理、团结动员群众、推动改革发展的坚强战斗堡垒。二是提高政治判断力。社区党员干部要对群众诉求、基层实践有敏锐观察力、正确的政治判断力，具有明辨是非、透过现象看本质的能力。三是提高政治领悟力。基层党员干部要深刻领会党中央精神，全面领会中央以及党章对基层党组织的要求。四是提高政治执行力。基层党员干部要理直气壮地担负起政治责任，坚决落实好基层党组织的领导职责，发挥基层党组织的组织功能，敢于担当，把中央的决策部署不折不扣、因地制宜地落实在实践中。

（二）提升基层党组织引领能力

发挥社区党组织的领导核心作用，引领社区社会企业、社会组织、自组织发展，把群众凝聚在党组织周围。一是在社区建立社会组织发展中心，积极引入和培育区域枢纽型社会组织，强化党组织对社区社会企业、社会组织和自组织的培育孵化指导，符合条件的同步建立党组织。二是鼓励创办社区社会企业、社会组织和自组织。鼓励社区党组织班子成员参与社区社会企业、社会组织工作，动员党员结合自己的兴趣爱好参与创办自组织，同步推进党的有效覆盖。鼓励支持社区党组织班子成员或党员依法担任社会企业、社会组织、自组织负责人。三是加大对社区社会企业、社会组织和自组织的支持力度，完善政府购买公共服务制度，简化操作程序。加大各部门资金投入力度，依法支持党组织健全、公益性质明确、管理规范有效的社区社会企业、社会组织和自组织优先承接社区公共服务项目。

（三）选优配强基层党组织干部队伍

把党组织书记队伍、党建指导员队伍和后备干部队伍作为骨干队伍建设的重点，全面提升能力和水平。一是选优建强党组织书记队伍。全覆盖开展社区党组织班子运行情况分析研判，及时调整不胜任书记；督促落实社区专职工作者职业化岗位薪酬待遇和社区专职工作者管理办法；采用"线上＋线下"相结合的方式对党组织书记开展经常性培训，并纳入考核指标；鼓励实施优秀社区党组织书记进入街道领导班子常态化制度，将优秀社区书记纳入全市基层党建专家人才库；畅通在职和离退休干部、教师、医生、返乡创业人才等乡贤到村任职渠道，发挥优秀党员带头人在基层治理中的引领作用。二是建立高素质党建指导员队伍。面向社会公开招聘基层党建指导员，吸引社会工作专业的优秀党员大学毕业生、退休党务干部和党员复退军人到社区做党建工作；立足培养一批专家型干部，优化队伍结构，以科学、专业知识去规划、建设、管理社区；推进街道组织员专职专用，强化对街道社区党建工作的指导；选派区县递进培养和后备干部到推进党建引领城乡社区发展治理不力的社区担任党建指导员或第一书记。三是完善社区后备干部队伍建设。实施"千村万人社区后备干部孵化行动"，动态建立全市社区后备干部人才库；完善后备干部导师制，全覆盖开展后备干部专项轮训；在街道全覆盖建立"青年人才党支部"，将优秀网格员发展为党员，列入后备干部人选；建立群众广泛参与的考核评价机制，强化对后备干部的监督管理。

（四）重塑基层党组织治理权威

首先，创新基层党建机制是根本。基层党组织要充分运用区域化党建的优势，重构基层党建组织架构、完善基层党建运行机制以及整合基层党建治理资源。通过完善基层党建机制，社区基层党组织要提高对社区居委会、社区社会组织等其他组织的领导能力，使各类组织在基层党组织的有效领导和引领下，积极参与社区社会治理，提高社区治理绩效。其次，基层党组织建设是基础。各级组织部门要加强对社区党组织的指导，帮助解决好社区党组织存在的弱化、虚化和边缘化问题。各社区党组织要强化对党员的教育和管理，要引导党员积极参与社区事务，发挥先锋模范作用。社区党组织要提高组织群众、宣传群众、凝聚群众和服务群众的能力，不断增强社区调解和矛盾纠纷化解能力。在加强社区党组织建设的过程中，逐渐提高社区党组织的组织力，只有提升社区党组织的组织力，社区党组织才能有效地整合社区治理资源，提供优质的社区服务，获得社区群众的认可与支持，树立起社区治理权威。

（五）有效整合基层治理资源

一是拓展多元社会主体参与社区治理的渠道。面对高度流动、分化的城市社会以及日趋复杂的社区背景。基层党组织显然难以独自胜任社区治理的工作。有学者亦指出新时代的社区治理呈现出

"复合型治理"① 的基本形态。复合型治理要求现代城市社区治理要有多元主体的共同参与，使社会力量在社区聚合，形成党建引领、社会力量共同参与的城市社区治理格局。二是搭建社区区域化大党建平台。运用区域化党建理念，建立起社区大党委组织架构。将社区辖区内企事业单位、"两新"组织等各类基层党组织吸纳到社区大党委的组织架构中，整合社区内各基层党组织的力量共同参与社区事务治理。同时要健全社区大党委的运行机制，形成齐抓共管工作常态，强化社区党组织与辖区内其他党组织的对接互动，有效避免"建而不联，联而不合"的问题。三是建立公共和社会资源共建共享机制。开展驻区单位有效资源情况大调查，推动党建资源、体育设施、文化设施、教育设施、公共服务等社会公共资源向社区开放。并探索建立网上资源共享提供和使用预约平台，分级建立辖区内各类组织和市级及以下单位可以共享的社会和公共服务资源动态管理清单，实时发布资源共享和使用情况动态信息。

（六）提升基层治理精细化水平

一是精准把握社区群众需求。社区党组织要密切联系群众，组织建设信息搜集队伍，通过实地调研、深入访谈等各种方式切实了解和掌握社区群众的工作生活需求，注重通过互联网等技术治理手段完善社区群众诉求收集和意见反馈机制，建立社区治理难题清单和群众服务清单。同时，社区党组织要充分利用各种资源，以智能设备为手段，开展形式多样的社区活动，为社区群众提供更为精准和实用的服务项目，满足社区群众多元化和多层次的生活需求。二是推动传统行政化党建向服务型党建转型。习近平总书记指出："要把人民拥护不拥护、赞成不赞成、高兴不高兴、答应不答应作为衡量一切工作得失的根本标准。"基层党建工作的核心是实现党组织的

---

① 李浩：《新时代社区复合型治理的基本形态、运转机制与理想目标》，《求实》2019 年第 1 期。

政治功能，强化服务功能是实现好这一功能的重要途径。社区党建工作要以满足社区居民的服务需求为导向，进而推动传统行政化党建向服务型党建转型。通过拓展社区党组织的服务功能来强化政治功能，实现基层社会的良善治理。三是推进健全服务体系与满足群众多元需求精准对接。构建多场景服务平台，增强社区治理效度，结合"互联网＋政务服务"，优化社区综合享服务功能，大力实施信息进社区工程，完善数据搜集和共享方式，打造统一综合信息服务平台。

（作者：中国社会科学院政治学研究所首席研究员田改伟，中国社会科学院大学政府管理学院博士白静）

公园城市的社区治理：机制创新与可持续发展

　　城市是一个极为复杂的复合系统，现代城市是人类文明的集中体现。在城市中，人员、资本、物品由于产业兴旺、市场发达而积聚起来，带来繁荣的同时也带来生态恶化、环境污染、交通拥挤以及秩序混乱，带来了异常复杂的治理问题。

　　四川天府新区以习近平总书记有关"公园城市"建设理念为指导，试图探索新时代创新现代化城市建设的新路径。公园城市有着非常丰富的内涵，包括以创新驱动的产业发展、人与环境的和谐发展，以及人与人在公园街景般的社区中和谐生活等各个方面的内容。可以说，公园城市的理念对城市治理提出了更高的要求。社区治理可以说是城市治理的基础。社区是人们日常居住、生活的地方，是在一定地域范围内人们所组成的社会生活的共同体。同时，社区还是社会治理的基本单元。在城市中来来往往的人们，除了工作、学习之外，其余的大部分时间都要在社区度过，社区治理成效，影响着在社区中生活、工作的每一个人。因此，公园城市的打造离不开社区治理与发展，可以说，良好的社区治理是公园城市的题中应有之义。实际上，在进行公园城市建设的实践中，天府新区一直将城市社区治理创新放在十分重要的位置，这几年，天府新区在打造公园城市过程中，在社区治理方面有诸多创新。要对这些创新的意义做更深入的解读，还需要从当前中国城市社区治理所普遍存在的问题谈起。

一　当前城市社区治理面临的困境

中国城市社区的发展是伴随着改革开放而不断深入的。随着市场经济发展和国企改革的深入，城市居民从"单位人"回归"社会人"，需要社区提供基本的公共服务和社会管理。在城市，街道办事处是政府的派出单位，是承担城市社会管理的基层政府部门。在社区，根据相关法律规定，承担社区治理的基本单位是居民委员会。随着城市房地产的发展和商业小区的兴建，小区业委会和物业管理部门也发挥着重要的作用。此外，社区还活跃着一些公益性、服务性的社会组织，区内也驻扎着各类企事业单位，它们都能为社区治理与发展出一份力。

随着国家实力的增强，政府公共服务向社区延伸，治理重心不断下移，作为社会治理的基本单元，社区已经成为承接政府各类公共服务的载体，承担着满足人民不断增长的物质与文化需要，让居民享受社会发展成果，增强幸福感与获得感的重要任务。经过几十年的发展，中国城市社区治理的基本体制机制已经较为成熟，发展理念和发展路径也较为清晰。理想地说，社会治理体系应当是党委领导、政府负责、社会协同、公众参与、法治保障的社会治理体制，落实到社区层面，则是党建引领，社区居委会主导，包括小区业委会、物业管理机构、各类社会组织以及公民个人多元主体参与、共建、共治、共享的社区生活共同体。在这个共同体中，社区除了协助政府做好公共服务落地外，还承担小区治理的大量工作，大家协商共治，满足居民多元化的需求。

几十年来，中国城市社区治理取得了不少成就，积累了丰富的经验，但在现实实践中也面临诸多困境，主要包括社区治理的各个主体权责边界不清、多元主体参与失衡、社区服务难以精准满足居民需求、社区治理结构还不够合理以及社区保障要素配置不足等。

第一，在社区治理的体制上，基层党组织、基层政府和群众性自治组织的权责不清，社区治理行政化严重，社区治理主要靠外力推动，社区发展缺乏内生动力。城市社区，大部分的治理工作是由居委会承担的。在实践中，居委会的作用表现在三个方面：作为自治组织，为居民提供多元化的公共服务；作为联系群众与基层政府的桥梁，上传下达；对社区中其他社会组织（包括业委会等）进行指导监督，鼓励这些组织参与社区治理的协商。根据《中华人民共和国城市居民委员会组织法》规定，居民委员会是居民自我管理、自我教育、自我服务的基层群众性自治组织，同时又规定居民委员会协助政府及其派出机关开展工作。于是，居委会便具备了"自治性"与"行政化"的双重属性，现实中，居委会的行政化更为突出，而自治性明显不足。居委会的组织设置、人员安排、工作职能、工作方式以及经费保障都体现出行政化特征。居委会的日常工作基本都是落实街道下派的各项任务。这里问题的关键在于，对于居委会"协助"政府工作的边界缺乏具体规定，导致政府及其职能部门可以随意下派任务，由此导致社区居委会行政负担过重。为此，国家从2015年起就下发一系列文件开展社区减负，明确提出要建立社区事项准入制度，但在实践中，其实际成效却尚未显现，社区行政事务过重仍然是一个普遍现象。行政负担过重，使得居委会根本无力承担其职责范围内的其他工作。

第二，社区治理过度依靠政府行政力量，多元主体参与结构失衡的情况比较严重。社区治理的多元主体主要包括基层党组织、基层政府组织、群众性自治组织以及社会组织。随着信息化为代表的治理技术的发展，公共权力对社区的控制能力增强了。国家权力强化对社区事务自上而下的干预、渗透与控制，导致社区治理的自主性、内生性力量发育不足。为了更好地服务群众，近年来通过党建引领的方式，动员了区域内企事业单位的大量资源汇入社区，显示出基层党组织在基层治理中的超强统领能力和资源动员能力。不过，这种情况下的参与更多的是被动式的动员参与，其未来的可持续如何，还需要进一步的制度保障作为支撑。由于社区治理过度依靠政府，基层群众性自治组织和社会组织参与的空间较小，参与的主动性不强。尽管改革开放以来中国社会组织有了很大发展，但其在社区治理中的作用仍然非常有限。居民自己组织的草根型社会组织类似于兴趣小组，更多的是集中于文化活动，有些也承担一些互助活动，它们对社区治理的参与程度低。有一定规模能承接政府购买服务的社会组织更多的是作为政府的附庸而存在，承担相应的公共服务职能，对社区治理的参与程度同样有限。居民个人则很少自主、自发地参与公共事务，一般根据所参与事务与自身利益相关程度、与社区居委会成员私人关系的亲疏状况来决定参与的深度和广度。很多情况下，社区为了应付检查，常常搞形式主义，表面上热热闹闹，实际参与的人数非常有限，而且都是一些"老面孔"。人们对于社区公共事务参与的缺乏从根本上影响了社区公共精神的培育。

第三，社区治理的各多元主体之间缺乏协调，各自为战的情况比较普遍，导致社区治理的碎片化。现在的城市社区，由于城镇化推进、人口大规模流动，社区居民利益诉求与价值观也呈现多元化，社区利益难以整合，矛盾冲突时有发生。作为社区治理核心和引领力量的基层社区党组织，由于其层级较低，横向协调能力差，对社区内资源的动员和整合能力不高。在基层社区，除了社区党组织外，驻区的各类单位也有相应的党组织，社区中承担各类服务工作的社会组织也有相应的党组织，总的来说，社区内党组织结构比较松散，各层级、各类别党组织之间的融合程度不高，对社区内治理资源整合力度不够，进而带来社区治理资源的碎片化。社区中的驻区单位一般没有动力参与社区的共建共治，其参与更多是由于上级党组织要求，缺乏主动性。由于社区参与主体利益诉求差异化、碎片化和多样化，基层社区各个治理主体之间甚至形成了某种博弈关系，导致一些策略行为和搭便车现象。例如商业小区是随着房地产发展而建立起来的，由于其产权清晰、小区内资源较为充足，业主的物业费、停车费为社区治理提供了较多资源，一般不需要政府投入，因此它们对居委会依赖程度较低，居委会一般也很难插手小区内部的治理。在商业小区，业主和物业管理机构之间很容易发生纠纷，业主与物业管理机构的矛盾比较普遍，大部分小区缺乏良好的治理结构，少数人组成的业委会要么无法反映民意，要么被少数人把持绑架多数人，导致维权行动频发，成为社区不稳定的因素，需要外部治理力量适当介入。在这一方面，社区一般很难有所作为。

第四，由于社会公众参与不足，社区公共服务供给与需求之间的匹配不够完善，社区服务难以精准满足居民需求，社区公共产品与服务的有效供给不足，公共投入的效果有待提升。从本质上看，良好的社区治理，就是要着眼于最大限度满足社区居民的真实需求，关注和维护社区居民的利益诉求，为社区居民创造和谐有序、多元包容的生活环境。但现实情况是，当前的社区治理实践中，考虑问题、制定政策、提供服务等大多从供给端出发。由于社区居民、社会组织参与不足，社区党组织、居委会精力有限，很难精准评估居民的服务需求，其服务供给方式很大程度上还体现在"为民做主"而不是"由民做主"，忽视甚至无视社区居民群众需求端的真实情况与问题，对所在社区的复杂性、多样性和流动性特征缺乏深入的研究和了解，导致所出台的各种治理方案，只具有框架性、一般性的意义，对于服务供给主体、供给方式、具体内容、具体对象、供给时间规划等缺乏可操作性的具体设计，导致其可操作性差，其结果是，有时政府的良好用心由于落实不到位没有产生好的效果，社区治理资源错配现象严重。这事实上意味着社会财富和资源的极大浪费，公共投入效率低下，而社区深层次的现实问题没有得到解决。

在公共服务的供给方面，政府已经认识到，一些民间社会组织相比政府组织在服务的专业性和灵活性上更具优势，因此服务的有效供给离不开政社合作，即用政府购买服务的方式，让社会组织更多承担公共服务的生产者角色，而政府只承担公共服务的供给者角色，即为提供公共服务的社会组织提供相应的资金。不过，在实践中，由于财政资源有限，在没有精准识别居民需求的情况下，即便由社会组织提供服务也不见得能取得良好的效果，特别是，普通社区居民在这个过程中参与较少，使政府对社会组织服务能力、服务质量的评估没有客观标准，很多时候是一笔糊涂账。

第五，社区保障要素配备还比较欠缺，社区人才队伍短缺和社区公共空间不足、社区融资渠道单一就是其中的突出问题。社区治理需要大量的社区工作人才，社区治理面临的任务很多也很杂，需要各方面的人才，既需要能够深刻理解政府各项政策规定、精准识别治理问题、善于找到解决问题办法的领导者，也需要善于与人沟通的协调者，还需要具有组织能力的活动家，现有人才队伍很难满足需求。一方面社区工作是基层工作，职业前景有限，难以吸引年轻人；另一方面，社区中有很多有才华的"年轻"退休人员，他们有工作热情、有时间、有生活经验，但除了组织一些群众活动，他们也很难找到施展才华的机会，在社区治理过程中往往没有将他们的力量考虑进去。

社区是以地域为基础的居民生活、交往和互动的社会空间，而社会空间，可以形塑人的行为。在社区，群众性自治组织、各类社会组织、居民个人开展各种活动，离不开物理意义上的公共空间所提供的场域。人们在社区公共空间开展活动，进行社会交往，使得以陌生人为主的城市社区的居民能够互相熟识，进而产生共鸣，发生情感的联系，这非常有利于社区共同体意识的培育，也有助于公共精神的培养。现在城市社区普遍的情况是，老旧小区在建设时基本没有考虑公共空间的配套建设，难以为居民进行社会交往创造更多的机会，可以说，公共空间的不足在一定程度上影响社区治理中的公共参与。目前，中国城市社区治理的大部分资源靠政府投入，社区融资渠道单一、营运资金不足的情况比较普遍。需要探索各种途径来增加资金供给，除政府投入外，还需要建立多元化的资金筹集渠道。

城市社区治理要取得良好的效果，就需要克服这些困境，进行体制机制创新，在确保党与政府发挥社区治理领导和主体作用的同时，让社会多元治理主体更多参与社区建设，建立良好的公共治理结构，以可持续的方式维持社区良好的治理与发展。

二　四川天府新区公园城市建设中的社区治理创新

天府新区在建设公园城市的过程中，把公园社区治理与发展放到一个非常重要的位置，继承了成都市近十年社区治理创新的许多做法，并将之发扬光大，很多做法具有创新性，而且走在全国的前列。总结天府新区公园社区治理创新的实践经验，对于全国城市社区治理的完善与发展都具有启发意义。

第一，天府新区将公园社区治理创新放在公园城市建设的总体框架中加以综合考虑，以党建引领为抓手，构建高效协同的发展治理新架构。2017 年，成都市在全国范围内率先设立市委城乡社区发展治理委员会，成为全国首个通过党委设立的有关社区发展治理的专门部门，可以说规格相当高，起到牵头抓总、集成整合的作用。社区发展治理委员会把过去分散在二十多个党政部门的职能、资源、政策、项目、服务等统筹起来，推动下沉到基层一线，同时又通过制度严格规范各主体间的权责边界和职能关系。相比于过去主要由民政部门负责社区治理工作，这种由党委设置的组织机构来统筹协调的做法具有更强的组织力和领导力，可以确保制度得到有效实施、政策得到有效贯彻。与成都市的做法一样，天府新区在新区层面成立统筹推进新时代公园城市发展治理工作领导小组，其办公室设置在社区治理和社事局，统筹各部门社区发展治理、综合治安治理、公共危机应对、矛盾纠纷化解、市民服务供给、共建共治共享社会发展治理等综合职能。实际上，这就意味着，天府新区社区治理与发展的主要工作由社区治理与社事局负责。由一个综合了政府多部门工作职能的单位统筹协调，可以有效避免过去社区治理中常见的政出多门、社区治理碎片化的问题，有利于资源、项目和服务的统筹协调。

第二，天府新区通过党组织打造了公园社区治理的网络，从新区党委到街道党工委，到社区党组织、各类社会组织、商业小区、楼宇等，加上参与区域化党建的各类企事业单位的党组织，编织了一张社区治理党建网络，用党建将社区治理的各个主体联系起来，统一领导、上下联动、各负其责、协调有序。这样做，无论是在政策的贯彻落实还是在各主体的协商共治方面，都有了组织化的途径来解决问题。当然，用党建引领社区治理，是全国普遍的做法。天府新区着力于在体制机制方面让这个网络真正发挥作用。其主要做法是，在城市构建"街道党组织—社区党组织—小区党组织"三级架构，形成"小区党组织＋业主委员会＋物业服务企业"三方联动格局。理顺社区党组织与居民委员会、业主委员会、物业服务企业之间的关系，完善社区和居民小区党组织对业主委员会和物业服务企业的监督、评议、管理体系。

以城市商业小区为例，商业小区是随着房地产市场的发展而发展起来的，是一个相对封闭的治理单元，由于各种原因，城市商业小区业主与物业管理公司产生矛盾的现象比较普遍，过去，商业小区是一个封闭的治理单元，政府力量难以介入，而一旦小区居民与物业公司矛盾激化，又可能影响社区稳定。因此，通过党组织来协调小区业主与物业管理公司的关系，应该能够取得一定的成效。天府新区非常重视在商业小区中成立党组织，没有条件的，要挂靠社区党组织管理，与其他小区建立联合党组织，或由社区党组织选派优秀党员做党建指导员。对于情况复杂的问题小区，需要选派社区党组织成员担任小区党组织负责人。而对于条件成熟的小区，则由党建指导员推选小区居民党员担任负责人或党组织成员，同时吸纳物业组织中的党组织负责人和业委会中的优秀党员进入党组织。这样小区党组织可以将业委会、物业管理公司同时涵盖起来，通过交叉任职，逐步形成小区党组织为核心，业委会、物业机构紧密参与的组织管理框架，共同协商小区所面临的问题，协调解决，避免矛盾激化。

在具体做法上，对于未成立业委会的小区，小区党组织全面参与业委会筹备，加强对业委会组建选举工作的指导，支持小区党组织成员和居民党员参选业委会，支持小区党组织成员通过选举兼任业委会主任。对于已经成立业委会的，有条件的也要成立党组织，没有条件的，由党建指导员加以指导。同时，小区党组织对于业委会和物业管理公司等运作也起到指导、监督等作用，例如对于业委会章程的制定、小区资金使用权限、物业公司的选聘等工作都可以发表意见，引导业委会合理运作；督促业委会和物业公司公示小区治理方案、计划、项目和资金明细，通过第三方审计公示审计结果；加强小区公共收益经费使用监督；发动业主定期评议业委会和物业机构，对物业机构在评级、年审上进行把关；对居民投诉较多、意见较大的业委会或物业机构，经法定程序加以撤换或改选。

第三，在多个层次上搭建协商平台，建立协商共治机制，让共建、共治、共享真正落到实处。由于公园社区治理参与主体众多，需要构建一种横向整合的机制，动员各方力量参与小区治理，提升社区议事效率，引导各方在协调中增进共识，制定互惠性规则，在规则引导下开展合作行动，从而提高社区治理能力。这样一种机制，是打造"一核多元"共建、共治、共享格局的重要举措。社区党组织可以根据社区类型、居民特点制定促进居民社区参与的规章制度，推动社区居委会、社会组织参与社区协商，保障居民对社区事务的知情权、参与权及监督权，提升社区参与的有效性。建立以社区党组织为核心、居民为主体，相关社会组织以及驻社区机关企事业单位共参与的开放式居民议事会，引导社区居民和驻社区机关企事业单位积极提出问题和需求，动态建立社区问题清单和需求清单。社区围绕社会治安、交通出行、环境治理、文体活动、便民服务等方面存在的突出问题，收集梳理驻社区机关企事业单位能协助解决的问题，动态建立社区问题清单。社区收集梳理居民对改善社区生产生活、环境和服务的需求，动态建立社区需求清单。根据问题清单和需求清单，逐步解决问题。

在这方面，可以尝试通过建立居民议事、决策和监督平台，探索某种类似于"议行分离"的、协商式的社区治理模式。其实，在建立社区议事会方面，成都（包括天府新区）是有丰富的实践经验的，因为成都早在广大农村地区进行了村民议事会的实践。这一实践是在尊重法律的基础上，在村级治理中增加村民议事会这样一个介于村民大会和村委会中间的一个机构。由于现在农村行政村合并，行政村范围比较大，人口比较多，加上外出务工的村民比较多，村民大会这一机制运行困难，村里的许多重大事项又不能让"村两委"的几个人说了算，需要村民协商，这样做出的决定才执行得下去，因此有必要在"村两委"之外增加一个协商议事平台，使得它能够发挥作用，而且这个平台还可以打破原有的户籍限制，吸纳利益相关方，如参与乡村建设的企业等参与协商。经过几年的实践，村民议事会的各项规章制度、运行机制已经较为成熟，取得了良好的效果。尽管乡村治理与城市社区治理有一定的差别，但村民议事会的逻辑也完全契合现有的商业小区的治理。现在的商业小区，规模较小的有几百户业主，规模较大的甚至有上千户业主，小区治理的最高权力单位——业主大会，实际上没有可行性。在实践中，需要成立业委会的小区召开业主大会一般都是书面形式，效果很差，因此很多小区业委会成立不起来。即便成立了业委会，因为涉及小区维修基金、停车费、广告费等各种财政问题，业委会权力过大，很容易成为矛盾焦点，导致这一治理结构很不稳定，小区治理难以有所作为。如果有一个小区议事会，类似业主代表大会这样的机制，定期协商小区面临的问题，业委会变成一个执行机构，就会形成一个较为稳定的治理结构，有利于小区治理的稳定。

当然，城市社区治理相对于农村更为复杂，还处于探索中，还没有形成成熟的框架。但总的原则是一致的，对于商业小区而言，就是要建立联席协商机制，由小区党组织牵头，成立由业主、业主委员会和物业机构共同参与的多方联席会，制定议事规则和工作流程，建立供需清单，定期共商联议，指导业主委员会依法履行职责、依法换届等事宜。协调解决物业管理与服务过程中发生的重大矛盾纠纷，做好物业管理与社区管理、业主委员会与社区居委会的衔接与配合工作。每年召开一两次重大事件商讨会，对涉及选聘或解聘物业机构，专项维修资金筹集使用，改建、重建建筑物及附属设施等重大事项，在小区党组织领导下组织有关方面按法律程序议决。每月召开一次现场联合办公，由小区党组织召集业主、业委会和物业管理机构，广泛听取业主意见建议，畅通业主利益诉求表达渠道，及时解决业主的困难和问题。

第四，培育社会组织，让社会组织承担更多的公园社区治理责任。社会组织的培育与发展一直是成都市城市社区治理的一大特色、一大优势，天府新区自然也会在这个方面有较多优势。新区的社会组织发展很快，2019 年，新区登记注册社会组织 492 家，比前一年增加 54 家。在社会组织培育上，新区特别注意重点扶持社区公益慈善类、专业服务类以及枢纽型社会组织发展，特别是在街道层面建立社会组织培育的平台，引入枢纽型社会组织，让它们来培育更多的社会组织。

目前，获得政府购买服务合同是社会组织发展自身的重要资源，天府新区非常重视完善政府从社会组织购买公共服务的制度建设，按照公平、公正、公开的原则，支持社会组织健康有序发展。规范购买和兼顾效率，明晰政府购买服务的边界，不属于政府职能范围或者应当由政府直接提供、不适合由社会组织承担的服务事项，不向社会组织购买。政府在购买服务的过程中，规范采购管理流程，信息公开，鼓励公平竞争，加强履约验收和绩效评估管理，提升购买服务的效率与质量。目前，向社会组织购买服务的重点放在民生服务类和社区治理类项目，涵盖社会事业、社会福利、社会救助、社区服务、社会工作、法律援助等，规定新增政府公共服务购买不低于30%。为了促进竞争，天府新区放宽了社会组织的准入条件，除了必要的资质外，对社会组织的登记地、规模等没有要求，这样做，可以让更多的社会组织参与进来。为了提高社会组织的服务能力，政府在街道层面进行社会组织示范平台建设，采用孵化培育、人员培训、项目指导、公益创投等多种途径和方式，定期开展社会组织负责人培训，推动社会组织专业化发展，完善内部治理，建立品牌效应。

第五，用政府资金撬动社会资本，鼓励社会力量投资公园社区治理，优化社区资源配置。成都早在十几年前就用社区公共服务资金来撬动基层自治实践，让老百姓自己商量资金的用途，取得了很好的效果。目前，这一资金作为社区治理保障资金继续发挥着很好的作用。2019年，天府新区投入社区治理保障资金5100万元，激励资金510万元，涉及基础设施维护、党组织服务群众、社区居民素质提升、农村社会治安维护、社区志愿服务者等各种项目。其最低保障标准为：社区15万元+1500元/百人，行政村25万元+4000元/百人。这一资金投入可以为社区开展各项活动提供基本保障，但还需要社会资本的投入，才能提高社区治理的保障水平。天府新区在社会资本投入方面也做了很多尝试，包括成立社区发展基金，创办社会企业等。除此之外，新区对现有资源进行整合，比如对党群服务中心进行亲民化改造，利用小区物管用房、架空层、闲置存量用房等小区空间，建设邻里服务中心等活动场地，最大化利用闲置空间为居民服务。而闲置空闲场地等运营，则可以探索引入社会化、市场化力量，提高运营效率。

天府新区在城市社区治理方面的创新还有其他可圈可点之处。相对于较为成熟的城市社区，天府新区作为新开发区，其城市社区的样态比较丰富，既有传统的城市社区，也有具有国际社区风范的高档社区，还有农民的安置小区、涉农社区等。每个社区面临的问题都不同。例如对于麓湖、麓山这样的高档社区，其治理需要高标准、向国际化社区看齐，更强调高等级的公共服务，而由于社区本身的资源、人才较为丰富，社区的各方力量既有参与能力也有参与热情，政府只要搭建好平台、提供相应的服务就可以了。对于保水这样的农民安置小区，由于历史积累矛盾冲突较多，需要政府做更多的工作。天府新区采取的做法是，创新政务物业融合服务模式，小区物业自治管理，优先聘用本地居民。由于两者服务人员基本重合，通过这种融合服务模式，整合民生、劳保、网格、物业服务资源进行联合办公，为居民提供涵盖社保医保、民政就业、水电维修、房屋租赁、邻里矛盾调解的一站式服务。同时，在兴建社区的同时，建设了社区综合体，为商业、文化、图书馆、日间照料、社区卫生服务中心的进入提供了条件，为打造开放融合的生活共同体提供了可能。有了这样的公共空间，为引入专业社会组织，发展居民自组织提供了场地，为居民开展各项活动提供了空间。总的来说，要区别不同的社区类型，采取恰当的社区治理模式。例如，对于一个内部异质化程度不大的社区而言，社区居民之间的联系相对紧密，更适合发动居民群众共同参与社区治理；对于内部异质化程度很大的社区来说，社区居民联系松散且薄弱，更需要借助政府的权威加以整合。

　　社区治理，离不开社区治理人才的努力。这个"人才"包括两个方面，既包括社区专职工作者（俗称社区干部），也包括社会组织的工作者。天府新区和成都市一样，注重培育专业化、职业化的社区人才队伍，制定了《社区专职工作者管理办法》，对社区工作者的员额、招聘选聘办法、资格条件、权利义务、职业发展及福利待遇做出具体规定，特别鼓励社区专业工作者参加全国社会工作者职业水平考试。这实际上是从职业化、专业化的思路培养社区工作者，增加这个职业的专业化水平，提高认同感，吸引更多人才参与其中。社会组织的人才，则来源更加广泛，也更加多元，他们是伴随着社会组织而成长起来的。社会组织的培育，很大程度上就是社会组织人才的培育，这方面，健全的人才市场机制可能会发挥更好的作用。

三　公园城市社区治理的可持续发展

社区是人民美好生活的实现地和承载地，也是城市群众利益诉求的交汇点、各种社会矛盾的集聚点以及众多社会政策的落实点，只有社区治理好了，城市才能治理好。正如习近平总书记一再强调的，"社区是基层基础，只有基础牢固，国家大厦才能稳固"。公园城市的公园社区治理，除了强调一般的社会和谐外，还有非常重要的一个理念，那就是可持续发展。目前在公园城市的建设中，非常强调人与环境的和谐共生与可持续发展，强调社区的宜居美化，但我们认为，更重要的一点，是确立政府与社会的良好关系，各司其职，激发社会活力，通过良好的社区治理结构，实现共建、共享、共治的社区治理的可持续发展。

几年来，天府新区贯彻"创新、协调、绿色、开放、共享"的发展理念，在公园社区建设上进行了大量的投入，在硬件方面，包括环境整治、老旧小区改造、背街小巷改造、社区综合服务体建设、智慧社区建设；在软件方面，包括各类社区人员的经费、各类社区活动的经费等。就目前的情况看，城市社区治理高度依赖政府的资源投入，特别是普通商业小区、老旧院落、农民集中安置区更是如此。除了物质和人力资源的投入外，社区治理也需要政府引导、培育。在这种情况下，社区治理对政府依赖性非常大，长此以往，必然造成巨大的行政负担。因此，建立良好的治理体制，培育社区的自主治理和造血能力，引导社会资本投入，对于社区治理可持续发展十分重要。

当前，天府新区在公园社区治理上已经建立起了一套较为成熟的治理体制，包括建立以社区党组织为核心、全域联建的立体多维党建网络，通过社区党组织领导下的社区治理委员会实现综合治理服务；完善社区协商议事机制，成立社区治理委员会和公共事务议事会，组建社区、小区两级议事平台，实现社区事务自治；发展社会组织和社区自组织，建立社会组织承接部分政府公共服务的体制机制；培育社会工作人才，用政府资金撬动社会资本，鼓励社会力量投资社区治理等。这些措施，就是要完善社区治理体系、提高社区治理能力，实际上也是促进社区治理的可持续发展。

公园社区治理的可持续发展主要通过良好的治理结构来实现。良好的治理结构，意味着基层党组织、基层政府和社区自治组织在社区治理中权责清晰，各司其职，其中政府的作用主要是支持性、辅助性和服务性的，党组织则发挥引领与资源整合及社会动员作用，治理主体始终是社区自治组织和社区居民。政府不会包办代替，也不会强求千篇一律，不会把过多的任务压给基层。在治理良好的社区，基层党组织、社区自治组织、社会组织、社区居民都能通过协商议事平台参与社区治理，提出自己的意见，发挥自己的作用。社区治理的可持续发展，还要通过政府的具体举措来实现，在这一方面，党群服务中心的亲民化改造是一个重要创新，这一改造不仅拉近了社区党群组织与群众的距离，为社区居民提供了更多的公共空间，而且整合了资源、节约了行政成本。社区治理的可持续发展，离不开多元社会主体的参与和社会资本的投入。天府新区注重在提供公共服务时引入专业化力量，规范政府购买服务流程，通过政府购买和规范化运作，助力社会组织发展，实现服务专业化。在促进社会资源投入方面，天府新区尝试培育社会企业，这类企业通过资源整合，通过向社区居民提供良好的服务实现自身的可持续发展。此外，新区还创立了多家社区基金会，通过公益创投，吸引社会资本投资社区服务。

综上所述，天府新区在建设公园城市的过程中，在公园社区治理方面有诸多的创新，力求将公园城市社区打造成人民美好生活的家园，虽然不能说这些做法已经完美，但进步是看得见的。无论如何，社区治理是一个复杂的过程，也是一个动态的过程，需要面对新情况、解决新问题，但"一核多元"即党建引领、政府主导、社会多元力量参与这个主基调不会变，需要做的是完善、创新各种体制机制将这个原则贯彻下去，实现社区治理的可持续发展。

（作者：中国社会科学院政治学研究所副研究员李梅）

放权赋能：公园城市街道职能的改革与思考

　　街道和乡镇政府是最基层的政府，是落实国家政策和发展战略"最后一公里"的重要主体。在新时代要求下，街道的职能履行成为城市基层治理的关键环节。在成都市公园城市建设中，街道职能面临着现实问题与新的挑战，针对公园城市不同区域的发展规划，街道的职能履行可进行分类施策，面临不同条件和任务的街道，在公园城市建设发展与公园社区治理中，应着重发挥不同的职能与作用。但是从长远发展趋势看，街道作为新型城镇化发展、城市治理体系和治理能力现代化中的最基础层次，其职能需要进一步调整与改革，要转向以社会需求为动力的改革，在公共服务、社会治理、统筹城乡融合发展等职能上逐步调整，同时还需要做好上级组织与街道赋权改革的配套与协调，以及优化街道的机构设置，作为履行职能的载体，提供重要保障。

一　街道管理体制改革与职能的任务适应性

　　乡镇和街道是国家行政体系的最低层级和最末端，是推进国家治理体系和治理能力现代化的关键一环，在我国经济社会发展中发挥着重要作用。街道办事处作为城市的基层治理和服务机构，处于我国城市行政管理层级的基础层次，街道管理效能影响着城市基层治理能力和水平，在城市治理现代化中起着重要作用。

（一）街道管理体制改革的现实重要性及基本状况

在不同历史发展阶段，街道体制与职能要进行相应改革与调整。党的十八届三中全会明确提出"完善和发展中国特色社会主义制度，推进国家治理体系和治理能力现代化"的总目标，以及扎实推进新型城镇化战略，统筹城乡融合发展，对乡镇和街道基层行政管理体制改革提出了新要求。党的十九届四中全会提出，"坚持和完善共建共治共享的社会治理制度"，"构建基层社会治理新格局"。为此，街道管理体制改革要跟进时代要求，构建起面向人民群众、符合基层事务特点、精干高效的组织架构和权责统一的街道管理体制。

街道作为最基层政府的体制改革，从行政体系本身而言，是构建简约高效基层管理体制的重要举措。实现国家治理体系和治理能力现代化总目标，政府作为重要治理主体，行政管理体制改革是中共中央深化党和国家机构改革的重要部署。街道体制改革的基础性在于其处于国家治理体系中的基础性地位和基层治理体系的中心位置，街道已经成为基层治理的重要主体与载体。

街道体制改革，从外部环境而言，是实现城乡融合发展、乡村振兴、城市管理与发展的现实需求。当前统筹城乡发展和实现乡村振兴战略，以及实现国家治理体系和治理能力现代化，街道作为基层政府的范畴，都是基础性环节。通过体制改革推进街道转职能，是进一步强化街道在城市治理中功能作用的现实迫切需要。街道是城市基层治理、社会稳定、公共服务的关键，是落实国家政策"最后一公里"的重要主体。街道在城市基层治理中的重要性日益提升。2017 年中共中央、国务院在《关于加强和完善城乡社区治理的意见》中提出："推动街道（乡镇）党（工）委把工作重心转移到基层党组织建设上来，转移到做好公共服务、公共管理、公共安全工作上来。"由此，街道体制改革在任务上要明确街道党工委和办事处的基本职能定位，进一步明确街道的权责和基本职能。"新时代街道体制改革的目标是把街道办事处建设成为基层党建的实施者、城市管理的执行者、基层公共服务的组织者和社区自治共治的引领者。"①

《中国统计年鉴》数据显示，2017年底，我国乡镇级的行政区划总数是39886个，其中乡级是10529个，镇是21116个，街道是8241个。2019年底，乡镇级的行政区划总数为38753个，其中乡级是9221个，镇是21013个，街道是8519个。可见乡镇数量在减少，尤其是乡级区划数量减少幅度更大，而街道数量呈现增加态势。从全国范围观察，街道（乡镇）体制改革呈现出不断动态调整的基本状况。

特别是党的十八大以来，在全国深入和全面推进放管服改革背景下，以及在党的十九届三中全会后启动新一轮机构改革即统筹党和国家机构改革的战略部署下，全国层面的街道体制改革都在不同程度推进，涉及街道职能与职责、上级向街道授权或权力下放、街道机构设置和人员编制等重要内容。很多地方政府在推动以转职能和优化机构设置为主要抓手的街道管理体制改革。例如，浙江省2016年启动了乡镇行政体制改革，改革重点是重新界定乡镇和街道职能，基本内容是淡化乡镇和街道经济发展职能，强化党的建设、基层治理、综合治理、公共服务等职能。广东省2019年深化推进乡镇街道体制改革工作，出台《关于深化乡镇街道体制改革　完善基层治理体系的意见》，为改革顺利推进提供了重要保障。山东省2018年启动推广经济发达镇试点经验，推进乡镇和街道行政管理体制改革。河南也在开展街道体制改革工作，开封市2019年"指导各县区编制印发了《乡镇人民政府街道办事处依法或受委托可行使的行政职权事项目录》、《乡镇街道权责清单》和《乡镇街道职责准入

---

① 容志、刘伟：《街道体制改革与基层治理创新：历史逻辑和改革方略的思考》，《南京社会科学》2019年第12期。

制度》，初步建立起相对完善的乡镇和街道权责体系"①。这些地方改革的共同点是，明确乡镇和街道主责主业，推动转职能的实践。"街道取消招商引资职能及相应的考核指标，将工作重心转移到加强党的建设和公共服务、公共管理、公共安全上来。"②

（二）街道职能的现实任务适应性

如前所述，街道体制改革进一步体现在职能定位上，要调整街道追求经济增长和发展经济的职能。随着新型城镇化和城乡融合发展的推进，基本公共服务的统筹配给和社会治理成为街道的突出职能。

街道职能是随着现实经济社会发展面临的环境、形势、任务的变化而不断调整变化的。改革开放后，街道承担了大量招商引资任务和发展经济的职能。随着经济发展和社会发展阶段的行政环境变化，街道的公共服务、社会管理职能都要加强。如何科学定位街道功能和赋予相应权力是街道改革面临的难题，按照街道作为政府派出机构的特点和属性，"在街道职能定位和管理体制改革问题上，首先要做到的是准确地将街道还原为任务型组织，而不能采取常态化组织的思维和观念看待街道"③。很多城市都在推进街道的职能调整与改革实践。例如，上海市 2016 年修订完善《上海市街道办事处条例》，继续推动街道工作重心转移到公共服务、公共管理和公共安全工作上来，为保障街道办事处依法履职提供了有力的法制保障。街道办事处机构职能调整与改革还要坚持实事求是、因地制宜原则，"部分镇改街道尚且承担着经济建设职能；而区域经济发展程度较高的部分街道办事处则取消招商引资职能、聚焦社会管理与公共服务，

---

①　王硕：《乡镇和街道行政管理体制改革研究》，《行政科学论坛》2021 年第 2 期。

②　叶春风、代新洋、梁玉翰：《推进乡镇和街道行政管理体制改革　构建简约高效的基层治理体系》，《行政科学论坛》2019 年第 9 期。

③　孔繁斌、吴非：《大城市的政府层级关系：基于任务型组织的街道办事处改革分析》，《上海行政学院学报》2013 年第 6 期。

为市民和企业提供良好的公共环境"①。顺应经济社会发展新形势和国家发展规划，街道职能应从着重经济增长职能转变到社会秩序稳定和公共服务的配置上。

（三）成都市街道改革与职能调整

近年来，在全国不断推进基层政府和街道管理体制改革实践过程中，成都市按照中央政策和要求，也有不同维度的实际进展。2017 年，中共中央、国务院《关于加强和完善城乡社区治理的意见》以及《关于加强乡镇政府服务能力建设的意见》，对社区发展和治理提出了新要求。成都市在中央政策指导下，对街道乡镇职能转变提出了具体要求。12 月 12 日，中共成都市委办公厅、成都市人民政府办公厅印发《关于转变街道（乡镇）职能 促进城乡社区发展治理的实施意见》，明确提出"以加强基层党组织建设为统揽，以强化街道（乡镇）统筹社区发展、组织公共服务、实施综合管理、优化营商环境、维护社区平安等职能为重点，优化重组街道（乡镇）组织架构，推进基层发展治理方式转变和治理体系创新，为建设高品质和谐宜居生活社区提供坚强保障"。在此基础上，出台了《成都市深化街道职能转变、加快推动党建引领基层治理的措施》，进一步明确了街道职能与转变、街道权限与权责统一的要求。

成都市天府新区为了让乡镇更好地承担在公园城市建设和公园社区治理中的职责，与公园城市建设规划实施相对接，同时也为应对实现乡村振兴战略面临的挑战，进行了撤镇设立街道的体制改革。天府新区在乡镇行政区划隶属关系上的调整有一个过程。2013 年 11 月，为加快天府新区建设，成都市人民政府批准，双流县万安镇、兴隆镇等 12 个镇及华阳街道部分区域内的社会管理、公共服务等事

---

① 李瑞良、李燕：《城市改革背景下街道办事处职能重构研究》，《中国管理信息化》2020 年第 6 期。

务，由四川省成都天府新区成都片区管理委员会管理和服务。① 后来
为了进一步适应城市发展管理以及公园城市建设现实需求，2015 年
天府新区经成都市政府批准对 12 个镇增挂街道办事处牌子。这是一
个过渡性措施，让镇政府更好地在职能上适应公园城市建设与发展。
最后一步是撤镇设街道。2019 年 12 月，把上述 12 个街道整合与撤
并，成立 8 个街道，分别是：万安街道、正兴街道、兴隆街道、煎
茶街道、新兴街道、籍田街道、太平街道、永兴街道。② 至此，加上
原有的华阳街道，天府新区共下设 9 个街道，建成了新区和街道的
管理体系。

　　天府新区的街道（除了华阳街道）由镇变革而来，在职能履行
上存在一个转变或调适过程。在过渡阶段，"镇改街道办事处辖区内
不仅有非农事项也有涉农事项，因此镇改街道办事处一方面要按照
法律对其性质的规定，履行公共服务这一最基础的职能，另一方面
也不能丢掉镇改街道前乡镇政府的部分职能，尤其是发展经济的职
能"③。就天府新区公园城市建设而言，街道是公园城市发展规划和
城市管理的执行者，是公园城市建设中的基层公共服务组织者以及
公园社区建设的引领者。但是在街道实际转型中，公园城市的发展
使之面临新挑战。

二　天府新区公园城市建设给街道
　　职能提出的新要求

　　2018 年 2 月，习近平总书记视察天府新区时提出，特别要突出

①　《双流 13 镇（街道）将由天府新区成都管委会管理》，《四川日报》2013 年 11 月 30 日。
②　《四川省人民政府关于同意成都市调整龙泉驿区等 15 个县（市、区）部分乡镇行政区划的
批复》，https://mzt.sc.gov.cn/scmzt/gagg/2019/12/24/eb82360d9cd24d6daea6e7339c60fd07.shtml。
③　王前钱、宋明爽：《"镇改街道"之职能定位与机构设置探析》，《山东农业大学学报》
2017 年第 3 期。

公园城市特点，把生态价值考虑进去，努力打造新的增长极，建设内陆开放经济高地。从战略高度和全局角度出发，天府新区撤镇设立街道的基层管理体制改革，为公园城市发展提供了行政载体的基础。同时，公园城市发展也给街道职能履行提出了新要求。

（一）公园城市建设的基本目标要求和任务

"公园城市作为全面体现新发展理念的城市建设新范式，是习近平生态文明思想的生动城市表达，体现了总书记对未来城市发展、对人类命运共同体构建的深刻洞见，创新了新时代城市价值重塑的新路径，开创了世界城市规划建设发展的新篇章。"[1] 2020 年 12 月，四川省委、省政府印发《关于支持成都建设践行新发展理念的公园城市示范区的意见》，支持成都加快建成公园城市先行示范区。所以，天府新区的公园城市建设就是在这种背景下进行高起点谋划、高标准定位、高质量发展，力争成为国家治理样本。

天府新区探索创新公园城市发展的基本理念和整体规划。公园城市是新发展理念在城市发展中的体现，将人本逻辑和生活导向作为逻辑起点和根本落点，让绿色生态成为普惠福祉，是人城境业高度和谐统一的现代化展示。公园城市整体规划设计是"1436"的发展总体思路，即 1 个发展范式，4 个时代导向，3 个实践路径，6 个价值目标。在此基础上，构建公园城市发展的制度与新机制。[2] 公园城市的发展要实现的 6 个价值目标，以生态价值为首位追求，同时实现美学价值、人文价值、经济价值、生活价值和社会价值。

（二）公园城市发展对街道职能提出的新要求

公园城市建设总体规划以及发展所追求的价值目标，对街道在

---

[1] 四川天府新区党工委管委会编：《天府新区深化"公园城市首提地"改革创新、奋力建设新时代公园城市典范》，2020 年 12 月。

[2] 四川天府新区党工委管委会编：《天府新区公园城市建设规划白皮书》，2021 年 2 月。

公园城市建设发展中的职能或功能定位提出了新要求，也是一种新任务和挑战。在具体推进公园城市发展过程中有 6 项专项规划，实施这些规划给街道职能履行和作用发挥提出了新的标准与要求。

服务经济社会发展的职能履行，街道要突出生态环境的底线。生态保护类规划要求街道的职能履行要坚持生态优先，恪守 70％ 的绿色空间底线，彰显生态属性、提升生态环境品质。城市的空间形态布局要与传承历史文化相结合，街道职能履行要坚持以文商会旅体的融合发展为导向，彰显出特色与文化底蕴。建设人城境业高度和谐统一的国际化公园城市，就要把生态价值转变提升为城市发展能级，以公园城市理念引领社区规划和社区建设，促进城乡融合发展，建设和谐宜居的美丽社区。

发展公共服务要求街道把保障改善民生作为出发点和落脚点。街道要协助上级统筹提供更加全面的、更高质量的公共服务。在社区公共服务供给上，街道要发挥的作用是，结合社区面临的新问题、新特点，发挥社区公共服务载体和平台的作用，整合资源，实现社区服务供给与社区需求相对接，探索公共服务的多元化供给模式。公共服务供给体系，包括便捷高效的政务服务、便捷的生活服务（文化体育教育医疗养老等服务），还有专业性的服务，包括市场化运作供给、志愿服务、政府购买服务等的形式。

公园城市建设要提供便捷高效的政务服务，街道要发挥重要作用。放管服改革要求健全高效便捷的政务服务体系。街道要用好国家级新区、自贸试验区改革创新、先行先试优势，推动流程再造、机制更新，推进线上线下的高度融合服务。比如在商事制度改革上，设立企业开办融合服务专区，促进企业开办全流程的便利化改革。同时减少审批环节，优化工程建设审批流程。在以职能归位为重点的联动机制上，要求区县不能向乡镇（街道）分解经济指标和招商引资任务。中共成都市委、成都市人民政府 2017 年 9 月 14 日出台的《关于深入推进城乡社区发展治理、建设高品质和谐宜居生活社区的意见》中强调，"突出乡镇（街道）统筹社区发展、组织公共服务、实施综合管理、优化营商环境、维护社区平安等职能，不再承担招商引资职能，取消相应考核指标"。

公园城市的社会和谐稳定，需要街道履行好化解矛盾纠纷的职能。在深化治理方面，建立全响应的诉求快速处理机制，街道是负责主体之一。《关于深化社区诉源治理、推进高品质和谐宜居生活社区建设的实施意见》要求，确保小事不出社区、大事不出镇街，完善矛盾纠纷的多元化解机制。加强街道的综治中心（矛盾纠纷多元化解协调中心）规范化建设，健全由乡镇（街道）综治中心牵头，人民法庭、检察室、派出所、司法所、工青妇组织以及调解组织等多方参与的社区"诉源治理"联席会议，负责统筹推进社区诉源治理工作。解决物业管理的矛盾和问题，也需要街道发挥指导监督职能，完善基层物业管理体制机制。

（三）街道职能履行存在的主要问题

公园城市、社区发展目标和规划伴随着一系列问题和困扰：城市空间野蛮扩张，要素资源低效占用，生态承载难以为继，公共服务供给不足，多元利益交织冲突影响有序运行。在这些方面街道职能履行还存在一些问题。

街道调整改革与社区变动，使得街道的服务对象发生了变化，提供的公共服务如何与居民实际需求相对接，仍是现实问题。现在很多社区的居住群体发生了变化，也即社区服务对象发生了变化，提供服务的内容和提供方式也应随之而相应调整，以此实现供需对接。在服务对象上面临的突出问题，一是融合治理难。大部分居住和工作在社区的居民户籍都不在本地，给社区融合、改革发展造成困难。二是资源统筹难。产业社区呈现出服务人口多、户籍人口少、人口流动性强的总特点，在社区保障资金配给使用、社区人力服务统筹规划上遇到挑战。在公共服务供给方面，民生设施也是弱项，要求街道配套完善基础设施，实现服务精准化。

居民对街道职能履行有现实需求和较高期望。从本项目调查问卷结果中发现，关于街道所要履行的职能或所要发挥的作用，居民认为街道应履行和加强的职能比较突出的是社会管理和社会稳定，提供各种公共服务，进行生态环境保护。在问卷中，关于"您对自己所在街道或乡镇政府提供的公共服务的满意度"这一问题，基本满意和非常满意的占67.6%，还有1/3不满意或非常不满意或觉得一般。这也是街道在公共服务职能履行中要改进的地方。关于街道应该发挥作用的领域，从回答看，选择最多的是"社会管理和社会稳定"，占到72.9%；其次是"提供各种公共服务"，占67.5%；排在第三位、占61.1%的是"生态环境保护"。这些领域也可以说是街道需要进一步履行好职能的领域。建设公园城市和公园社区，不仅要求政府履行好生态环境保护职能，而且还需要建构一种和谐发展环境，这对政府的社会管理与维护社会秩序的职能履行提出更高要求。

街道在指导和引领公园社区发展中也存在一些现实问题。街道作为城市落实政策和发展战略的"最后一公里"的政府主体，面对一些新类型社区，在基层社会治理中的作用需要加强。关于社区或村里存在比较多的社会问题，从调查问卷结果看：选择排在第一位的问题是"因停车位问题产生的矛盾"，占24.3%，可见社区管理问题仍是事关民生需求的问题。其次比较多的问题是，"各种垃圾乱放乱处理"，占21.1%，以及物业管理问题，占到19.6%。从回答问题的群体规模看，有48.7%的人选择了"因停车位问题产生的矛盾"；有42.1%的人选择了"各种垃圾乱放乱处理"；有39.2%的人选择了物业管理方面的问题。可见，这些与停车位、垃圾、物业等密切相关的问题，都是社区或村的基层治理中存在的突出问题。这也是公园社区建设中需要优先处理好的问题或矛盾。这就要求街道解决问题和提供服务要有很强的针对性，提高履行职能的精准性，因事施策才是首要原则和价值选择。

三　统筹与分类发挥街道在公园城市发展中的职能作用

天府新区的街道在撤镇设街道改革之后，出现了不同的类型，有基础较强的街道，有处于郊区半商半农的街道，还有完全涉农街道。在公园城市建设发展中，对这些街道要统筹分类型履行好不同重点的职能，发挥好各自作用。

（一）公园城市发展的治理组织架构的重要保障

街道在公园城市建设中的职责，有着与新区两级联动的发展治理架构的重要保障。这个治理工作架构是两级负责制，新区党工委和街道两级联动推进城乡基层治理工作。天府新区为推进公园城市建设，构建了高效协同的发展治理新架构，成立统筹推进新时代公园城市发展治理工作领导小组，负责新区发展治理顶层设计、统筹协调、督导落实等。领导小组下设办公室，办公室设在社区治理和社事局，承担领导小组日常工作，组建工作专班，统筹各部门"社区发展治理、治安综合治理、公共危机应对、市民服务供给、共建共治共享"等社会发展治理职能职责。

为确保公园城市建设目标和价值的实现，天府新区公园城市规划体系中，设有组织支撑和保障体系，这也是确保公园城市建设发展的主体保障。比如在公园城市的片区、街区的发展上，创新街道办事处与功能区合署办公的治理模式，确保片区开发的可持续推进。在支撑体系上，率先构建组织管理体系，创新形成"党工委管委会主责主导、公园城市建设局专责抓总、总师领衔人才智库支撑"的统筹方式，在全国首设公园城市建设局，组建公园城市研究院，为公园城市建设搭建组织架构，提供组织领导和人力资源支撑。

（二）不同类型的街道分类发挥好职能作用

街道在整个公园城市发展战略中的地理位置或区位优势、经济产业、人口特征、社会环境等有所不同，因此根据现实需履行侧重点有所不同的职能。下面根据街道在公园城市发展中的功能定位，主要分四种类型的街道及其履行职能的重点来进行分析。

1. 基础发达的完全城市化街道要突出重新激发活力和系统提升的职能

华阳街道属于这一类型，该街道是完全城镇化的街道，要重新激发活力，在提升产业、系统提升上下功夫。

促进企业发展、提升发展质量，突出为企业和经济发展提档升级的职能。在服务企业方面，主要是通过党建引领企业的双创发展，为企业的政策咨询、办事流程、会议活动、产品展示与推介等提供好服务。在服务经济发展方面，深化对口联系、扶持重点企业发展，主要是建立了班子成员联系重点企业（项目）制度，通过制度化、规范化的行政审批事项的梳理、办理制度体系、工作人员的管理与监督等制度，不断提升政务服务水平。这些服务企业和经济、提质增效的发展，使华阳街道在天府新区经济总量保持领先地位。在提升城市品质方面，编制街道的新规划，统筹规划、整合资源，一方面是基础设施综合整治、推进市民服务新空间，另一方面是加快推进棚户区和城中村改造，再一方面是落实河长制，加强城市环境的专项治理。① 通过这些切实措施使得老城区的街道实现提档升级，城市环境的常态化治理也成效显著。

解决好民生服务与和谐稳定秩序的问题。华阳街道是天府新区建设桥头堡，通过城市公共空间营造，不断开展精细治理，是提升公共服务有效供给的路径。华阳街道在公园城市建设过程中，适应辖区内

---

① 《华阳街道：街道抓建设精管理促城市品质"提档升级"》，成都市人民政府网，http：//www.chengdu.gov.cn，2017 年 6 月 29 日。

差异化的公共需求，探索出老旧小区的治理模式，还通过服务型社区建设，改善和提升居民的服务质量。华阳街道制定了《关于进一步增进和改善民生的实施意见》，明确2017—2020年民生目标，细化安居、就业、教育等5大项18小项民生任务。华阳街道建立街道主要领导牵头负责、分管领导具体负责的工作机制，健全完善民生工作领导（组）会议制度、片区党委制度、联席会议制度和情况报送制度，推行民生项目服务承诺制、限时办结制和倒查问责制等。通过不断完善的制度和组织机构的保障，稳步推进民生服务的有效供给。

2. 功能核心区的街道突出综合服务和助推产业发展、安商稳商的职能

正兴街道和兴隆街道可以归到这一类型当中。正兴街道位于天府新区核心地带，属于总部商务区全域覆盖之地，是天府新区重大项目和重要地标的承载地。正兴街道的建设目标是要走在新区街道的前列，提升政务服务质量并为天府新区树立政务服务标杆，通过资源高度整合实现多元化服务。2019年街道制定了"天府心·新正兴"战略，探索总部商务区与街道在经济发展、社会管理和公共服务上的协同工作机制，实施产业营城、治理优城、民生融城的三大工程，突出街道的助推产业发展和安商稳商的综合服务职能，更好地融入天府新区公园城市发展的战略布局。

正兴街道以其地理和区位优势，功能定位在提供公园城市发展的系统化的"后服务"体系。街道为产业功能区的发展做好配套服务，提供安商和稳商的服务，助力会展经济、总部经济、乡村经济三大产业的巩固发展，全面迈向"后服务"时代。"街道在剥离招商引资职能之后，服务经济的重点工作转为安商稳商。街道全力做好安商稳商工作，让企业暖心、安心、舒心，企业才能进得来、留得住、安得下、富得起。"[1] 正兴街道的"后服务"是安商和稳商，

---

① 康涛：《取消招商引资后街道办事处服务经济职能研究》，《领导科学论坛》2016年第23期。

还采取措施促进园区环境优化和功能区企业吸引人才、做大做强，同时提供租房、人才公寓等配套住宿条件，教育、医疗等配套服务，这也是企业吸引人才需重点考虑的因素。

兴隆街道位于天府新区核心腹地，主要职能是助推产业发展，为入驻企业做好配套服务。兴隆湖社区位于成都科学城的核心区，在公园城市发展中起到引领作用，该区域已经入驻了 30 多家央企国企、50 余家研发机构、120 多家新经济企业，还通过成立天府新区商会、产业发展促进会，来为产业发展提供服务与支持。为践行公园城市发展理念，兴隆街道成立了由街道党工委书记任组长的兴隆街道推进鹿溪智谷公园城市示范引领性工程建设领导小组，集中力量、整合资源，全面推进示范区发展建设。兴隆街道在公园城市建设中主要是为成都科学城提供现代化生活配套区域，同时还依托农业产业发展，全力构建成都科学城的"后花园"。

3. 边缘区或半城半农街道突出发展配套和城乡融合发展职能

新兴街道属于这一种类型。在天府新区公园城市建设中，新兴街道是天府新区直管区先进制造业的承载基地，主要是做好工业和天府新区产业功能区的配套和服务。新兴街道坚持产村相融、三产融合，成为天府新区少有的拥有农业、工业和文创产业的街道。天府童村的不二山房与道和书院等特色项目已初见成效，利用城乡接合处的天然区位优势，整合利用土地资源，还引进文化教育培训产业，形成了乡村文创综合体，带动农民就业与多渠道增收，同时促进企业发展，成为乡村振兴的特色方式。还有，和盛田园东方项目成为城乡融合发展的标杆和示范点，一方面是"生产＋生活＋生态"的融合商务型田园综合体及"田园社区＋文创旅游＋现代农业"的融合模式；另一方面还以和盛城乡书院为引擎，打造乡村振兴产业链生态圈和乡村振兴产业高地。

万安街道也是这一类，处于边缘城区的半城半乡的街道，主要是依托公园城市发展环境来促进一些产业项目发展，主要目的是实现城乡融合发展目标。在城市化社区以商业为主；在农村主要寻求特色产业项目。比如，万安街道韩婆岭村利用区位优势，按照天府新区"一心一带两环"乡村振兴规划，正在打造10个产业区块，把农业产业、旅游文化、特色商业服务有机结合起来。

4. 涉农街道要突出实现城乡融合发展与乡村振兴的职能

以农业为主的街道要利用好城市条件，做到不同程度的融合。这一类街道发展经济的任务还比较突出。要通过乡村振兴促进实现转型，盘活乡村有效资源，实现多方力量协同参与的经营发展模式。永兴、太平、煎茶、籍田这几个街道基本属于这一类。

永兴街道主要是抓实项目，提升产业，促进经济发展。一是为吸引投资和企业注册提供优势条件。在加快推进项目建设上，对重点项目实施清单管理、挂图作战和专班服务，举全街道之力推进重点项目建设。[①] 这是街道发展经济领域的职能体现，为各方投资客商营造更加高效的政务环境，保障产业振兴发展。例如，南新村主要是发展特色农业产业，杨梅小镇发展成为成都市重点项目，成为实现乡村振兴的示范区。二是在社会管理与服务领域，开展安全生产的隐患排查整治、启动两级矛盾调解中心建设，实施各类社会保障和社会帮扶等各种民生工程。

太平街道着眼于突出公园城市的乡村表达。通过优化空间布局规划，以农旅文融合带动乡村振兴，通过打造社区、产业与生态高度融合的多元化场景，来激发经济发展新活力，通过交通路网的基础设施建设，为产业发展和提升生态价值转换提供重要的支撑。

煎茶街道突出城乡融合与乡村振兴的功能。在产业发展和乡村振兴上，煎茶街道构建起乡村生态格局，深化乡村振兴的形态、生态、业态、文态的融合。比如，天府微博村的项目，在乡村产业基础上，依托天府文创城的辐射带动，充分挖掘本土特色文脉资源，实现文化旅游产业与乡村发展的融合。

---

① 永兴街道党工委、永兴街道办事处关于2020年工作总结和2021年工作安排的报告。

籍田街道是涉农街道，要突出履行依托城市实现乡村振兴的职能。一方面通过发展农村产业实现一产与三产的融合发展，增加农民收入；另一方面做好镇改街道之后的农民城市化转型的服务工作，履行好相关职能。围绕公园城市建设发展目标，引导农民集中居住区从政府管理向社区治理转变。

这些涉农街道要进一步优化产业结构，提升乡村发展与城乡融合发展的内在动力。

四　对街道职能转型和改革趋势的思考

天府新区的街道体制改革和职能调整转变的实践，对于从更深层次和一般意义上探讨基层政府职能转型有重要启示意义。这些涉及街道体制改革的动力、街道职能与权力下放、履行职能与权责的载体机构设置优化等层面。

（一）基层政府职能转型所需要的基本动力转换

现阶段街道管理体制改革与职能调整，在驱动力上更多是自上而下的，主要是应国家建构的要求，从国家治理体系和治理现代化的基础性层次和环节来推动。在天府新区公园城市建设发展中，街道职能履行面临新挑战、新任务和新要求，更多地需要满足来自社会发展的需求以及居民生产生活的需求。而且在这个过程中，民众群体类型及需求也日益多元化，由此，街道或基层政府职能调整与功能发挥，在基本指导理念上也应发生转变，突出自下而上的驱动力。要突出社会需求视角下的街道政府职能，不仅仅是对上负责或者从国家建构的宏观视角来分析，而是需要从社会需求的视角，改变街道政府与社区居民的关系，更好地提供服务。① 这种社会需求的

---

① 参见王慧斌《内生改革：社会需求视角下政府重塑研究》，中国社会科学出版社 2016 年版。

驱动力还有利于实现基础服务及资源的整合供给。

街道要突出负责优化和维护和谐稳定的发展环境，以及配置多样化公共服务的职能。以社会需求作为街道职能调整的外部驱动力，利于限定基层政府的职能范围，促使其以更符合社会需求的方式履行职能，借助社会评价检验基层政府履行职能的效果。在这个社会评价中，要有适度的居民参与度和参与范围，这也是确保基层政府在实现公共服务供需匹配和衔接上的重要社会约束。

街道履行职能方式的转变比较突出的是，政府由管理者向引导者转变；居民由被动者向参与主体转变，实现共商共治。公共服务供给以前是政府供方主导的供给模式，现在要转变为问题导向、需方主导的供给模式。还要实现居民由分散到融合的转变，通过教育引导，在硬件供给转变的基础上，实现软件即思想与理念转变，在从农民变为市民的过程中，逐步实现融合发展。

（二）基层政府职能履行需要相应的权力配套

这与上级政府对街道（乡镇）政府的权力下放紧密相关，因为有什么样的权力，才能履行什么样的职能。在全国不断深入推进放管服改革的阶段，对街道赋权增能成为改革的一项内容。赋予街道在某些领域的行政管理权限，使其适应当地经济社会快速发展和多样化的社会需求，通过事权改革使街道有更多的自主权和积极性。

在新型城镇化和公园城市建设过程中，街道面临着经济发展、社会转型等任务，特别是村社合并引起大规模人口集中，面临着农民变市民的转型与发展。这使得街道的社会管理、公共服务等方面的任务更加繁重，天府新区在给街道的赋权赋能方面有不同程度的进展。"从2013年12月正式运行以来，天府新区成都直管区现已下沉至镇（街道）政务服务中心办理的审批服务事项达到169项，下沉至村（社区）便民服务中心的服务事项达到 61 项。"[①] 各街道开展了二、三级政务服务平台"改革创新、转型升级"工作，不断提升政务服务质量和水平。

从天府新区与全国一般层面向街道放权赋权的状况观察，街道在属地管理原则下的一些管理权限还比较受限制。针对一些现实问题，在给街道赋权方面要着力做好如下方面：一是，给街道（基层政府）放权要有个"度量衡"，不是什么权力都下放。与属地管理原则相协调，加大给街道赋权力度。同时，上级也不能把所谓"烫手山芋"的责任都下放给街道。二是，给街道下放或赋权要有一定的程序、标准，考虑管理事项与服务事项的区别，在财力和相应专业技术人员方面要有配套措施。三是，解决好放权之后的后续问题。实际上并不是放权之后一些问题就自然而然解决了。比如，有些行政执法权或处罚权下放了，但在有的地方却形同虚设。所以，权力下放或委托之后还需解决好后续的配套行使问题。四是，对街道和基层政府赋权赋能还应扩大到给街道和基层考核权、人员聘用建议权，这是关键人事权力，可以提高基层有限的人力资源的效能。一些地方探索给乡镇和街道的人事建议权，"增强乡镇统筹协调能力和乡镇党委对调整乡镇领导班子的建议权；赋予乡镇对辖区垂管和双重管理基层站所的业绩考核话语权、人事任免建议权等"[②]。基层政府拥有这些决策权和建议权本身就是基层治理应具备的重要条件。

（三）基层政府职能的调整需要机构改革的载体提供保障

街道和基层政府机构设置是履行职能的重要载体和主体保障，必须与权力和职能相配套。《中共中央关于深化党和国家机构改革的

---

①　王李科：《成都天府新区晒首批 244 项权力清单》，四川省人民政府官网，2015 年 3 月 24 日，http：//www.sc.gov.cn/10462/10778/10876/2015/3/24/10330509.shtml。

②　《加大对乡镇放权赋能力度打造基层社会治理现代化的桥头堡》，《承德日报》2020 年 1 月 17 日。

决定》中明确基层政权建设是夯实国家治理体系和治理能力的基础。基层政权机构设置和人力资源调配要面向人民群众，符合基层事务特点。一方面推动治理重心下移，尽可能把资源、服务放到基层；另一方面在机构设置上，实行扁平化，不简单照搬上级机构设置模式，允许基层机构与上级机构的"一对多"或"多对一"，构建简约高效的基层管理体制。

天府新区的街道机构设置基本进行了统筹安排，街道体制改革与机构设置改革适应新区发展变化的经验可以总结。天府新区9个街道，机构设置是在12—14个。基本情况是：内设机构一般有8个，包括综合办公室、党群办公室、社区发展办公室、城市管理办公室等。下属单位（事业单位）一般是1个或2个，综合便民服务中心、农业服务中心。派出和派驻机构有3个：综合执法队、市场监管所、司法所。还有挂牌的机构有5—6个。比如，党群办公室加挂的是新时代文明实践办的牌子，有的加挂精神文明建设办的牌子；社区治理办公室加挂政法和应急管理办公室牌子；有街道的社区发展办公室加挂物业管理办公室牌子。

可见，街道和乡镇政府需要重设组织架构。综合设置街道的办事机构，这也是基层行政体制改革坚持的精简统一效能原则的体现，比如设置综合办公室、党政办公室、社区发展办公室、民生服务办公室等。统筹设置街道和乡镇的事业机构，比如综合便民服务机构、社区的便民服务点等，都由街道和乡镇统一管理。乡镇和街道基层机构改革，要按照综合化、扁平化的改革思路来设置机构的基本框架，着力解决机构力量配备分散问题，使机构设置从松散型转向综合融合型。统筹街道机构设置不仅是基层政府履行职能的主体，也是重要支撑，要以强化街道的社会管理和公共服务职能为基础倾斜人力编制资源和机构数量。"街道工作重心逐步转向公共服务和社会管理职能，各街道均不再设置经济发展办公室，经济发展、招商引资等职责及考核指标均由相关部门及功能区承担。"① 在今后基层政府机构改革要避免只改名字、换牌子和转关系的形式问题，要真正转向机构的业务职能与人员的全面融合。

继续深化基层政府机构改革，不能仅停留在机构与人员精简层面，还有更为重要的转变职能和优化职责体系，通过向街道乡镇放权，调整其相应行政管理权限，使得基层政府从经营性政府向服务型政府转变。基层政府机构改革是转变职能和更好行使各项权力的重要载体和保障，必须体现党和国家机构改革的指导思想和基本原则。

（作者：中国社会科学院政治学研究所研究员孙彩红）

---

① 《济南市章丘区镇街行政管理体制改革工作见成效》，中国机构编制网，http：//www.scopsr.gov.cn/shgg/jjxz/202010/t20201030_377470.html，2020 年 10 月 30 日。

公园城市与生态文明建设：
四川天府新区样本

"建设生态文明，关系人民福祉，关乎民族未来。党的十八大把生态文明建设纳入中国特色社会主义事业五位一体总体布局，明确提出大力推进生态文明建设，努力建设美丽中国，实现中华民族永续发展。这标志着我们对中国特色社会主义规律认识的进一步深化，表明了我们加强生态文明建设的坚定意志和坚强决心。"① 党的十八大以来，全国上下坚持以习近平生态文明思想为指引，积极开展生态保护、治理与建设实践，使得生态环境持续向好，并积累了许多宝贵经验，谱写了新时代新阶段生态文明建设的新篇章。四川天府新区实施公园城市战略、推进生态文明建设的实践，是其中值得关注和研究的地方样本。

一　生态文明相关理论探讨

习近平总书记高度重视生态环境问题和生态文明建设。2017 年 5 月 26 日，其在十八届中共中央政治局第 41 次集体学习时指出，

---

① 《习近平关于社会主义生态文明建设论述摘编》，中央文献出版社 2017 年版，第 5 页。

"我之所以要盯住生态环境问题不放，是因为如果不抓紧、不紧抓，任凭破坏生态环境的问题不断产生，我们就难以从根本上扭转我国生态环境恶化的趋势，就是对中华民族和子孙后代不负责任"①。习近平生态文明思想博大精深，妥善处理城市建设和生态文明建设之间的关系，进而实现互促双赢目标，是其中的重要内容。梳理习近平总书记的相关论述可以发现，他提出了包括公园城市在内的三种方案。厘清公园城市的内涵以及三种方案之间的关系，对于更好地指导开展具体工作至关重要。

（一）处理城市建设与生态文明建设关系的三种方案

海绵城市、森林城市、公园城市，是习近平总书记在不同时间不同场合提出的"三种城市"，是指导我国协同推进城市建设和生态文明建设的重要理念，是践行习近平生态文明思想的有效载体和抓手。

1. 海绵城市

2013 年 12 月 12 日，习近平总书记在中央城镇化工作会议上指出："为什么这么多城市缺水？一个重要原因是水泥地太多，把能够涵养水源的林地、草地、湖泊、湿地给占用了，切断了自然的水循环，雨水来了，只能当作污水排走，地下水越抽越少。解决城市缺水问题，必须顺应自然。比如，在提升城市排水系统时要优先考虑把有限的雨水留下来，优先考虑更多利用自然力量排水，建设自然积存、自然渗透、自然净化的'海绵城市'。"②

2014 年 3 月 14 日，习近平总书记在中央财经领导小组第五次会议上再次提及海绵城市。他指出："城市规划和建设要坚决纠正'重地上、轻地下''重高楼、轻绿色'的做法，既要注重地下管网建设，也要自觉降低开发强度，保留和恢复恰当比例的生态空间，建

---

① 《习近平关于社会主义生态文明建设论述摘编》，中央文献出版社 2017 年版，第 15 页。
② 《十八大以来重要文献选编》（上），中央文献出版社 2014 年版，第 603 页。

设'海绵家园''海绵城市'。"①

2. 森林城市

习近平总书记 2016 年 1 月 26 日在中央财经领导小组第十二次会议上指出："森林关系国家生态安全。……要着力开展森林城市建设，搞好城市内绿化，使城市适宜绿化的地方都绿起来。搞好城市周边绿化，充分利用不适宜耕作的土地，开展绿化造林；搞好城市群绿化，扩大城市之间的生态空间。"②

3. 公园城市

2018 年 2 月 11 日，习近平总书记在视察四川天府新区时指出："天府新区是'一带一路'建设和长江经济带发展的重要节点，一定要规划好建设好，特别是要突出公园城市特点，把生态价值考虑进去，努力打造新的增长极，建设内陆开放经济高地。"

概要说来，海绵城市突出强调通过保护自然环境来解决城市的缺水和排水问题，森林城市突出强调通过抓好城市绿化建设来保障森林安全和国家生态安全。公园城市与前两种方案的不同在哪里？接下来的分析将会显示，公园城市主张的是从绿色理念、生态文明建设出发，切实践行五大发展理念和协同推进五位一体总体布局，充分表达了新时代新阶段的新要求。

(二) 公园城市的两个核心问题

为更好发挥公园城市理念和战略对实践的指导作用，有必要进一步弄清公园城市的构成要素、建设路径等核心问题。

1. 公园城市的三重含义

公园古指官家园林，今指供公众游览休息的园林。③ 从这个基本概念出发，大致可从三个层面理解公园城市。

---

① 《习近平关于社会主义生态文明建设论述摘编》，中央文献出版社 2017 年版，第 57 页。
② 习近平：《在中央财经领导小组第十二次会议上的讲话》，《人民日报》2016 年 1 月 27 日。
③ 《古今汉语词典》，商务印书馆 2007 年版，第 473 页。

一是指在城市建设中多建供公众游览休息的园林。这是对公园城市的基本含义进行顾名思义的解读，属于形而下范畴。

二是指把城市建成富含公园核心元素的城市。"园林"承载的是绿色元素，"供公众游览休息"表达的是开放和共享要素，公园城市建设即可指不断为城市增添绿色、开放和共享元素，着力践行绿色、开放和共享理念。这是对公园城市进行引申式解读，属于形而上范畴。

三是指在城市建设中，以"绿色"为首先发力点推进五大发展理念践行落地，以生态文明建设为重要突破口协同推进"五位一体"总体布局，把城市建成高品质的人类聚集区和生命共同体。这是因为：公园所包含的绿色、开放、共享三大要素属于五大发展理念范畴，五中占三；而五大发展理念是一个具有内在联系的集合体，彼此之间相互贯通、相互促进，在实践中要统一贯彻，既不能顾此失彼，也不能相互替代，哪一个发展观念贯彻不到位，发展进程都会受到影响。[①]

第三种解读是在引申义基础上的升华式解读，既有学理支撑也符合中央精神，是各地在推进公园城市建设中需坚持的方向，也是我们将要采用的概念。由此也可发现，公园城市方案是对海绵城市、森林城市方案的超越。当然，前两种方案的科学性同样是不容置疑的，地方政府宜因地制宜加以考察和选择。

2. 建设公园城市的路径

从公园城市的第三种界定出发，综合习近平总书记相关论述看，建设公园城市的路径大致有二：一是强化绿色理念，切实推进生态文明建设；二是贯彻绿色及其他四种新发展理念，协同推进生态文明建设与经济、政治、社会、文化建设和党的建设。两个路径互为依托、相辅相成。

（1）强化绿色理念，切实推进生态文明建设

一是科学增加城市绿色空间。为什么要增加城市绿色空间？

---

① 《十八大以来重要文献选编》（中），中央文献出版社2016年版，第827页。

习近平总书记指出："我们要认识到，在有限的空间内，建设空间大了，绿色空间就少了，自然系统自我循环和进化能力就会下降，区域生态环境和城市人居环境就会变差。要学习借鉴成熟经验，根据区域自然条件，科学设置开发强度，尽快把每个城市特别是特大城市开发边界划定，把城市放在大自然中，把绿水青山保留给城市居民。"① 如何增加？习近平总书记指出，"城市规划建设的每个细节都要考虑对自然的影响，更不要打破自然系统"，"要让城市融入大自然，不要花大气力去劈山填海，很多山城、水城很有特色，完全可以依托现有山水脉络等独特风光，让居民望得见山、看得见水、记得住乡愁"②，"要停止那些盲目改造自然的行为，不填埋河湖、湿地、水田，不用水泥裹死原生态河流，避免使城市变成一块密不透气的水泥板"③。

二是科学布局生态、生活和生产空间。2015年5月27日，习近平总书记在华东七省市党委主要负责同志座谈会上指出："要科学布局生产空间、生活空间、生态空间，扎实推进生态环境保护，让良好生态环境成为人民生活质量的增长点，成为展现我国良好形象的发力点。"④ 2015年12月20日，习近平总书记在中央城市工作会议上再次强调："城市发展要把握好生产空间、生活空间、生态空间的内在联系，实现生产空间集约高效、生活空间宜居适度、生态空间山清水秀。"⑤

三是科学践行绿色理念。不但在城市的物理空间改造中要践行绿色理念，还要把绿色理念贯彻到其他各领域各方面，尤其要强化公民环境意识，把建设美丽中国化为人民自觉行动。习近平总书记指出："绿化祖国，改善生态，人人有责。要积极调整产业结构，从

---

① 《十八大以来重要文献选编》（上），中央文献出版社2014年版，第602页。
② 《十八大以来重要文献选编》（上），中央文献出版社2014年版，第603页。
③ 《习近平关于社会主义生态文明建设论述摘编》，中央文献出版社2017年版，第66—67页。
④ 《习近平关于社会主义生态文明建设论述摘编》，中央文献出版社2017年版，第27页。
⑤ 《习近平关于社会主义生态文明建设论述摘编》，中央文献出版社2017年版，第66—67页。

见缝插绿、建设每一块绿地做起，从爱惜每滴水、节约每粒粮食做起，身体力行推动资源节约型、环境友好型社会建设，推动人与自然和谐发展。"①

（2）贯彻绿色及其他四种新发展理念，协同推进生态文明建设与经济、政治、社会、文化建设和党的建设

习近平总书记反复强调，要切实把生态文明的理念、原则、目标融入经济社会发展各方面，贯彻落实到各级各类规划和各项工作中。② 早在 2013 年 4 月 10 日，习近平总书记在海南考察工作时就指出："经济发展不应是对资源和生态环境的竭泽而渔，生态环境保护也不应是舍弃经济发展的缘木求鱼，而是要坚持在发展中保护、在保护中发展，实现经济社会发展与人口、资源、环境相协调，不断提高资源利用水平，加快构建绿色生产体系，大力增强全社会节约意识、环保意识、生态意识。"③

（三）公园城市对生态文明建设带来的机遇和挑战

一方面，公园城市理念的提出及公园城市战略的实施，使生态文明建设占据了"首发优势"。如前所述，公园城市建设突出强调要在城市建设中以绿色理念为首先发力点推进五大发展理念践行落地，以生态文明建设为重要突破口协同推进五位一体总体布局，把城市建成高品质的人类聚集区和生命共同体，城市板块中的生态文明建设获得了前所未有的发展机遇。需要注意的是，如果说生产空间集约高效、生活空间宜居适度、生态空间山清水秀是现代人类社会高品质城市的重要标志的话，公园城市因突出绿色理念的践行和生态文明建设而应把生态空间山清水秀置于首位。

另一方面，公园城市理念的提出及公园城市战略的实施，也对生态文明建设提出了更高要求。一则生态文明建设要首先见成效；

---

① 习近平：《在参加首都义务植树活动时的讲话》，《人民日报》2015 年 4 月 4 日。
② 《习近平关于社会主义生态文明建设论述摘编》，中央文献出版社 2017 年版，第 10 页。
③ 《习近平关于社会主义生态文明建设论述摘编》，中央文献出版社 2017 年版，第 19 页。

二则生态文明建设要与其他系统建设协同推进，融合发展，不断满足人民群众对高品质美好生活的期盼；三则六大系统的建设均要注重绿色发展理念的坚持践行、绿色价值与其他价值的相互转化和相互促进。

二　天府新区公园城市的探索

天府新区是习近平总书记亲自视察、亲自指导、高度关注的国家级新区，是公园城市的首提地和首倡地。习近平总书记 2018 年 2 月 11 日视察新区时提出公园城市，一方面是对天府新区既有成绩的肯定，时隔两个半月之后即当年 4 月 26 日，习近平总书记在深入推动长江经济带发展座谈会上谈道："我去四川调研时，看到天府新区生态环境很好，要取得这样的成效是需要总体谋划、久久为功的。"另一方面，则是为新区未来发展提出了新的要求，指明了新的发展方向。

过去三年里尤其是 2020 年 1 月以来，天府新区牢记习近平总书记嘱托，以"美丽宜居公园城市"标定城市战略发展方向，以建设践行全面体现新发展理念的公园城市先行区为统揽，积极探索新时代城市可持续发展新路径，为推进公园城市建设和生态文明建设做出了扎实的努力。

（一）明确公园城市发展方向和工作思路

2020 年 1 月，中央财经委员会第六次会议明确提出，支持成都建设践行新发展理念的公园城市示范区。2020 年 12 月，四川省委、省政府印发《关于支持成都建设践行新发展理念的公园城市示范区的意见》，提出要抓住成渝地区双城经济圈建设重大机遇，支持成都加快建成新发展理念的坚定践行地和公园城市的先行示范区。新区据此先后制定发布了系列重要文件，包括 2020 年 3 月印发的《天府新区统筹推进新时代公园城市发展治理体系和治理能力现代化建设实施意见》以及 2020 年 4 月印发的《四川天府新区成都直管区统筹推进园城市发展治理体系和治理能力现代化建设的实施办法》等，对新区推进公园城市建设做出了统一部署。

1. 公园城市发展方向

天府新区的公园城市发展方向为：统筹推进公园城市发展治理体系和治理能力现代化建设，贯彻"创新、协调、绿色、开放、共享"的发展理念，坚持生态优先、绿色发展，将公园形态与城市空间有机结合，聚焦核心功能，着力构建园区、居区、景区"三区融合"，生产、生活、生态"三生合一"的新型社区形态，呈现"推窗见景，出门入画"的美好意境，推动生态价值向人文价值、经济价值、生活价值的转化，实现高效能治理、高质量发展、高品质生活目标。

2. 公园城市工作思路

一方面，天府新区谋划从五个方面入手推进治理体系和治理能力现代化，即坚持党建引领，构建发展治理现代化组织架构；转变发展方式，着力推动经济高质量发展；聚焦善治良序，构建公园城市高效能治理体系；突出舒适宜居，创造公园城市高品质生活环境；强化智能智慧，打造公园城市高效率的社会环境。

另一方面，天府新区谋划加快打造新时代公园城市典范，推进公园城市和生态文明建设。具体而言：一是坚持以习近平生态文明思想为指导，强化新区"公园城市首提地"印记，发掘和培育新区公园城市 IP，建设人城境业高度和谐统一的大美国际化公园城市，形成可复制、可推广的新区模式。二是进一步强化公园城市实践探索、理论研究、成果集成，加快构建国际化公园城市规划设计、指标评价和政策支撑体系，守住蓝绿空间占比开发红线。三是积极探索以生态价值转化提升城市发展能级，以公园城市理念引领社区规划，以生态廊道区隔城市主群。以天府绿道串联城乡社区，以"三治一增"美化城市环境，"全域森林化"提高绿视率，坚持增绿惠民、营城聚人、筑景成势、引商兴业的营城路径，创造生活场景和消费场景，坚持景观化、景区化、可进入、可参与的规划理念。四是以有机更新、立品优城建设宜人宜居、智能智慧的公园社区，先行推进麓湖公园社区建设，为国际化公园城市治理积累经验；以乡村振兴、林盘保护为载体，建设望山亲水、乡风文明的乡村社区；以产业功能区、产业生态圈建设功能复合、职住平衡的产业社区。

需要注意的是，天府新区在过去三年里逐步实现了"五大理念转变"，即社区中建公园向公园中建社区转变、社区空间建造向社区场景营造转变、标准化配套向精准化服务转变、封闭式小区向开放式街区转变、规范化管理向精细化治理转变。这为创新工作思路以及不断完善公园城市、公园社区和生态文明建设的顶层设计提供了实践支撑和理论支撑。

（二）将公园社区作为实施公园城市战略的重要抓手

天府新区对公园城市进行"降维"理解，创造性地提出公园社区概念，认为公园社区是公园城市的组成细胞，是体现城市绿色可持续发展的基本载体，并将其作为推动公园城市战略切实落地的重要抓手。

1. 公园社区定义和类型

天府新区认为，公园社区是公园城市城乡物理空间和城乡社会治理基本单元，是由政府、居民、社会共建共治共享，精准服务于生活人群和产业人群，集秀美生态环境、优美空间形态、完美生活服务、善美人文关怀、和美社会关系、甜美心灵感知于一体的幸福美好生活共同体。而且，新区还根据生产、生活、生态空间状况的不同，将公园社区细分为城镇型、产业型、乡村型、国际化公园社区四种类型。

2. 公园社区建设目标

天府新区提出了公园社区建设"三级目标"，即到 2025 年，要建成舒心美好、安居乐业、绿色生态、蜀风雅韵、良序善治的高品质和谐宜居生活社区；到 2035 年，要实现公园城市生态价值、美学价值、人文价值、经济价值、生活价值、社会价值在社区充分融合展现，建成人、城、境、业高度和谐统一的公园社区；到 2050 年，要以全面发展、绿色永续、智慧创新为引领，建设面向未来可持续发展的理想社区。需注意的是，"三级目标"的设定也昭示了天府新区认为公园社区是高于当前社区的一种形态，但还算不上"理想社区"。

3. 公园城市发展方案

天府新区公园城市总体发展方案为：整体谋划、典型示范、分类成片推进公园城市建设，构建"公园城市—产业功能区—城市组团—公园社区—公园街道"五级空间体系。当前天府新区提出了打造 59 个"城园融合、尺度宜人"的公园社区，全域布局 118 个 5 分钟、10 分钟、15 分钟"三级公共服务圈"的计划，其中，在城市社区建成 6 个公园示范社区，在农村区域结合乡村振兴建成 3 个公园示范社区，力争到 2022 年，新区全域品质显著提升，美丽宜居公园城市特点初步显现，力争到 2035 年基本建成美丽宜居公园城市，开创生态文明引领城市发展新范式，成为高质量发展的先行示范区和可持续发展的创新引领区。

（三）明确生态文明建设在公园社区建设中的首要地位

天府新区将生态文明建设置于公园社区发展治理工作的首位，明确提出推进公园社区发展治理旨在坚持和践行"人与自然和谐共生"科学发展观、"绿水青山就是金山银山"绿色发展观、"良好生态环境是最普惠的民生福祉"基本民生观、"山水林田湖草生命共同体"整体系统观。具体表现如下。

1. 将生态环境作为公园社区的首要标准

天府新区正在致力于建设"六美"社区，其中秀美生态环境是首个标准，它与优美空间形态、完美生活服务、善美人文关怀、和美社会关系、甜美心灵感知共同构成公园社区的标准体系。而建设秀美生态环境的内涵和目的是：涵养表达绿水青山的生态价值，深刻把握绿色发展、绿色生活的内在逻辑，筑牢公园城市生态本底，探索一条城市发展绿色可持续、社区生活低碳可循环融合方式，构建"山水林田湖草"生命共同体。

2. 将生态价值作为公园社区涵养表达的首要价值

天府新区主张通过推动公园社区发展治理来涵养和表达公园城市的"六大价值"，即绿水青山的生态价值、诗意栖居的美学价值、绿色低碳的经济价值、以文化人的人文价值、健康宜人的生活价值、和谐共享的社会价值，并致力于把公园社区打造成为生态怡人绿色发展的社区、形态优美开放时尚的社区、业态融合活力迸发的社区、文态浸润传承创新的社区、心态包容向善向美的社区。

3. 将绿意盎然作为公园社区的首要功能

天府新区对公园社区功能提出了六大要求，即绿意盎然促共赏、开放活力促共栖、功能复合促共联、配套完善促共享、安全韧性促共济、多元协调促共治要求，生态功能赫然位居榜首。

4. 将生态面向作为公园社区的首要维度

天府新区主张公园社区要以生态环境作为健康生活之本、以生态经济推动可持续发展、以生态教育传承生态文明思想，公园社区应是全面提升城市宜居度和市民认可度的社会生活共同体。

5. 将永续发展作为公园社区治理体系的首要特征

天府新区着力建设可进入、可游玩、可休憩、可感知、可共享的公园社区，积极探索构建永续发展、秩序活力、开放共享、共建共治公园社区治理体系的路子。

（四）因类制宜推进公园社区及生态文明建设

天府新区根据城乡社区"分类治理、融合发展"基本原则，将全域范围内的社区进行了细分，而且，根据所有类型的社区"并行摆位、一体研究、一体规划"的原则，制订了创建城镇型、产业型、乡村型、全域国际化四种公园社区的规划、布局和标准，提出了明确的发展目标，包括生态文明建设详尽目标，为推动公园社区生态文明建设提供了工作指南。《四川天府新区成都直管区 2020 年党建引领城乡社区发展治理示范建设工作方案》以及《四川天府新区成都直管区加快全域国际化社区建设助推公园城市发展的实施意见》等文件显示，各类社区的示范建设标准大致如下。

1. 城镇型公园社区

该类社区的空间规模为：1—3 平方公里；人口规模为：1 万—3 万人；重点建设区域为：华阳、万安、新兴城市建成区以及太平、永兴、籍田等场镇。生态绿色维度的任务是塑造生态场景，具体要求为：社区公园、社区绿地（含"小游园·微绿地"）不少于 1 处，人均绿地面积不少于 1 平方米；小区、驻区企事业单位实施生活垃圾分类率不低于 80%；实施拆围透绿、屋顶绿化、阳台绿化，推进社区花园、可食地景建设，倡导建设社区级绿道"回家的路"。

2. 产业型公园社区

该类社区的空间规模为：1—5 平方公里；人口规模为：1 万—5 万人。天府新区拟依托三个片区的建设项目推进产业型公园社区建设，即天府公园、鹿溪河生态湿地、西部博览城、天府国际会议中心、"一带一路"交往中心等建设项目，天府新经济产业园、紫光芯镇、鹿溪智谷、独角兽岛等建设项目，以及天府国际旅游度假区、川港创意产业园、蓉港青年创新创业梦工厂等建设项目。生态方面的要求为：营造良好的绿色空间环境，公园、绿化布局合理，围墙绿化、屋顶绿化、建筑墙体绿化等立体绿化充分；推动产业社区公园建设项目不少于 1 个；建设社区绿道"上班的路"不少于 1 条；"三废"排放达标率符合要求，未发生因生态环境徘徊问题受通报等事件。

3. 乡村型公园社区

该类社区的空间规模分别为：平坝区 3—5 平方公里、山地丘陵10 平方公里；人口规模为：0.5 万—1 万人。建设目标为："生态融合、聚散相宜，诗意栖居、自然优美，以农为本、多业融合，城乡融合、服务均等，大兴文化、乡风文明"。社区空间体系的要求为：

"三景融合"，即"农业成景观、农居成景点、农村成景区"。生态场景的要求是：农村人居环境整治行动深入推进，生活污水处理农户覆盖率、户用卫生厕所普及率、生活垃圾无害化处理农户覆盖率分别达到80%、100%、100%；常态化开展爱国卫生运动，房前屋后干净整洁；基本建成农业面源污染防治模式和运行机制，露天熏制腊肉等污染大气行为管控到位。此外，产业发展方向为都市现代农业，即按照产业兴旺、生态宜居、乡风文明、治理有效、生活富裕的要求把乡村区域打造成"乡愁记忆"的旅居之地；空间场景营造的重点为：实施乡村绿道建设，打造川西林盘项目，建成"美丽蓉城·宜居乡村"示范村，启动社区微更新项目等。

4. 全域国际化社区

该类社区的建设标准为：全地域覆盖、全领域提升、全行业推进、全人群共享。规划区域为：天府总部商务区、成都科学城、天府文创城—龙泉山城市森林公园、"中优"区域—城市建成区以及其他乡村区域。生态绿色方面的要求为：建设点线面一体化全域生态绿植体系，具体包括筑牢"一山两楔三廊、五河六湖多渠"生态格局，规划建设"龙泉山城市森林公园+7大郊野公园+20个城市公园十小游园·微绿地"，积极发展"空中花园+楼体绿植"，同时，提升新区路网密度和建设标准，建设智能交通、绿色低碳出行网络，构建内畅外联的综合交通体系。

此外，天府新区还特别列出了示范城镇居民小区（含老九院落）、示范农民集中居住区的生态环境建设标准。前者的要求是：小区干净整洁，绿化美化好，无违搭违建、垃圾乱堆、车辆乱停、高空抛物、不文明养犬等乱象；以生活垃圾分类、社区志愿服务以及最美阳台、最美小区（院落）、最美物业评选等活动为载体，广泛宣传发动群众，每月开展邻里活动。后者的要求是：深入推进农村人居环境整治攻坚行动，生活污水处理农户覆盖率、户用卫生厕所普及率、生活垃圾无害化处理农户覆盖率分别达到80%、100%、100%；常态化开展爱国卫生运动，屋前房后干净整洁；露天熏制腊肉等污染大气行为管控到位；无违搭违建、车辆乱停，不文明养犬等乱象。

（五）为公园城市和公园社区提供体制机制保障

天府新区坚持党建引领，不断推进新时代公园城市发展治理体系和治理能力建设，切实增强基层党组织的政治领导力、思想引领力、群众组织力、社会号召力，确保公园城市、公园社区及生态文明建设始终保持正确方向。

1. 新区层面的体制机制创新

一是成立"统筹推进新时代公园城市发展治理工作领导小组"。该小组负责新区发展治理顶层设计、统筹协调、督导落实等职责，承担回应人民群众美好生活向往的政治责任，由党工委书记任组长，分管委领导任副组长。领导小组下设办公室，办公室设在社区治理和社事局，承担领导小组日常工作，组建工作专班，统筹各部门"社区发展治理、治安综合治理、公共危机应对、矛盾纠纷化解、市民服务供给、共建共治共享"等社会发展治理职能职责。构建新区党工委和街道两级联动推进城乡基层治理的工作格局，明确各级党组织书记为第一责任人职责，落实街道党工委副书记专管职责，把新时代公园城市发展治理体系和治理能力建设工作纳入各部门（街道）年度目标绩效综合考核，纳入党政领导班子和领导干部政绩考核，纳入街道（部门）党工委（党组）书记抓基层党建工作述职评议考核。

二是完善大部制运行模式。按照新一轮机构改革要求，立足高质量发展所需，研究形成《党工委管委会机构设置和职责配置调整优化方案》，召开新区机构设置优化调整工作会议并印发实施方案，周密部署，有序推进，将16个工作机构调整为18个，加强乡村振兴、应急管理等领域职责，重组生态环境、城市管理、市场监管等领域职责，同时成立天府新区人民法院，确保主责主业更加聚焦、工作重心更加突出、管理服务更加专业。创新功能区管理体制。贯彻落实主体功能区战略，按照"委局合一、委街融合、政企联动"思路，研究制定《"一心三城"功能区管委会组建工作指导意见》，精干高效构建主体功能区管委会组织架构和运行机制，实行管委会与产业局合署办公、功能区与街道有机融合、行政推动与市场运作双轮驱动，坚持"一线工作法"。下放项目审批、规划建设等管理权限，实行企业化人事管理制度，进一步推动各类要素资源向公园城市建设主战场集中。深化街道职能转变。按照全市安排，深入街道摸底调查，学习借鉴成都市试点单位经验做法，组织相关部门赴北京专题学习"街道吹哨、部门报到"先进成果，研究制定《关于转变街道职能促进基层发展治理的实施方案》，明确街道职能定位，剥离招商引资相关职能，推动履职重心向"六大职责"转变，重构组织架构，严格事权准入，促进街道权责一致，构建简约高效的基层管理体制，加快推进城市社区治理体系和治理能力现代化。

三是加强治理制度体系创新。三年来，天府新区先后制定"2＋5＋N"配套文件："2"即《四川天府新区关于统筹推进新时代公园城市发展治理体系和治理能力建设的实施意见》《成都天府新区推进城乡社区发展治理建设高品质和谐宜居社区的实施方案》，"5"即明确城镇社区、产业社区、乡村社区、国际化社区以及城市小区分类治理，"N"即相关子文件，成功构建"2＋5＋N"城乡融合发展治理制度体系，使之成为推动公园社区发展治理的工作指南。

2. 社区层面的体制机制创新

具体到社区层面，天府新区坚持以基层党组织建设为关键、政府治理为主导、居民需求为导向、改革创新为动力，不断健全体系、整合资源、增强能力和完善城乡社区治理体制，切实推动公园社区发展治理，致力于为公园社区生态文明建设提供坚实的体制机制保障。其间，涌现了一批值得关注的社区治理体制机制样本。

（1）乡村型公园社区：南新村的"五化"工作法

永兴街道南新村是个典型的乡村。2011年8月22日，时任国家副主席习近平到南新村视察，并感言南新村是他理想中的新农村。

该村党委始终以习近平同志视察时提出的要求为指引,坚持党建引领社区发展治理的工作理念,创建了一套"五化"工作法,即支部项目化、服务精准化、治理精细化、产业特色化和保障智慧化。

"支部项目化"更确切的说法是"支部项目化、项目支部化"机制,具体做法是:在村党委的领导下,根据"支部项目化"的理念设立4个支部,即党员先锋党支部、民事民办党支部、产业发展党支部和智慧服务党支部,同时,设立4个工作部,即文化传承工作部、现代农业工作部、生态建设工作部和亲民定制工作部,进而,根据"支部项目化"的理念,建立支部项目清单,加强与项目业主的沟通合作,完善项目化管理制度。这套"4+4+N"的组织构架,是党建引领社区发展治理、集中攻坚和示范建设的有效探索,是乡村型公园社区治理体制机制创新的有益样本,切实推动了南新村党建工作和业务工作的双线高效运行。

(2)城镇型公园社区:城南坡的"1+3+5"社区治理工作法

城南坡社区属于纯农民安置小区,不同时段跨8个村(社区)安置人员近1万人。近年来,该社区在解决"转变难、规范难、管理难"三大尖锐问题的过程中,逐渐形成了"一核引领、三类提升、五大服务社区治理工作法",简称"1+3+5社区治理工作法"。

"一核引领"指的是强化党建引领作用,筑牢组织阵地、重视学习教育、实现思想融合。具体做法是:推行党组织"三建"模式,将党组织建在院落、建在单元、建在家门口;开展党员践诺承诺示范行动,每名党员都参与包区域、包楼栋、包单元工作并进行认岗定责。

"三类提升"包括:其一,景观环境优化提升。实施老旧院落"微景观"打造,推出"颜值高""观赏性强""有故事"等标准,切实解决景观环境差乱问题。其二,生活环境治理优化提升。积极探索实施垃圾分类管理新模式,通过开展智能化垃圾分类、垃圾定点、定时投放、垃圾积分兑换服务、实物等方法,有效解决居民生活垃圾乱丢、乱扔、环境卫生脏乱等问题。其三,智能化安防优化提升。小区监控设施进行高清探头提档升级。

"五大服务"包括睦邻教育服务、睦邻文化服务、睦邻康养服务、睦邻创业服务以及睦邻关爱服务，旨在提升小区居民的优越感，增强居民的获得感、幸福感和安全感。

（3）产业型公园社区：天府国际基金小镇的"134"治理模式

天府国际基金小镇于2015年底挂牌成立，位于麓山社区腹地，规划面积1000余亩，起步区202亩。目前，入驻国内外知名金融机构222家，管理资金规模超过2000亿元，是国内首家正式投入运营的自贸区基金小镇。经过五年的努力，该社区成功构建"一核多元"治理格局，即以党组织为核心，基金企业、物业公司、商圈商家、社区居民等多主体共同治理的基本格局，党组织及党员教育管理实现全覆盖，各类群团、公益组织和兴趣组织逐步拓展。"134"治理模式的具体情况如下。

"1"指的是坚持"一核引领"，通过健全组织体系、开展党建联建，充分发挥示范引领作用，推动整个商圈治理。小镇党总支先后组建2个联合支部、8个单建支部，组建工会、志愿者服务队、投资人俱乐部、慈善基金等群团、社会组织。新区社治办和街道通过协调职能部门结对联系、建立联席会议、跟踪问效机制，扎实开展"结对共建"。

"3"指的是围绕三圈融合，突出基金共治、商圈治理、社区自治重点，促进各类主体交流沟通，营造金融生态圈。侧重通过搭建监督管理体系及互动参与平台，突出行业重点，致力强化基金共治。通过建立制定商业园区管理办法、开展公益活动，突出区域共建，加强行业自律，积极参与商圈治理。通过建设国际化社区、推动社区治理，着力打造高尔夫品牌社区特色文化，支持社区创建法律之家等，突出社区营造，主动融入居民自治。

"4"指的是通过四维拓展，全力打造社区共同体。立足向上拓展，打通政务服务，建立健全政务服务分中心、社区警务室等政务服务机构；立足向下拓展，凝聚多元思想，定期组织"麓山夜话"

等活动；立足向内拓展，积极与中国私募基金等行业组织展开深度合作；立足向外拓展，牵手世界开放合作，积极承办天府国际金融论坛、首届 APFC 智慧产业创新发展论坛等高端论坛和沙龙。

（4）泛社区治理机制

天府新区在麓湖公园社区、兴隆湖等社区，打破华阳、正兴、兴隆等街道行政建制，涵盖多个村（社区），组成"泛社区"跨行政建制村（社区）治理。推动公园社区"泛社区"建设，不但有利于社区共同体的营造、有利于构建完善的党建引领社区治理体系，还有利于构建高效便捷的社区服务体系。

加盟"泛社区"的社区主要特点：一是社区面积"大"。社区规划面积已经远远超过了一般行政社区所辖面积。规划区域内有住宅小区、公园、商业等多种形态，是典型的景区、园区、住区"三区"融合的社区组织新形态。二是服务人口"广"。社区规划入住人口多，涵盖商业、企业从业人员及服务人员、游客等。三是居民需求"异"。社区是一个典型的新社会阶层人士聚集地，新社会阶层人群占比大。居民对文化消费、社会参与、公益慈善、职业追求等有不同需求，不同年龄阶段、不同职业身份决定了社区居民对社区服务的差异化。

具体做法：一是破解行政建制樊篱。该区域涉及覆盖华阳、正兴、兴隆 3 个街道 4 个建制村（社区），每个街道及其村（社区）服务水平不同，资源不易整合，建设标准难以统一。二是破解公共服务交叉。区域内许多产业项目跨越正兴、华阳、兴隆 3 个街道，导致属地责任单位服务交叉重叠、企业频繁受到多重管理。三是破解治理真空盲区。随着区域内居民入住，外来企业等大量入驻，村（社区）沿用传统的治理模式，往往难以提供精准服务，无法满足新型主体的需求，导致治理出现真空盲区。

（六）"五大行动"夯实公园城市和公园社区建设

天府新区大力实施老旧城区改造、背街小巷整治、社区服务能力提升、平安社区创建和特色街区打造"五大行动"，切实推动让城市有变化、社区有温度、市民有感受，努力提高市民对建设高品质和谐宜居生活社区的获得感、幸福感和满意度，而社区生态文明建设也因此取得丰硕成果。

1. 老旧城区改造行动

一是推动老旧院落改造。2018 年以来，天府新区遵循"总体规划、综合治理、分类改造、一院一策"的原则，坚持"先自治后整治"和"三视三问"群众工作法，按照"政府主导、部门协同、社会参与、综合治理"的改造思路，紧扣成都市老旧院落改造指导标准，着力完善地下管网更新维护、居民水电气供给、绿色环境品质再造等功能改造元素。二是推动棚改旧改。以中优、城市更新为抓手，坚持少拆多改，突出识别性，编制《天府新区成都直管区"中优"五年行动计划》，实现 1 年有明显变化、3 年有大变化、5 年城市功能和城市形态上台阶。2018 年以来，天府新区坚持规划优先，综合改造；坚持优化运行机制，落实项目保障，做到信息"五公开"，鼓励搬迁户广泛参与，成立"城市市民观察团"，搬迁过程接受市民监督，全力推进棚改旧改。

2. 背街小巷整治行动

一是开展环境整治。坚决整治脏乱差现象，破解市容、环境、消防三大"顽疾"。二是促进功能提升。畅通街区街巷"微循环"，以网格化、小尺度道路划分城市空间，增加市政街巷通道，通过城市慢行系统有机串联社区、公园、绿地、交通场站和公共服务设施，提升街巷路网功能，畅通织密城市"毛细血管"。三是推进"两拆一增"。2018 年以来，聚焦重点难点、强化问题导向、科学系统谋划，对影响城市形象和群众生活的重点区域、难点问题优先发力、整治到位，稳步推进"两拆一增"。四是实施"小游园·微绿地"。按照成都市"花重锦官城"专项工作要求，编制实施《天府新区增花添彩详细规划》，结合天府绿道建设，以绣花的功夫推动街区形态、文态、业态不断提升，实施垂直绿化、沿河绿化、街头绿地行动，开展"屋顶建绿、围墙添绿、道路增绿、节点造绿、阳台布绿"以及"增花添彩"等工程。

3. 社区服务能力提升行动

一是建设"15 分钟公共服务圈"，切实优化布局，新型基础设施投资力度加大，人民群众共享发展成果、更多获得感持续增强。二是推动社区综合体建设。建成将军碑、二江寺、香山、万科翡翠公园等 8 处社区综合体，使社区包含农贸市场、社区服务中心、公厕、社区文化活动中心、综合健身中心、环卫工人休息室等基本服务功能。三是提升社区美学空间。天府新区全面深化场景营城理念，推动美学引领公园社区建设，提升社区空间场域价值和居民幸福美好的生活品质，进一步促进美学应用与社区发展治理的有机融合。通过结合街道 U 型面、滨水空间、生态绿道等建设，打造自然亲切、全龄友好的公共空间。四是实施幸福民生工程。建成一批市级重大公服项目（包括中国西部国际博览城、天府国际会议中心、中国现代五项赛事中心等），成立天府新区国际化社区联合会，实施敬老院扩容提质工程，创建卫生院托管敬老院"4143"模式，搭建智慧养老服务信息平台以及网络理政平台。五是优化物业服务管理。推动"社区＋小区＋业主＋物业＋其他组织"多方联动联治管理，探索居委会设立"社区—业主—物业"联治管理委员会，指导成立物业服务行业协会、电梯维保行业协会等组织，健全完善农民集中居住区有效自治、规范管理的模式和机制。

4. 平安社区创建行动

一方面，不断健全以街道党工委、办事处为核心，村（社区）为支撑，调解室和警务室为依托，治安巡逻队为基础的村（社区）级平安建设工作体系。另一方面，认真推进两项工作：一是实施"雪亮工程"。加快信息化建设，建成纵向贯通、横向集成、优势互补、资源共享的政法信息网络、语音、视频系统。二是优化综治中心。完成 9 个街道社会治安综合治理中心规范化建设，实现"综治中心""大调解协调中心""网格化服务管理中心""大联动·微治理中心"等多中心并轨运行，119 个村（社区）同步建立村级综治中心。完成 13 个规范化司法所及社区公共法律服务工作站建设及 13 个一类村（社区）法律之家建设，整合优化"两所一庭"23 个，其中司法所 9 个、派出所 10 个、法庭 4 个。

5. 特色街区打造行动

按照"一街一特色"原则，在重点区域和节点，重点打造特色街区，实现特色化、专业化、差异化发展，优化城市生态，增强城市整体功能。主要做法：一是打造特色街区。坚持"创新、协调、绿色、开放、共享"五大发展理念，结合生产、生活与生态功能空间和谐共生的社区场景营造，以社区的舒适度、安全度、可识别度、人文温度"四度"为标准，完成二江坊、麓坊、天顺街、戛纳湾、滨江和城、麓山小镇、万科云城等特色街区、特色精品街区和特色商业街区打造。二是建设特色小镇，积极创建基金小镇。三是修复林盘聚落。按照林盘保护修复"可游、可观、可居、可业"的理念，对林盘景观以传统林盘综合整治和依托林盘建设美丽新村两种方式进行保护利用，打造了周家大院、刘家林盘、茗猎户敖家林盘等 7 个具有天府人文特色的精品川西林盘。

三　公园城市制度样本分析

2018 年以来，天府新区牢记习近平总书记嘱托，主动置身全国发展大局和国家重大发展战略，积极探索推进公园城市、公园社区以及生态文明建设的有效路径。有必要对新区既往实践和初步成效进行客观评估，这不但有利于新区未来工作的开展，而且有利于激发其他地方政府因地制宜地创新公园城市建设模式。

（一）效果评估

过去几年尤其是 2020 年以来，天府新区在公园城市、公园社区以及生态文明建设方面取得不少成绩，为如期达致 2025 年目标奠定了坚实的基础。

1. 生态文明建设成果显著

新区坚持生态优先、绿色发展，践行"山水林田湖城生命共同体"营城理念，尊重自然肌理，借势自然山水，坚守 70.1% 的生态空间占比，统筹生产、生活、生态空间和山水林田湖多元要素，初步形成了林湖串联、蓝绿交织的大美形态，新区逐渐成为四川以及中西部地区的"亮丽名片"。截至目前，新区投资 400 亿元实施 17 个重大生态项目，建成生态绿道 420 公里，营造了 5.1 万亩的连片绿地湿地、河湖水体和城市森林。

"两拆一增"项目实施情况显示，新区大力推进龙泉山森林公园、十里香樟、北部组团生态隔离等"森林化"工程建设，建成兴隆湖、天府公园、锦江生态带、鹿溪河生态区等大型城市公园。截至目前，人均公园绿地面积达 11.65 平方米，已建成绿道超过 250 公里，龙泉山城市森林公园实施增绿增景 10 万亩，森林覆盖率达到 25.50%，较 2015 年（23.79%）提升 1.71 个百分点，森林蓄积量达 55.49 万立方米。2019 年全年，新区空气质量优良天数达到 260 天，超过成都市"十三五"时期每年 256 天的目标。

"小游园·微绿地"项目实施情况显示，新区累计实施"增花添彩"氛围营造面积 19 万余平方米、新建绿地面积 6.04 平方公里、立体绿化 8 万余平方米，年均复合增长率 5.60%；新增"小游园·微绿地"26 个，创建公园城市特色示范街区 8 个，省级园林式居住小区 1 个、省级园林式单位 1 个、市级园林式居住小区 23 个。

2. 居民感知度、认同度、满意度较高

新区发布的"公园社区美好生活调查问卷"数据显示，98.29% 的城市社区居民反映在 3 公里范围内有公园、湖泊、湿地等生态游憩场景。其中，17.32% 的城市居民反映"0.5 公里范围内"有生态游憩场景，35.45% 的城市居民反映"0.5—1 公里范围内"有生态游憩场景，40.12% 的城市居民反映"1—1.5 公里范围内"有生态游憩场景，5.40%的城市居民反映"1.5—3公里范围内"有生态游憩场景，仅1.71%的城市居民反映"附近没有"生态游憩场景。

"公园社区美好生活调查问卷"数据还显示，在"城市有变化、社区有温度、居民有感受"感知度检测中，感知"城市变化大"的居民占55.23%，感知"城市变化较大"的占34.88%，感知"城市变化不大"仅占8.72%。而且，87.20%的居民对当前新区的自然环境感到满意，85.90%的居民对当前的居住环境感到满意。

中国社会科学院政治学研究所获得的数据显示，认为实施公园城市战略以来城市的生态建设规划更前卫、景观设计更专业的居民均达到了60%，认为绿化面积更大的为67%，认为居民参与污染防治积极性更高的有70%，认为生态环境保护得更好、居民的生活方式更文明的分别高达74%、77%（详见图1）。

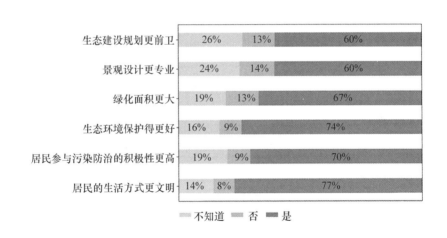

图1　天府新区实施公园城市战略以来生态文明变化

3.经济发展持续向好

新区逐渐成为四川省的经济发展引擎、新的增长极。2020年，全球经济因受新冠肺炎疫情严重冲击而经历了大滑坡、大倒退，我国经济也面临严峻的内部和外部挑战。在此背景下，新区经济仍保持向好发展趋势，2020 年实现国内生产总值（GDP）3561 亿元，其增速为 6.7%，但对全省 GDP 总量的贡献率为 7.4%（用地仅占全省总面积的 3.3%）。截至 2020 年，新区累计完成地区生产总值 1.73 万亿元，年均增长 8.5%，经济总量在 19 个国家级新区中位列第 5 位，完成固定资产投资 1.29 万亿元，年均增长 14.5%。这些成效为新区全面进入高质量发展新阶段奠定了坚实基础。

（二）样本价值

经过三年的努力，天府新区的公园城市建设实现了由"首提地到先行区"的跨越。新区样本对于我国其他地区实施公园城市战略、推进公园社区以及生态文明建设提供了有益范式，但其独特优势也在一定程度上限定了其推广范围。

1. 可借鉴性分析

一是为推动公园城市战略落地和促进生态文明建设找到了切实平台。新区在不断深化对公园城市理解的基础上，创造性地提出公园社区概念，认为公园社区是公园城市的组成细胞，并将域内社区划分为城镇型公园社区、乡村型公园社区、产业型公园社区、全域国际化公园社区，因类施策，使得社区成为体现城市绿色可持续发展的基本载体以及推动公园城市战略切实落地的重要抓手。

二是为推进公园城市和生态文明建设提供了一套有效的体制机制。新区根据公园城市建设需要，始终坚持党建引领，不断推进新时代公园城市发展治理体系和治理能力建设，为推进公园城市建设摸索出一套值得参鉴的体制机制。新区不但成立了"统筹推进新时代公园城市发展治理工作领导小组"专门负责新区发展治理顶层设计、统筹协调、督导落实等工作，根据大部制运行原则将 16 个工作机构调整为 18 个，而且不断完善城乡社区治理体制，涌现了安公社区、麓湖公园社区、兴隆湖社区、慕和南道小区、红豆家园小区等一批在全国、全省、全市具有示范意义的社区、小区，构建起党建引领公园社区发展治理共建共治共享新格局。

三是逐渐成为公园城市理论策源地和标准输出地。在过去三年里，新区的公园城市建设不断创新突破，并致力于成为公园城市理论策源地和标准输出地。一方面，新区公园城市建设模式正在成为全省乃至全国城市建设的推广范式，模式"走出成都、带动川渝、辐射全国"的目标正在实现。另一方面，公园城市的全球传播力、影响力正在大幅提升。2020年10月24日，第二届公园城市论坛在新区举行，全球首个《公园城市指数框架体系》以及《鹿溪智谷公园社区规划建设——公园城市首提地·天府新区实践探索》等成果发布。截至2020年，新区已成功举办两届"公园城市全球论坛"，接待国内政商和群众2.5万余批次、30.8万人次。公园城市正在成为联合国人居署城市环境和人居环境的重要参考维度。

2. 可复制性分析

天府新区推进公园城市、公园社区及生态文明建设之所以能取得显著的阶段性成效，与其拥有四个独特优势密切相关。故而，新区模式的可复制性在很大程度上取决于借鉴方在这些方面的既有基础和条件创造情况。

一是"禀赋优势"。天府新区在地理位置上处于成都市。成都市地处四川盆地西部边缘，地势由西北向东南倾斜，由于存在巨大的垂直高差，市域内形成了1/3平原、1/3丘陵、1/3高山的独特地貌类型，同时，地处亚热带季风气候区，热量充足，雨量丰富，四季分明，雨热同期，加之土壤类型多样，养分充分，土层深厚，质地适中，适宜各种农作物及林草生长，因此，市域内自然生态环境良好，森林树种丰富，植被良好，景色优美，生物资源种类繁多、门类齐全，分布又相对集中，为发展农业和旅游业带来极为有利的条件。

二是"命题优势"。公园城市是习近平总书记赋予成都和天府新区的时代命题。天府新区始终牢记习近平总书记的嘱托，迅速做出了加快打造新时代公园城市典范的统一部署，齐心协力推进公园城市建设。新区提出"要坚持大保护，绘好山水林田画"，要求全区上下要有遵守"大保护"原则的规矩意识,新区既有自然环境问题要按照目标标准逐渐恢复;提出"要坚持以人民为中心,绘好城市民生画",要求全区上下要落实以人民为中心的执政理念,把公园城市的表达聚焦"衣食住行、生老病死、安居乐业"这12个字上,聚焦在人民群众的获得感、幸福感和安全感上;提出"要坚持绿水青山就是金山银山,绘好高质量发展工笔画",要求新区社会事业、经济社会的发展都要聚焦公园城市目标,坚持绿色低碳原则,不断创新,提升产业能级,实现可持续高质量发展。

三是政策优势。天府新区于2014年10月被批准设立,涵盖成都市的高新区南区、龙泉驿区、双流县、新津县,眉山市的彭山县、仁寿县,以及资阳市的简阳市,共3市、7县(市、区)、37个乡(镇),规划面积1578平方公里,其中成都直管区面积564平方公里,是国家实施新一轮西部大开发战略的重要支撑。四川省委、省政府早已将新区定位为"百年大计,省之大事"。习近平总书记关于公园城市的指示,不但为新区明确了战略定位、标定了城市特质、规划了奋斗目标、指引了发展方向,而且赋予新区更重的战略分量,"命题优势"很快转化为政策优势。故而,新区既享有"新一轮西部大开发战略"的相关政策倾斜,也享有"建设践行新发展理念的公园城市示范区"的相关政策倾斜,就公园城市建设而言,其在人权、事权、财权等方面的政策优势是其他地方政府难以比肩的。

四是"民主优势"。天府新区于2014年获批成为国家级新区,在此之前隶属成都市。成都市长期以来致力于基层民主建设,2003—2007年,该市致力于探索乡镇党委书记公推直选工作。2008—2015年,由于国家发展和改革委员会于2007年批准成都市(和重庆市)设立的国家级统筹城乡综合配套改革试验区,该市致力于探索村民议事会制度,为推进统筹城乡提供体制机制保障和民意基础。2014—2016年,该市致力于推进"三社联动"工作,即在政府主导下,在社区治理中,以社区为平台、社会组织为载体、社会工作专业人才为支撑,并实现"三社"相互支持、协调互动的过程和机制，进而不断完善政府购买社会服务的体制机制。2017 年以来，成都市着手探索党建引领体制机制改革。这些探索为现阶段推进治理体制和治理能力现代化、保障公园城市战略实施积累了丰富经验，打下了坚实基础。这正是现阶段近半数社区能够制度化定期组织居民开展生态环境保护、治理活动的重要原因（详见图 2）。

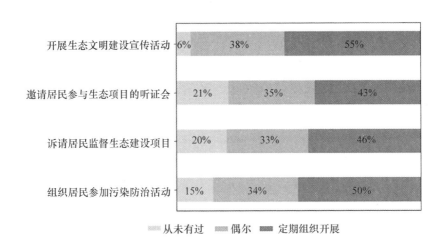

图 2　天府新区开展生态环境相关活动情况

（三）若干思考

诚然，天府新区的公园社区生态文明建设还存在一些亟待解决的问题。从目前课题组了解到的情况看，不同单位、部门和社区在推进公园城市、公园社区的速度和质量上还存在不平衡的情况；各类公园社区的示范带动作用有待提高；在官方文本上，生态文明建设在公园城市战略占据首要地位、享有"首发优势"，但实际上生态文明建设并未成为名副其实的"1 号工程"；有关单位和部门并未就生态治理与经济、社会、文化治理的异同以及绿色价值如何转化为经济、社会、文化等价值进行专题性和系统性研究。

不过，这些问题并不独属天府新区。无论是以公园城市为载体推进生态文明建设，还是以"绿色发展"为发力点推进五大发展理念践行落地，以生态文明建设为重要突破口协同推进"五位一体"总体布局，进而把城市建成高品质的人类聚集区和生命共同体，都是我们在新时代新阶段面临的新挑战，需要实践和理论的双向接续探索。

（作者：中国社会科学院政治学研究所副研究员王红艳）

都市圈城乡融合发展的理论与实践

——天府新区公园城市建设的创新探索

"十四五"规划纲要中提出逐步形成城市化地区、农产品主产区、生态功能区三大空间格局。中国幅员辽阔，地形地貌复杂，把国土空间从宏观上划分为相对简约的几种类型，有利于进行战略布局和政策瞄准。根据三大空间格局的划分，亦可以把中国乡村划分为三种类型：（1）城市化地区乡村；（2）典型农区乡村；（3）生态功能区乡村。这一划分，能够对我国不同特点的村庄有一个全局性的反映，同时又能触及乡村在空间上的本质规定性。"十四五"期间，全面推进乡村振兴，促进城乡融合发展，首先要深刻认识三大空间格局下不同类型村庄的特征与走向。

城市化地区的乡村实际又可以细分为三类：（1）城市群内部的乡村，比如苏南—浙北、汕头—汕尾等连片城市化地带内的乡村；（2）都市圈辐射范围内的乡村，比如成都、武汉、杭州等大城市辐射范围内的乡村；（3）大中城市内部及周边的城中村、城郊村，以及具备独立发育为小城市条件的经济发达村。

都市圈是城乡融合发展的前沿界面，是协同推进新型城镇化和乡村振兴的重要载体。乡村振兴战略实施以来，中央多次强调要构建城乡融合发展的体制机制和政策体系。2018 年 2 月，习近平总书记视察天府新区，提出"特别是要突出公园城市特点，把生态价值考虑进去"。2020 年 1 月，中央财经委员会第六次会议明确要求，支持成都建设践行新发展理念的公园城市示范区。从学理上讲，成都公园城市是把生态理念融入都市圈发展建设当中，公园城市是在生态文明理念指引下都市圈中心城市与乡村腹地融合发展的一个有机形态。

为阐述都市圈乡村振兴所涉的理论与实践问题，我们以四川天府新区为表述对象，详细分析该地推进乡村振兴与城乡融合发展的经验做法，再对其推广复制意义做出更具一般性的讨论。

一　都市圈乡村振兴的若干基础性认识

（一）都市圈的一般概念

都市圈也称都会区（Metropolitan Area），国际上知名的大城市大多不是一座独立的"实体城市"，而是一座中心城市及周边卫星城市的联合体，比如大伦敦（Greater London）、东京 23 区等都是典型的都市圈区域。都市圈是由中心城市、卫星城市和都市近郊区连成一片而形成的，是市民生活中真正感受到的城市范围，美国统计局则有都会统计区（Metropolitan Statistic Area）的数据供给。[①] 我国的超大、特大城市，以及相当一部分大城市，都已经具有了典型的都市圈特征。

都市圈的中心城市是在都市圈之内发挥最高等级中心作用的城市，作为其学理支撑的是经济地理学中的中心地理论。中心地是在一个区域中发挥中心功能的聚落空间。大至一座都市，小至一个村庄，一个居民点无论大小，要成为中心地通常需要具备两个因素：一是人口规模和密度；二是中心性。要成为中心地，仅仅有人口规模是不够的。同样的人口规模，是集聚分布还是均匀分布，会影响

---

① 参见 https://www.zhihu.com/question/50962870/answer/1538542794。

中心商品消费总量。中心地的发展与繁荣依靠中心商品的消费，中心商品的消费则依赖人口在中心地内部的集聚。因此，中心地必须同时具备一定的人口规模和密度。中心性则是指一个地方相对于周边区域的综合经济作用剩余，经济地理学中通常称为重要性剩余。简言之，中心性意味着该地对于隶属于它的一个区域的相对重要性。①

都市近郊区是指与都市主城通勤在 1 小时左右的交通圈范围内区域，这一区域往往因为便捷的交通、良好的环境、较低的成本，成为与都市区发展要素联系最为紧密的圈层，也承载了都市区生产生活功能的外溢和辐射。②

（二）都市圈发展的经验与问题

中小城市发展为都会区，通常要经历人口向城市集聚、郊区城市化、逆城市化这三个阶段。城市的发展演化过程，并不会自然而然地导向一座现代化都市。城市发展的不同阶段，需要不断采取人为干预措施，破解各种问题：早期的无序扩张问题、中期的环境污染问题、后期的城市更新问题，再往后则要应对逆城市化、再城市化等问题。

都市圈内部结构的优化，关键是处理好中心城区与郊区的关系。都市圈要发展好，必须要有一个形态稳定、功能完备的郊区作为支撑。城市郊区承担着中心区难以完成的功能，本质上是城市经济和市民生活的一部分，能够为高密度的城市发展提供支持。据研究，郊区至少有以下五种功能：（1）作为城市生态环境屏障；（2）为市民提供休闲旅游场所；（3）提供仓储物流等工业设施场所；（4）满足高品质、低密度居住的需要；（5）改善食物安全里程，提供丰富

---

① 陈明：《乡村振兴中的城乡空间重组与治理重构》，《南京农业大学学报》（社会科学版）2021 年第 4 期。

② 张如林等：《都市近郊区乡村振兴规划探索——全域土地综合整治背景下桐庐乡村振兴规划实践》，《城市规划》2020 年第 44 卷（增刊 1）。

的生鲜食品。① 从世界经验看，发育良好的都市郊区大多是基于资源禀赋和经济规律自然演化的结果。在一个市场化条件下，各类要素在相对价格的牵引下会在城乡之间得到合理配置，这个配置在空间上的结果就会形成一个处于动态稳定中的郊区形态。

我们当前面临的问题是，在城镇化的浪潮下，人口集聚了、城市扩张了，但是真正的都市郊区形态却没有发育起来，相应的郊区功能也付之阙如。这些问题的出现与城市政府对郊区的过度控制和干预有关。长期以来，中国的城市发展呈现出一种畸形的"按级别发展"形态，这种等级化逻辑也渗透进城市内部。郊区——这一既非典型乡村又非标准城市的特定地理空间，在城市发展中扮演了尴尬的角色。多年累积下来的结果是，很多地方的所谓郊区变得"城不像城、村不像村"，郊区功能空缺，实际上成为城市的"待开发区"。

都市圈内部乡村还存在的一个普遍问题是：魅力地区资源未做整合，产业与空间未能匹配，且大多数村庄缺乏人文底蕴，自然景观同质，受资源利用条件限制而难以转化为村庄特色产业和契合市场需求的产品，乡村沉睡资产难以转化为村集体致富的资本。转化通道的缺失使资源无法有效激活、要素无法有效流通。②

（三）成都都市圈基本情况

成都都市圈是《成渝城市群发展规划》中国家规划的成渝城市群中的一个都市圈，同时又是《四川省主体功能区规划》中的城镇化战略格局规划的"一核"，是四川全省经济核心区和带动西部经济社会发展的重要增长极。2020 年，成都全市 GDP 1.77 万亿元，居

---

① 食物里程（food miles）指的是消费者消费与食物原产地之间的距离。食物里程高，表示食物经过漫长的运送过程，而且对于果蔬和肉类来说，食物里程越高则表示该食品越不新鲜。参见吴文媛《专业农区如何发展？来自规划学科的思考》，https：//m. thepaper. cn/newsDetail_ forward_ 1373891？ from = singlemessage&isappinstalled =0。

② 张如林等：《都市近郊区乡村振兴规划探索——全域土地综合整治背景下桐庐乡村振兴规划实践》，《城市规划》2020 年第 44 卷（增刊1）。

全国城市 GDP 第 7 位，同比增长 4%。2020 年，全市户籍人口 1519.7 万人，实际服务人口 2233.6 万，户籍人口城镇化率为 66.83%。国家规划成都以建设国家中心城市为目标，增强成都西部地区重要的经济中心、科技中心、文创中心、对外交往中心和综合交通枢纽功能，加快天府新区和国家自主创新示范区建设，完善对外开放平台，提升参与国际合作竞争层次。

四川天府新区是国务院 2014 年 10 月批复的第 11 个国家级新区，规划面积 1578 平方公里，涉及成都、眉山两市，在全国 19 个国家级新区中规划面积居第 6 位；2020 年，四川天府新区实现地区生产总值 3561 亿元，增长 6.7%，居国家级新区第 5 位。天府新区有城有乡、有山有水，正好处于成都都市圈内部城乡融合发展的前沿界面，是研究城乡融合、乡村振兴的一个绝佳范例。

二　公园城市：天府新区城乡融合发展的破题

四川天府新区以公园城市建设为引领，深悟城市内涵，变革城市形态，创新公园城市发展新模式，破题城乡融合发展。

（一）天府新区公园城市建设与城乡空间重组

1. 城乡空间布局调整

在公园城市建设的总体思路上，天府新区构建公园城市组团、公园片区、公园社区、公园街区"四级空间体系"，其中"一个城市组团就是一个产业功能区"（如成都科学城，30—50 平方公里尺度）；城市组团划分为若干个公园片区，是规划建设管理统筹推进的单元（如鹿溪智谷片区，10 平方公里尺度）；公园片区划分为若干个公园社区，是社区治理与建设的基本单元，一般为 1—3 平方公里，人口 3 万—5 万人，匹配"15 分钟公共服务圈"；公园街区是社区中的项目建设尺度，实现街道一体化设计与开放共享，实现出门即公园。

在空间布局落地落细方面：一是将公园形态与城市空间有机融合，着力构建园区、居区、景区"三区融合"，生产、生活、生态"三生合一"的新型社区形态。重点在"一心三城七镇"功能区打破镇村建制，实行"一社多居"。二是根据社区公共服务设施覆盖范围和社区居民获取服务理想出行时间覆盖半径，结合15分钟基本公共服务圈规划，积极稳妥减少城乡社区"飞地"现象，重点在城市建成区，合理确定城乡社区人口和面积规模，优化调整和厘清现有社区（村）边界、范围。三是把握新区城乡嵌套交融的空间特征，将乡村地区全域纳入功能区管理，发挥国家农业科技中心辐射带动作用，优化"一心一带两环"乡村振兴空间格局，通过打造"企业家小镇""会展小村"等示范项目，推动城市高端功能向乡村延伸，做优公园城市乡村表达。为了保障上述政策实施，《天府新区2020年党建引领城乡社区发展治理示范建设工作方案》中还分类制定示范城镇社区、示范乡村社区、示范产业社区和示范城镇居民小区（含老旧院落）、示范农民集中居住区共5类建设标准。

在优化经济发展组织方式方面，天府新区实施"多点开发、全域协同"建设模式，以天府总部商务区、成都科学城、天府文创城三大功能区为主战场，加快重塑产业经济地理。根据2020年3月18日出台的《天府新区统称推进新时代公园城市发展治理体系和治理能力现代化建设实施意见》，坚持"一个产业功能区就是一个新型生活社区"，立足产城融合、职住平衡，编制完善居住、交通、教育、医疗、商业等配套规划，加快建设集研发设计、创新转化、场景营造、社区服务于一体的生产生活服务高品质产业空间。

2. 城乡社区类型重划

成都市根据城乡形态、主导功能将城乡社区划分为城镇社区、产业社区和乡村社区三大类型。城镇社区指位于城镇开发边界内、以居住功能为主导的社区；产业社区指位于产业功能区内，以产业功能为主导的社区；乡村社区指位于城镇开发边界以外，农业生产农村生活融合的社区。在这一划分基础上，基于适宜的人口规模和人口密度，明确了社区适宜的空间规模。[①] 社区的类型重划、规模确定等工作为优化空间布局奠定了重要基础。

（1）城镇社区。城镇社区中城市社区适宜的人口规模为3000—5000户、常住人口10000—15000人，场镇社区适宜的人口规模为1000—2000户、常住人口4000—7000人。城镇社区中二环内城市社区适宜空间规模为0.3—0.5平方公里，二环至三环城市社区适宜空间规模为0.5—1平方公里、三环外城市社区适宜空间规模为1—2平方公里，场镇社区适应空间规模为3—5平方公里。

（2）产业社区。考虑以就业人口为主，其中园区型社区适宜的就业人口10000—50000人，楼宇型社区适宜的就业人口5000—30000人。产业社区中园区型社区适宜空间规模4—10平方公里，楼宇型社区适宜空间规模为0.3—1.5平方公里。

（3）乡村社区。乡村社区适宜的人口规模为500—1500户、常住人口1500—5000人。乡村社区中平原区域社区适宜空间规模为3平方公里左右，丘陵区域社区适宜空间规模为5平方公里左右，山区区域社区适宜空间规模为10平方公里左右。

3. 基层建制单位整合

现代化过程中，基层建制单位的减少是一个普遍趋势。1990—2018年，我国自然村数量从380万个减少到240万个，平均每年减少5万个。其中有一部分是人口流出过程中村落实体的消失；还有一部分是地方政府顺应人口布局趋势，根据优化公共服务的需求所开展的调整合并。成都的改革调整思路是将三类社区适宜的空间规模与现状对比评估，明确三大社区空间调整策略。空间规模过小，

---

① 《一图速览〈成都市城乡社区发展治理总体规划（2018—2035年）〉》，成都市政府门户网站，http://www.chengdu.gov.cn/chengdu/c131032/2019 - 10/25/content_ 14863194241e4b949768127 e0cc52344.shtml，2019年10月25日。

则有条件调整合并；空间规模适宜，则现状保留；空间规模过大，则有条件拆分。按照规划设计，调整后全市城乡社区合理数量区间为 3900—4200 个。

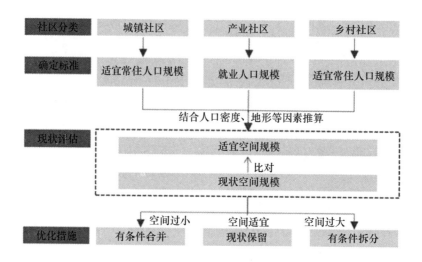

图 1   成都基层建制单位调整思路

天府新区在实际操作中，根据市一级的统筹规划，厘清现有社区范围，结合镇街改革调整和 15 分钟生活圈规划，对现有社区进行了调整优化（见表 1）。

表1　　　　　　四川天府新区村（社区）优化调整情况统计

	调整前			调整后		
	村庄数量	社区数量	合计	村庄数量	社区数量	合计
天府新区	88	59	147	58	61	119
其中：						
华阳街道	0	28	28	0	24	24
万安街道	5	9	14	4	7	11
正兴街道	2	10	12	2	8	10

续表

	调整前			调整后		
	村庄数量	社区数量	合计	村庄数量	社区数量	合计
兴隆街道	10	1	11	3	6	9
煎茶街道	10	1	11	6	3	9
新兴街道	15	2	17	10	4	14
永兴街道	12	2	14	8	3	11
籍田街道	21	3	24	15	4	19
太平街道	13	3	16	10	2	12

数据来源：笔者在四川天府新区的实地调查。

4. 城乡规划体系优化

我国城市居住形态主要存在两方面问题：一是城市居住区用地占城市建成区的比重过低；二是城市居民绝大部分居住的是集合住宅（"社会住宅""单元房"）。

我国大部分城市的居住区用地占城市建成区的比重在25%—30%，低于发达国家同等级城市10—20个百分点（见表2）。如果只算市中心住宅区，我国与发达国家的差距似乎没有那么大，北京、上海只是略高于东京、首尔，且东亚城市普遍高于欧美城市。但不能忽视的一个问题是，国外城市居民的主要居住形态是独栋住宅，而我国城市居民主要居住形态是集合住宅。独栋别墅占到美国房地产单位总量的70%，是美国的第一居住形态；[1] 东京的住宅中独立住宅区占比超过55%，也就是我们在日本常见的那种"一户建"；荷兰全国住宅中有2/3是独栋住宅，而这个比例在大城市集中的南荷兰省也能接近50%。[2] 我国城市居民绝大部分居住在集合住宅当中；因为成本收益约束，高层住宅占比还有增加之势。上述两个因

---

① 李白洁：《美国房地产的几大居住形态》，《安家》2006年第9期。
② 党国英、陈明：《五年来土地制度改革的进展与评估》，载彭森主编《十八大以来经济体制改革进展报告》，国家行政学院出版社2018年版，第134—135页。

素叠加，造成我国城市居住区人口密度普遍偏高，平均达到发达国家的 3 倍以上；如果以楼宇或小区为单位，这个密度还要更高。

表2　　　　　　　　　　中外城市居住用地比较

中国城市	居住区用地占城市建成区的比重（%）	国际城市	居住区用地占城市建成区的比重（%）
北京	29.3	首尔	61.0
重庆	26.1	东京	58.3
广州	17.3	纽约	42.5
全国平均	30.2	伦敦	36.0

数据来源：住房和城乡建设部《2017 年城市建设统计年鉴》；任泽平、熊柴《中国土地资源稀缺吗？》，恒大研究院研究报告；GLA Economics，"Chapter 4：The Value of Land and Housing in London"，Economic Evidence Base for London 2016，Greater London Authority，November 2016，https：//www. london. gov. uk/sites/default/files/economic_ evidence_ base_ 2016. compressed. pdf.

上面所说两个问题其实是一个问题的两个方面：由于居住区占比低，为了容纳人口只能布局大量集合住宅；集合住宅住的人多，进一步推高了城市居住区人口密度。总而言之，我们的城市居民普遍居住在人口密度比较高的集合住宅区，这是很多城市治理问题的根源。

针对上述问题，天府新区着眼城乡规划体系优化，锚固 70.1% 的生态空间，依循自然机理突出特色地形保护，划定"三区三线"，强化高端、集约、宜居导向，将城市建设区产业用地压缩至 20.6%、居住用地提高至 34.1%，以山绵水延的自然生态构建大开大合、城绿共融的空间架构。

（二）天府新区公园城市建设与土地制度改革

目前，全国已经设立了 19 个国家级新区，这些国家级新区是由国务院批准设立的，承担国家重大发展和改革开放战略任务的综合功能区。每个新区都有各自不同的改革创新的试点任务，新区可以自主围绕重点任务开展试验。比如，上海浦东新区重点围绕自由贸易试验区制度创新，在金融、贸易、航运等方面加快构建开放型经济新体制开展探索。再如，天津滨海新区重点围绕京津冀协同创新体系建设和港区协调联动开展探索；四川天府新区则围绕深化土地改革制度改革开展探索。① 成都是全国最早的城乡统筹改革试验区，天府新区设立后再深化土地制度改革方面接续进行了大量深化探索，为支撑公园城市建设提供了良好的要素配置环境。

1. 启动土地承包经营权退出改革。

成都坚持和完善农村基本经营制度，以市场化为导向，充分尊重农户依法取得的农村土地承包经营权，建立健全农村土地承包经营权退出程序，已经取得了一定成效。具体实施路径上有以下特点。

一是鼓励永久退出。对自愿一次性全部并永久退出农村土地承包经营权的农户，由户主自愿向本集体经济组织提出书面申请，提交相关资料。

二是提高补偿标准。补偿标准可参照当地土地征收补偿标准确定，或由本集体经济组织内部通过竞争拍卖的方式确定。总体看，两种方式取得的补偿价格都比此前的改革试点中高出不少。这也是此项改革得以推进的关键。

三是完善后续运营。对农户退出承包经营权的土地，本集体经济组织通过以下方式进行经营管理：（1）在本集体经济组织内部有偿发包；（2）由本集体经济组织自主统一经营；（3）由本集体经济组织按照"三权分置"原则，将土地经营权流转给种植大户、家庭农场、合作社、农业企业等农业经营主体经营。

2. 拓展利用城乡建设用地增减挂钩政策

天府新区核心区以城乡建设用地增减挂钩、农民集中建房整理和农用地整理三类项目为抓手，大力引进社会资金投资农村土地综合整治项目，统筹都市现代农业、美丽新村建设，取得了积极成效。

---

① 《中国设立 14 个国家级新区·成都天府新区探索深化土地改革制度改革》，2015 年 9 月 9 日，四川省人民政府网站，http://www.sc.gov.cn/10462/10778/10876/2015/9/9/10351896.shtml。

南新村最主要的一个居民点南苑小区占地300多亩，就是综合了四类项目建设而成。四类项目建设住宅近1000套，安置居民2400多人（见表3）。在人口集聚效应的带动下，这个居民点实际常住人口已经达到6000人，发挥了人口布局引领带动作用。

表3　　　　　　　　　　　　南新村社区建设项目来源

	灾后重建项目	拆院并院项目	土地整理项目	新农村示范项目	合计
建设住宅（套）	132	456	217	185	990
安置居民（人）	262	1145	719	300	2426

数据来源：笔者在四川天府新区的实地调查。

3. 深化农村集体经营性建设用地入市改革

成都市郫都区（原郫县）是农村"三块地"改革的33个试点地之一。如今集体经营性建设用地入市改革已经在全国推广。天府新区在此项改革推行方面又叠加实施了两项政策，起到了"四两拨千斤"的作用。

一是集体建设用地"点状用地"政策。结合项目区地形地貌特征，建筑物占地多为点状布局，据此按照"建多少、转多少、征（占用）多少"的原则点状报批，根据规划用地性质和土地用途灵活点状供应，结合实际、因地制宜为乡村振兴项目开发建设提供空间保障，服务乡村振兴。

二是集体存量建设用地发展农商文旅融合的新业态政策。中共四川省委、四川省人民政府发布的《关于加快天府新区高质量发展的意见》中提出，深入推进城乡融合发展。创新发展现当代都市农业，打造乡村振兴发展典范。合理规划建设一批特色小城镇，适度控制建设规模。创新农村集体经济实现形式和运行机制，构建跨村、组的扁平化管理制度。鼓励依法依规利用集体存量建设用地发展农商文旅融合的新业态、建设租赁性住房。选择1—2个乡镇推进农村土地综合整治和生态修复工程试点。

这项改革的主要做法是：（1）以集体经营性建设用地流转入市为切入点，通过集约、节约利用集体建设用地，以节余土地保障要素供给，促进乡村生产资源重新配置，破解乡村振兴资源、资金要素制约。（2）以实现"乡村振兴"促进"城乡融合"为发展目标，以和盛家园乡村振兴全产业链共生平台为引擎，搭建乡村振兴、城乡发展的现代服务业集群，构建乡村振兴新经济高地。（3）通过"共建、共治、共享"模式，打造"现代农业（生态）＋文创旅游（生产）＋田园社区（生活）"的创意型田园综合体，树立在"机制创新、文化高地、产业示范"等多个层面上的高水平发展标杆。

此项改革有以下三个方面成效：一是解决了城乡融合发展中空间布局优化问题；二是解决了都市圈城市化过程中土地要素供给问题；三是解决了近郊区农民和农村集体经济组织共同富裕问题。

【案例1】"不二山房"项目的共同富裕效益

项目所在地涉及 8 户村民，其中 4 户为低保贫困户，项目落地后，村民以家庭为单位可以直接增加以下收入：（1）宅基地经营权租赁获得 40—90 元/平方米·年（以宅基地建筑物砖混、砖木结构区分），每 3 年 5% 递增，按照每户 200 平方米核算，每户每年可达 8000—18000 元不等；（2）从土地租金中获得每年 2600 元/亩（按米价折算）的收入；（3）外出务工收入每年 20000—80000 元不等；（4）家门口就业收入每月 3000 元（以从事服务员、保洁、保安、绿化等 2500—3000 元/月核算），以此每户全年收入可达 4 万—12 万元不等。

村集体经济得到壮大，从流转土地中获得每年 50 元/亩的管理费，后续还将增加停车场、物业管理等收入。村组集体经济组织得到壮大，一方面，有项目方建设廉租房免费供应扭转农户居住，房屋产权归属村组，一次性增加 140 万元不动产（1000 平方米）；另一方面，从田坎、沟渠、集体塘堰等流转土地中收入 5 万余元，其中仅堰塘租赁收入从之前 1300 元/年增加至 16000 元/年。

【案例 2】和盛田园东方田园综合体项目的带动效应

项目于 2015 年底启动，通过原图斑整治，将项目区内农户进行集中居住，将农户原宅基地登记为集体建设用地，并通过农交所挂牌流转，取得 22.61 亩集体经营性建设用地使用权，确保产业项目顺利落地。通过将农户闲置多余房屋进行返租，统一对外招商重点发展乡村旅游、农家民宿、乡村美食等产业，并与项目区和场镇区在产业上形成联动互补，带动当地村民长效增收（表 4）。

表 4 和盛田园东方田园综合体项目的带动效应

建设前	建设后
农用地：人均土地面积 0.8 亩，年收入不足 2000 元；宅基地：无收入	地面附着物赔付：据实赔付后平均 6000 元/亩，人均一次性收入 4800 元
	土地租金：农户以土地经营权入股成立土地合作社，享受每年 1000 斤大米/亩（即 2600 元/年保底租金），还享受项目每年 5% 的纯利润分红
	项目用工：有限满足当地农户项目区安保、保洁、服务员等就业。合同工按 3000—4000 元/月计算，临时工按 200 元/天计算
	集体资产：项目区范围内原道路、沟渠、鱼塘等集体面积 75.9 亩，年收入 197340 元；集体经营性用房一套
	租赁收入：农户闲置住房，由物业公司按照 15 元/平方米·月返租，由物业公司统一规划、统一招商、统一运营，利润按照房屋租赁户 24%、集体 25%、物业公司 51% 的比例分配

数据来源：笔者在四川天府新区的实地调查。

（三）天府新区公园城市建设与社区治理重构

习近平总书记强调："社区是基层基础，只有基础坚固，国家大厦才能稳固。"成都公园城市的一大特点是将公园城市落脚到社区层面，通过社区治理的优化改进来推动公园城市建设。2019 年 10 月，成都市社治委员编制了《成都市城乡社区发展治理总体规划

（2018—2035 年）》；2020 年 10 月，成都市城乡社区发展治理工作领导小组发布全国首个"公园社区规划导则"。在公园城市框架下，成都把自己的社区称作公园社区，公园社区是公园城市的基本单元，是构筑未来城市的底部支撑。

1. 围绕"大城善治"目标，全面夯实城市社会治理基础

面对超大城市人口分布高聚集性、人口结构高异质性、生产要素高流动性、社会管理高风险性带来的治理变量，成都重新定位其发展价值和治理功能，通过党建引领推动治理重心向基层下移，全面提升镇街、村（社区）党组织能力，使之更加有序有力引领基层治理。

一是营造制度生态，推动基层治理走向规则之治。坚持发展治理并重，编制了全国首个城乡社区发展治理总体规划，出台"党建引领城乡社区发展治理 30 条"纲领性文件、6 个重点领域改革文件和系列实施细则，制定产业社区、国际化社区、社区商业等分项规划、建设导则和评价标准。制定《成都社区发展治理促进条例》，这是全国首部社区发展地方性规章。

二是集成要素供给，提升社区发展保障能力。健全保障与激励双轨并行的城乡社区专项经费制度，每年为村（社区）拨付 17.7 亿元保障激励专项资金，通过基层民主程序专项用于城乡基层治理项目。鼓励村（社区）创办联办社区基金（会）、公益微基金，让村（社区）有资源、有能力组织居民共同实施城乡基层治理项目，在办好民生实事过程中凝聚民心。

三是建强基层队伍，增强城乡基层治理能力支撑。拓宽视野选配村（社区）党组织书记 3000 多名，选拔优秀村（社区）书记进入镇街领导班子。创建社区专职工作者职业化岗位薪酬制度、职业资格补贴制度和基层党建指导员制度，在全国率先创办村政学院、社区学院、社会组织学院和社区美学研究院等 13 所基层治理学校，构建多层次人力资源支撑体系。

2. 围绕"功能集成"目标，推进街道（乡镇）职能转变

按照 2019 年 10 月出台的《成都市城乡社区发展治理总体规划 (2018—2035 年)》成都市根据公园城市建设和城乡融合发展的需求，以加强基层党组织建设为统揽，以强化街道（乡镇）统筹社区发展、组织公共服务、实施综合管理、维护社区平安等职能为重点，优化重组街道（乡镇）组织架构，推进基层发展治理方式转变和治理体系创新。具体来说，仍然是着眼城镇、产业和乡村三大功能区划分，分类开展街道（乡镇）职能转变与优化工作。

一是城镇街道。城镇区域街道（乡镇）重点围绕强化社区党组织建设，健全党组织领导下的居民自治机制，强化商品房小区治理，推动建立社区基金会、打造社区双创空间和就业技能培训课堂，开发社区就业岗位等职能开展工作。

二是产业功能区管委会。产业功能区设立管委会，重点承接辖区街道（乡镇）剥离出的经济职能，重点围绕招商引资、产业发展、创新创业平台孵化，产业特色文化符号打造，社区企业共建共治、双向互动的治理机制建设等职能开展工作。

三是乡村街道（乡镇）。涉农地区街道（乡镇）重点围绕农村集体产权制度改革，新型农业主体培育，社区、集体经济组织针对性服务，投资环境优化，村委会与集体经济组织联动机制构建，社集联动营造，倡导村民自治等职能开展工作。

2. 围绕"幸福生活"目标，打造不同类型的社区治理场景

公园社区是公园城市城乡物理空间和城乡社会治理基本单元，由政府、居民、社会共建共治共享，精准服务于生活人群和产业人群的一个生活共同体。公园社区是人类聚居的高级形态。① 天府新区围绕人民幸福生活的目标，在公园社区分类基础上，打造不同类型

---

① 四川天府新区党工委管委会编：《四川天府新区公园社区发展与治理白皮书（2018—2020)》，2021 年 4 月，第 7 页。

的社区治理场景，包括精准高效的服务场景、友爱包容的文化场景、绿色低碳的生态场景、品质宜人的空间场景、活力多元的产业场景、共建共享的共治场景和互联互动的智慧场景。

一是城镇社区重点聚焦社区服务标准化。在社区服务场景方面，制定了涵盖公园社区教育、卫生、文化、体育、法律等公共服务配套完善，社区综合服务设施面积不低于每百户30平方米以及社区菜市、便利店、家电维修、裁缝干洗等生活服务丰富，形成便捷的"15分钟社区生活服务圈"等5条标准；在文化场景营造方面，制订了每月至少组织1场邻里交流活动、常态化开展社区志愿服务等活动计划，塑造邻里互助、关系融洽的社区文化，营造一社区一特色等标准体系；在塑造生态场景方面，规定了社区公园、社区绿地（含"小游园·微绿地"）不少于1处，人均绿地面积不少于1平方米，小区、驻区企事业单位实施生活垃圾分类率不低于80%以及推进社区花园、可食地景建设，倡导建设社区级绿道"回家的路"等生态绿色要求。

二是产业社区重点聚焦营商环境便利化。对编制完善产业社区规划、复合多元空间形态建设以及设立共享会客厅、共享娱乐空间、共享洗衣房等共享公共空间做出了明确要求；在产业场景方面，出台了进一步营造资源集成的营商环境，引入法律、金融、税务、商标、专利、培训等专业服务机构以及双创空间等标准；在推动共建共治方面，要求社区与企业双向互动合作机制健全、常态化推进平安社区建设、充分发挥社区专职工作者、法律工作者等多方力量作用以及提高新阶层人士满意度方面做了详细规定。

三是乡村社区重点聚焦服务供给可及化。在服务场景方面，明确了党群服务中心亲民化改造、特殊困难群体关心关爱到位、"六网"（公路、自来水、电、清洁能源、宽带互联网、4G网络）基础设施健全等内容。在空间场景营造方面，实施乡村绿道建设或川西林盘打造项目、"美丽蓉城·宜居乡村"示范村、社区微更新项目等内容。在共治场景方面，常态化推进平安社区建设，规范运行"1+

3＋N"专群联动模式以及发挥社区专职工作者、五老乡贤、法律工作者等多方力量作用，形成有效管用的矛盾纠纷多元调处机制、引进或孵化社区社会组织、自组织等详细标准。①

三　天府新区推进城乡融合发展的实践指向

作为中国都市圈的一个典型，四川天府新区城乡融合发展模式具有较强的推广示范意义。未来，天府新区应在城乡空间布局调整、土地和规划管理体制改革、社区治理体制方面进一步深化改革，构建城乡融合发展的体制机制与政策体系，为都市圈新型城镇化和乡村振兴协同推进做出更好的示范。

（一）深化城乡空间布局调整，优化公园城市建设国土空间格局

都市圈中心城市的核心功能，是经济集聚以及由此带来的对周边地区的辐射带动。经济集聚的前提是人口集聚。这意味着，都市圈面临的首要问题是优化内部结构，以增强自身的人口集聚度和承载力。具体建议如下。

一是顺应人口迁移规律引领把握空间布局。城市方面，将都市圈中心城区发展放到优先位置；乡村方面，结合扶贫攻坚工作，不再建设中小规模的过渡性居民点，移民搬迁要向中心镇以上的居民点集中。

二是优化城乡空间布局，提升新区服务带动能力。调整人口布局，引导脱离农业的人口逐步向建成区集中；使建成区成为周边乡村公共服务中心，替代现有村民委员会发挥其大部分职能。教育、医疗等基础性公共服务向均衡梯次布局，乡村道路建设资金优先用

---

① 四川天府新区党工委管委会编：《四川天府新区公园社区发展与治理白皮书（2018—2020)》，2021 年 4 月，第 19—24 页。

于确保居民点与建成区的连通性，周边乡村居民通过校车及公共交通分享专业化服务。

三是建设一批专业农庄。脱离农业的人口向城镇转移的同时，大量衰退型村庄收缩为专业农户生产和居住的专业农庄，多余土地复垦为耕地。

（二）深化土地和规划管理体制改革，疏通制约要素流动的关键堵点

一是进一步落实进城农民各项农村权益的"退出权"。启动农村土地承包权、宅基地使用权、集体收益分配权等集体成员权益的"一揽子"退出改革，鼓励符合条件的进城农户依法自愿有偿退出上述权利。

二是调整优化城市规划管理体系。这一方面改革宜从两个方面破题：其一是修改空间规划标准，要求逐步将城市居住区占城市用地比例调整到40%以上；其二是构建弹性的规划和用途管制体系，大幅度提升市场作用空间，强化基层自治体在城乡建设中的谈判地位，改进城市土地的结构性供给。以上两条的共同出发点是在不人为控制城市人口总量的前提下降低居住区人口密度，这是发达国家解决公共卫生、城市骚乱的基本经验。

三是改革土地规划管理体制。实现郊区良性发展，有必要在城市周围划定一个城市拓展区，在此区域内简化土地利用管理和审批程序，允许用地行为主体和产权主体自主交易，并按照法律规范自行选址投建，地方政府只负责对用地行为合法合规性做事前或事后审查。通过这样的努力，城市将逐步走上自然演化轨道，城市郊区形态也将渐趋合理。土地规划管理体制改革可以说几乎还没有破题，选取一两个国家中心城市开展这方面的试点，很有必要。

（三）深化社区治理体制改革，夯实都市圈城乡融合发展基础

一是科学划分村庄类型，分类推进乡村治理体制改革。达到市

（镇）规模标准的村庄组织逐步转置为城镇政府，分散居住在开放式乡村的专业农户归属到附近的市（镇）管辖，衰退型村庄设立过渡期，不强行增加村级组织规模，只保民生底线。

二是调整城中村、城郊村治理体制改革思路。城中村、城郊村顾名思义是指空间上已经处于城市内部或城市周边，但在行政区划或者组织形态上还部分保留了乡村特征的村庄。城中村、城郊村和经济发达村属于"乡村—城市"的过渡地带。这些村庄早已经不从事农业，实际上也没有多少农地，村庄的存在方式既不同于传统意义的乡村，又没有完全融入现代意义的城市，村庄的居住形态、生活方式、产权秩序、治理结构都表现出介于城乡之间的"中间"性特征。这些类型村庄的"乡村振兴"命题实际上转换为如何让这些村庄有序融入城市的问题。当前最紧要的就是变乡村治理体制为城市治理体制，使治理形态与空间形态、产业形态相适配。

三是推行政经分开改革。农业政策与乡村治理功能分开，提升支农效率。财政支农政策尽可能直接瞄准不同规模的专业农户，不再把农村社区公共服务组织作为支农"二传手"。调整合作社发展思路，允许其在组织形态上与村庄公共组织脱钩，规模上可以大大超过集体经济组织的边界，甚至跨越行政区边界。

四是构建城乡统一的基层治理体系。突出强化城乡居民的生活自治能力，而非将目光仅仅盯在选举上。欧美、日本等发达国家和地区的基层自治体主要是承担垃圾分类、村庄环境、共同抗灾等生活领域的自主管理，这个经验我们应该重视。面对重大公共危机事件时，要通过城乡一体化的治理管控措施解决问题，而不是让每个村庄、社区各自为战，退回到"土围子"状态。

（四）用好国家中心城市支持政策，加快开展城乡融合发展试验

2020年初，国家发展改革委等18部门联合印发了《国家城乡融合发展试验区改革方案》，明确了11个国家城乡融合发展试验区。通过比较可以发现，11个试验区只覆盖到广州、重庆、成都、西安

4个国家中心城市，北京、上海等5个国家中心城市未能列入试验范围。在当前的政策框架中，给予了国家中心城市一些特殊的支持政策，这些政策大多带有改革试验意义。政策一旦试验成熟，很快就会向更大范围甚至全国推广，那时国家中心城市的政策优势也就会被拉平。国家中心城市在获得政策性支持许可后，应加快推进步伐，积极稳慎用好相关政策，加强政策集成和试验深度，既充分释放政策红利，又发挥好政策试验作用，尽快推出制度性成果。

（作者：中国社会科学院政治学研究所副研究员陈明）

党政统合下的多方协同治理

——以天府新区"五线""五步"工作法为例

　　基层治理是国家治理的基层单元，是国家治理现代化的基础支柱。在基层治理现代化的进程中，全国各地基层政府都在不断探索和实践着各式各样的民主治理形态。天府新区在公园城市和公园社区示范区的建设实践中，不断探索党政统合、多方参与、协同治理的制度机制，为基层治理现代化创新出了一套具有推广意义的制度样板。

　　2021年7月12日，中共中央、国务院印发《关于加强基层治理体系和治理能力现代化建设的意见》（以下简称《意见》）。《意见》明确指出，以习近平新时代中国特色社会主义思想为指导，坚持和加强党的全面领导，坚持以人民为中心，以增进人民福祉为出发点和落脚点，坚持党对基层治理的全面领导，把党的领导贯穿基层治理全过程、各方面。力争用5年左右时间，建立起党组织统一领导、政府依法履责、各类组织积极协同、群众广泛参与，自治、法治、德治相结合的基层治理体系，这为基层治理现代化的制度体系建构指明了方向。党政统合下的协同治理是基层治理现代化发展的必然趋势，是基层治理体系与治理能力现代化目标实现的核心动力，也是最终实现"善治"目标的基础与保障。党政统合是一种以基层发展治理问题为导向，以层级动员为动力，通过纵向与横向两种方向运行来进行统领、整合的制度合力，通过将党政组织、企业事业单位、社会组织、自治组织和基层民众统合协调，形成一种动态良性运转的基层发展治理体系。具体来讲表现为一种组织、协调、整合、指导、监督的治理能力，是维系基层政治与社会发展活力的制度性保障。本章将在党政统合的视角下，以天府新区基层治理创新中的"五线工作法"和"五步工作法"为例，[①] 对天府新区多方参与、协同治理的基层治理体系进行系统梳理和分析。

一　党政统合的制度合力

地区间发展的不均衡性与发展阶段的差异性、基层治理中制度运行的惯性以及特定治理目标的导向性，致使党政统合在基层治理中仍存在着许多问题，如运动式治理、高成本运转、竞合博弈以及治理活力缺失等。在基层治理现代化进程中，唯有充分发挥党政统合的基层治理优势，优化政府在基层治理中的资源配置功能，注重多元社会组织培育，推动其承接政府职能转变，推进公众参与基层治理，完善基层治理的法治保障，才能真正实现基层治理的现代化，也才能真正实现国家治理体系与治理能力现代化的目标。在当前城市化快速发展阶段，在基层治理实践中，党委与政府的统领、整合作用依旧占据核心地位。

（一）"党建＋"的统领、整合模式

党的十九大报告指出，要坚持党对一切工作的领导。党政军民

---

① "五线工作法"，为天府新区华阳街道安公社区的创新实践，即凝聚"党员线"，强化党建引领；健全"自治线"，突出居民主体；发动"志愿线"，聚焦供需对接；壮大"社团线"，推动多元参与；延伸"服务线"，实现高效便民。"五步工作法"，为天府新区华阳街道祥龙社区慕和南道小区创新实践，即第一步找党员，第二步建组织，第三步立机制，第四步搭平台，第五步植文化。参见四川天府新区党工委管委会编《四川天府新区公园社区发展与治理白皮书（2018—2020）》，2021年4月。

学，东西南北中，党是领导一切的。必须增强政治意识、大局意识、核心意识、看齐意识，自觉维护党中央权威和集中统一领导，自觉在思想上、政治上、行动上同党中央保持高度一致，完善坚持党的领导体制机制，坚持稳中求进工作总基调，统筹推进"五位一体"总体布局，协调推进"四个全面"战略布局，提高党把方向、谋大局、定政策、促改革的能力和定力，确保党始终总揽全局、协调各方。成都天府新区在"公园社区"的全面创建中，健全了党的各级领导组织体系。《意见》指出，要坚持党对基层治理的全面领导，把党的领导贯穿基层治理全过程、各方面。坚持全周期管理理念，强化系统治理、依法治理、综合治理、源头治理。坚持因地制宜，分类指导、分层推进、分步实施，向基层放权赋能，减轻基层负担。坚持共建共治共享，建设人人有责、人人尽责、人人享有的基层治理共同体。

1. 组织体系构建

《意见》指出，要加强党的基层组织建设，健全基层治理党的领导体制。把抓基层、打基础作为长远之计和固本之举，把基层党组织建设成为领导基层治理的坚强战斗堡垒，使党建引领基层治理的作用得到强化和巩固。加强乡镇（街道）、村（社区）党组织对基层各类组织和各项工作的统一领导，以提升组织力为重点，健全在基层治理中坚持和加强党的领导的有关制度，涉及基层治理的重要事项、重大问题都要由党组织研究讨论后按程序决定。积极推行村（社区）党组织书记通过法定程序担任村（居）民委员会主任、村（社区）"两委"班子成员交叉任职。注重把党组织推荐的优秀人选通过一定程序明确为各类组织负责人，确保依法把党的领导和党的建设有关要求写入各类组织章程。创新党组织设置和活动方式，不断扩大党的组织覆盖和工作覆盖，持续整顿软弱涣散基层党组织。推动全面从严治党向基层延伸，加强日常监督，持续整治群众身边的不正之风和腐败问题。

在具体实践中，细化落实了《意见》中的要求，自上而下通过多级党组织体系化建构：成都市委—天府新区党工委—街道工委—社区党委—小区（院落）党支部—楼栋党小组，推动党的组织体系向基层治理的各个领域拓展，向小区院落等基层治理的末端延伸，实现了社区党委和小区党支部组织体系的全覆盖，同时通过这样一种"纵向到底"的组织体系，也把社区党委周边企事业单位统合起来，形成"横向到边"的整合体制。

2. 具体案例分析

（1）南新村创新功能性、项目化的党组织体系建设

成都永兴街道南新村辖区面积 4.9 平方公里，辖 9 个村民小组 1449 户 4501 人，村党委下设 2 个党支部，党员 128 名。2011 年 8 月 22 日，时任国家副主席习近平同志到南新村视察时称赞其为"梦想中的新农村"。[1] 南新村也一直坚持党建引领，探索支部的项目化建设。

一是打破原有支部、党小组、村民小组边界，以产业、治理、服务等功能来划分支部，创新社区治理、村"两委"、村集体经济组织"三统一"工作机制，整合区域内 2 个党支部，增强社区党组织的政治动员、资源统筹能力。

二是探索支部项目化、项目支部化的机制。建立支部项目清单，搭建村党委领导下的"4+4+N"组织架构（4 个工作部：党员先锋党支部、民事民办党支部、产业发展党支部、智慧服务党支部；4 个工作部：文化传承工作部、现代农业工作部、生态建设工作部、亲民定制工作部；N 个企业或项目），完善项目化管理制度，推动党建工作和业务工作双线高效运行。

三是开展"农村人才引进和后备干部孵化行动"。依托"双创中心"，培养农村基层党组织的"头雁"，吸引返乡创新的"归雁"，

<hr>

[1] 四川天府新区党工委管委会编：《四川天府新区公园社区发展与治理白皮书（2018—2020）》，2021 年 4 月；中国社会科学院政治学研究所"国家治理体系与治理能力现代化"创新组编：《四川天府新区调研资料汇编》（上册·综合材料），2021 年 4 月。以下安公社区、南新村慕和南道小区案例数据均有参考本白皮书中内容。

抓好"土专家""田秀才"等技能出众、示范突出的"鸿雁",着力培养包括乡村规划师、科技带头人、农业职业经理人、"乡村工匠"、品牌运营师等跨领域、多层次的"雁阵"体系。

（2）安公社区"党员线"工作法

成都市安公社区,社区面积约 0.4 平方公里,11 个居民小区（院落）,常住人口约 1.2 万人;社区下设党支部 7 个,在册党员 145 人。安公社区针对党员不同情况,下设"小区党支部、开放式街区党支部、非公企业党支部、社会组织党支部",划分平安建设、就业创业、困难帮扶等特色党小组 30 个,在交通路口、小区活动室、楼栋单元、楼宇商家等公共空间和居民主要聚集地设立党员示范岗 96 个,构建起"社区党委 + 四类党支部 + 特色党小组 + 党员示范岗"党建格局,有效延伸党组织"触角"。同时与本区域内辖区派出所、石油公司等 7 家区域内党组织签订共建责任书,与四川大学、四川航科等 8 个区域外党组织签订联建协议,让社区成为区域化党建核心和枢纽型党建重要节点。同时推行"基础任务 + 服务任务",以及党员"双积分"模式,引导并激励党员发挥积极作用。2018 年 1—8 月,社区党员组织生活参加率达 90%,党员志愿服务时长超 4000 小时,形成"社区党组织引领、党员带头、居民参与、社会协同"的全新治理格局。

（二）政府简约高效、配套落实的治理体制

《意见》指出构建党委领导、党政统筹、简约高效的乡镇（街道）管理体制。深化基层机构改革,统筹党政机构设置、职能配置和编制资源,设置综合性内设机构。除党中央明确要求实行派驻体制的机构外,县直部门设在乡镇（街道）的机构原则上实行属地管理。继续实行派驻体制的,要纳入乡镇（街道）统一指挥协调。成都天府新区创新在市、区县两级党委设立社区发展治理专责部门,把社区发展治理工作上升到城市战略层面统筹推进。同时创新构建社区专职工作者职业化发展体系,在成都乃至四川省历史上首次将村（社区）"两委"干部纳入职业化管理，薪酬较职业化前增长 100%。

1. 规划设计布局

天府新区 2018 年及时调整"城乡社区发展治理工作领导小组"，基层治理和社事局承担领导小组办公室职能。建立了按月推进，并进行督导的工作机制和联席会议制度。制定印发了《推进城乡社区发展治理建设高品质和谐宜居生活社区实施方案》《城乡社区发展治理"五大行动"三年计划》两份纲领性文件，创新制定了《"五民"社区考评办法》。经过系列实践，创新构建了一套城市基层治理政策体系，出台党建引领社区发展治理 30 条纲领性文件、6 个重点领域改革文件和 30 余个操作文件。

2. 制定示范标准

成都天府新区根据 2020 年《成都市城乡社区发展治理总体规划（2018—2035 年）》《成都市实施乡村振兴战略推进城乡融合发展先进区（市）县、先进乡镇、示范村（社区）考评标准（试行）》等文件规定，分类制定了示范城镇社区、示范乡村社区、示范产业社区和示范城镇居民小区（含老旧院落）、示范农民居住区共 5 类建设标准。

3. 出台配套政策

先后制定"2 + 5 + N"配套文件："2"即《四川天府新区关于统筹推进新时代公园城市发展治理体系和治理能力建设的实施意见》《成都天府新区推进城乡社区发展治理建设高品质和谐宜居社区的实施方案》，"5"即明确城镇社区、产业社区、乡村社区、国际化社区以及城市小区分类治理，"N"即相关子文件，为推动公园社区发展提供工作指南，具体表现为协调、组织、指导和监督几个方面。

4. 明确行动计划

制定施行全国首部以社区发展治理为主题的地方性法规《成都社区发展治理促进条例》，出台全国首个市级层面城乡社区发展治理总体规划，把城市宏观战略真正落地到社区层面；出台全国首个公园社区规划技术导则，把公园城市营建理念落实到城乡社区；出台全国首个市级层面社区商业规划导则，率先系统化、整体性部署推进社区商业发展；出台全国首个市级层面国际化社区建设规划，将国际化社区建设上升到城市战略进行系统规划和谋篇布局。

二　多方互嵌的治理体系

政府在经济发展中的关键作用并不是无限的，也不是越大越好、越多越好。政府作用的发挥，必须在国家与社会、政治与经济之间找到最佳的平衡点。我们既需要一个强大的有经济指导和运作能力的政府，同时又需要一个充满活力和主动性的民间社会，把政府和民间的力量紧密结合在一起，以达成最佳的配合效应，形成政府与社会之间的良性互动关系。天府新区以小区治理为基础，将城镇社区、产业社区、乡村社区并行摆位，一体研究、一体规划，同时将社会组织、企业、民众纳入其中，形成党政统合城乡社区发展治理新格局。

（一）治理重心下沉，多样化社区内嵌互构

城镇社区空间规模 1—3 平方公里，人口规模 1 万—3 万人，依托"中优"和特色镇建设，发展公园城镇社区，促进老旧场镇激活与新生，形成舒适生活、功能多元、适度开发、闲适安逸、独立慢性为内容的城镇社区建设目标。产业社区空间 1—5 平方公里，人口规模 1 万—5 万人，依托公园、湿地、产业园等建设项目，推进产业社区建设，明确以"产业为主题、核心功能，产城融合、职住平衡，开放共享、融合共生，多方参与、多维推进"为内容的产业社区建设目标。乡村社区空间规模平坝区 3—5 平方公里、山地丘陵 10 平方公里，人口规模 0.5 万—1 万人，依托乡村振兴示范建设，在乡村区域打造"农业成景观、农居成景点、农村成景区"三景融合的社

区空间体系，把乡村区域打造成"乡愁记忆"的旅居之地和公园城市的重要载地。

对标上海古北社区、新加坡西海岸国际社区，成都创新提出"全地域覆盖、全领域提升、全行业推进、全人群共享"的国际化社区建设标准，并通过 1 份建设规划、3 个配套文件和 5 个行动计划细化落实。打造舒适便捷的国际化社区生活环境，营造开放包容的国际化社区人文环境，编制《天府新区公园城市公共信息标识建设总体规划》《公共信息标识技术导则》，完善优质精准的国家化社区服务体系，提升教育的国家化水平，培育开放包容的国家化社区文化。

针对不同社区类型，成都在全国首创社区发展治理保障激励专项资金制度，3 年累计向城乡社区拨付专项资金 50.8 亿元。全面推行社区规划师制度，首创"导师团—规划师—众创组"三级规划师体系，打造形成社区规划师"成都品牌"。同时制定出台全国首个城镇居民小区治理系统性文件，在全国率先推行"信托制"物业服务模式和"物业＋社工"服务，实现社区治理向小区末梢延伸。出台了全国首部系统提升基层治理效能导向的《智慧小区建设导则》，创新"小区微脑—社区小脑—街道中脑—城市大脑"智慧城市架构。

其中，南新村慕和南道小区创新社区治理方式，通过"五步"工作法，将党政统合机制下沉到社区一级。通过找党员、建组织、立机制、搭平台和植文化五个步骤，把社区内部多元要素统筹、整合起来，有效激发基层活力。而安公社区通过"五线工作法"中的"自治线"，设立社区教育、小区自治、公共管理、公共服务四大专委会，每个专委会成员由相关领域单位、团体、机构的专业人员组成，细化梳理专委会职能职责 126 项，切实为社区居民提供专业化、个性化的社区服务。同时组建社区、居民小组、小区三级议事组织，按照 10 人 1 户的标准，逐级推选各级议事代表。实施建立微中心、设立微平台、培育微组织、完善微机制、开展微服务"五微"治理，打造小区居民活动室等微中心 5 个，组建乡绅队伍 9 支，制定居民公约 10 个。

（二）社会组织协同共担治理目标

社会组织是一个广泛的组织体系，包括社会的各种行业组织、城乡自治组织、公益慈善组织、社区组织以及居民群众的自我服务组织等，它们是介于政府与市场、政府与公众、市场与公众以及各种不同公众之间的中间力量。明确政府与社会组织的职能分工，发挥两者优势互补的协同功能，构建服务型社会管理模式。

党政统合的基层治理中，市场经济的发展有助于培育新型的公众个体和社会组织。现代市场经济从本质上讲是自由平等和遵从法治的经济。随着市场经济的发展，普通的公众个体开始认识到自己具有合理合法的个人权益，他们或者以集群的方式，或者以自愿结成组织的方式向政府部门进行制度内和制度外的利益诉求。

培育扶持社会组织是构建政府与社会组织协同共治伙伴关系的一项重要内容。只有发展更多的、健全的民间社会组织，才能够承担大量的公益性、福利性的社会事务，并使政府真正地从具体事务中解脱出来，从而实现社会管理体制改革的目标。广东省出台的《关于进一步培育发展和规范管理社会组织的方案》规定，从2012年7月1日起，除了特别规定和特殊领域，广东省内成立社会组织，可直接向民政部门申请登记。今后，广东各级政府可购买社会组织的服务。在财政扶持措施上，要加强运用行之有效的"购买服务""政府资助""专项扶持"等方式；加大政府对社会组织尤其是公益性社会组织的资助和扶持。

2010年，深圳市政府的17个局委办有87项政府职能和工作事项向社会组织转移，并起草了《深圳市财政扶持社会组织发展实施方案》，拟加大对社会组织的财政扶持力度。2010年深圳市财政安排购买社工服务的经费达51亿元，同时，将福彩公益金作为向社会组织购买服务的"种子基金"，目前已资助75个公益项目，金额达到3500万元。

成都市社会组织1.3万家，社会企业102家，成立社区基金会9

家，孵化社区基金 743 支，动态培育社区志愿者 245 万名。成都在全国首创城市"社区志愿服务日"，发布社区志愿服务之歌，成都成为副省级城市中首个系统部署志愿服务激励的城市。成都市社区基金数量达 743 支，资金总额超过 2000 万元，覆盖全市 1/4 的城乡社区。在全国率先品牌化、系统化建设社区发展治理培训体系，打造 13 所基层治理特色培训院校，3 年累计培训省内外学员 100 万人次。①

安公社区通过"社团线"不断推动多元参与社区的发展治理。具体来看，主要围绕文化、教育、关爱、人居等服务领域，孵化培育"根系式"社会组织 8 家，运用"财政资金少量补贴 + 提供有偿服务"的方式，有效提高社会组织活动的内发动力。2018 年社会组织为社区居民提供社会服务项目 36 个，服务居民 5 万余次，节约财政资金 28 万余元。同时，通过"志愿线"，组建志愿服务队伍，采取"中心 + 站点 + 服务队"方式，成立社区志愿者指导中心，设置服务站点 6 个，组建服务队 45 支，注册志愿者 2200 余人（占社区居民总数近 20%）。健全志愿服务机制，成立志愿者"积分银行"，志愿积分可在 12 个点位兑换商品和 15 处公共服务空间兑换有偿公共服务。建立志愿者品牌，按需设置志愿服务的"订单"，如"安公孝老行""绿动公园城"等品牌志愿服务活动，实现居民需求与提供服务精准对接。

（三）企业逐步转型

在党政统合之下，围绕企业的社会责任重建企业与社会的关系。

在政府、市场和社会的关系中，如果只有政府和市场关系的重塑、政府和社会关系的重组，而不对市场和社会关系加以重构的话，那么在国家治理体系的架构中，处于中层的传导子系统依然是残缺

---

① 中国社会科学院政治学研究所"国家治理体系与治理能力现代化"创新组编：《四川天府新区调研资料汇编》（上册·综合材料），2021 年 4 月。

的。因为只有前面两方面关系的调整和协调，只是为市场和社会关系的重构提供了条件，但并不等于就理顺了它们之间的关系。如果市场和社会关系不协调，出现严重对抗，那么，政府和市场的关系、政府和社会的关系同样会受到冲击和破坏。

基层治理的主要活动中，龙头企业、各类小企业和招商引资企业等构成了市场活动的主要主体，进而形成了市场内部的运作格局与治理体系。市场治理是按企业的运作模式，以市场规律为原则，以实现资源最优化配置为目标的治理。企业是以盈利为目的的市场主体，在追逐利润最大化时会产生"市场失灵"的弊病。因此，政府作为最权威的资源配置方能够从宏观上对市场各主体进行调控，以湖南省花垣县为例，其整个的市场状况与发展前景难以吸引大型的企业公司入驻，从招商引资的企业来看，目前入驻的企业也面临发展艰难与撤离的情况。该县每年会制定相应的招商引资指标，政府成为经济的重要引导体。以弥补市场失灵的情况。近些年来，在精准扶贫政策的支持下，以村民为单位发起的合作社、专业大户、家庭农场等的新型农业主体也成为值得关注的对象。合作社一般由村里能人或致富带头人发起，由村民自愿加入，主要发展各类经营。其他类型的新型农业主体也在市场经济下不断发展。[①] 花垣县以政府为主导，为企业发展提供政策支撑，推动市场健康发展。而成都市政府则创新与市场互动的关系，大力培育发展社会企业，全市经认证的社会企业达 102 家，数量居全国第一（北京市 83 家、深圳 46 家、上海市 15 家）。

（四）个体深度融入

在社会治理上，要实现政府治理和社会自我调节、居民自治的良性互动。按照国家治理现代化的要求，必须坚持对社会实施系

---

① 中国社会科学院政治学研究所"政治发展与民主"调研组编：《湖南省花垣县调研资料汇编》，2017 年 8 月。

统治理，从政府包揽向政府主导、社会共同治理的方向转变。政府作为主导性治理主体，要坚持依法治理、综合治理、源头治理。包括社会团体、基金会、民办非企业单位等在内的社会组织，作为社会治理的重要主体，则要培育和激发自身的活力，通过承接政府购买的公共服务，积极发挥出非政府性、非营利性组织的中介作用。

作为社会治理不可忽略的力量，居民则是社会治理的细胞，通过增强公民素质，强化居民的自律、自治，发挥出他们微观参与治理的作用。

通过政府、社会组织与居民的互动，逐步建立健全重大决策社会稳定风险评估机制、畅通有序的诉求表达机制、便捷有效的心理干预机制、广泛覆盖的矛盾调处机制、坚强有力的群众利益保障机制和公共安全体系。

成都依托党建引领城乡社区发展治理优势，动员 49 万基层力量参与新冠肺炎疫情社区防控，7000 多个党组织协同配合，51928 名机关干部下沉一线"混岗编组"，接续展开三轮全覆盖排查，精准定位国内重点地区和境外往返人员 16.3 万人，服务居家隔离人员 20.8 万人。安公社区通过"自治线"引导社区居民真正实现自我管理、自我教育、自我服务和自我监督。"服务线"通过搭建居民互助服务平台，建立全民参与的服务中心，在 2018 年实施非政府财政供给服务项目 32 个，居民开展互助服务项目 138 个，惠及居民 2500 余人次。通过"社团线"发展自组织，由社区党委引导成立京剧社、读书会等自组织 86 个，注册会员 3000 余人，月均开展活动 500 余场次。通过调动群团组织，鼓励离退休干部、专业人才、企业高管等进入社区团委、老协、妇联、残联等，成功创建"青少年心理成长""蓉漂菁蓉汇"等活动品牌。

三　良性运行的共同体机制

在中国这样一个地域间发展不均衡的国家，基层治理中面临的问题也不尽相同，地区间发展阶段的差异性、城乡间二元结构的矛盾以及产业发展的不均衡性都制约或影响着基层的有效治理。而党政统合的治理体系是当下基层治理中经过实践检验相对有力而且有效的一种治理体系。

（一）多元有机互动

党政统合通过"一核多元"的组织结构，实现了一种整合型的基层治理：首先是不同层级或者同一层级上治理的整合，包括地方政府、地方以及中央政府的代理机构、国际社会范围内全球治理网络的整合；其次是治理功能的整合，既有同一机构内不同功能的整合，也有不同功能部门之间的整合；最后是公私部门之间的整合，政府部门、私人部门以及非营利性机构之间的合作。传统的官僚制组织结构是按照功能来设置的，而党政统合则是以解决基层实际问题为核心，不仅需要单个政府部门的努力，更需要政府各部门共同努力，同时在与社会、市场进行互动时，要考虑到企业、社会组织、个人等要素的有机整合，因此就必须要有党政统合下的多元参与的整合型运作。

（二）有效激活基层民主

基层治理体系的现代化是国家现代化的必然要求，它本身也是现代化的重要表征。党政统合下的协同治理本质上就是从几个方面来进行整合，以实现基层更加民主化的目标。

首先是公共权力运行的制度化和规范化，它要求政府治理、企业治理和社会治理有完善的制度安排和规范的公共秩序。其次是基层治理的政策和制度安排都必须保障主权在民或人民当家作主，所有基层治理的政策都要从根本上体现人民的意志和人民的主体地位。同时宪法和法律成为基层治理的最高权威，在法律面前人人平等，不允许任何组织和个人有超越法律的权力。再次是注重效率，即基层治理体系应当有效维护社会稳定和社会秩序，有利于提高行政效率和经济效益。最后是协调，现代国家治理体系是一个有机的制度系统，从中央到地方各个层级，从政府治理到社会治理，各种制度安排作为一个统一的整体相互协调、密不可分。其中，民主是现代国家治理体系的本质特征，是区别于传统国家治理体系的根本所在。所以，现代国家治理也被称为民主治理。

（三）善治的共同体

善治的目标是构建自治、法治、德治相结合的基层治理体系。这是一种符合中国国情特点的，更加完善有效、多元共治的新型基层治理体系。自治是基层治理体系的基础，以乡村为例，我国实行村民自治制度，村民是基层治理的主要参与者，乡村自治做好了，就能充分激发广大农民的积极性；法治是乡村治理体系的保障，乡村治理必须实现法治化，自治只有在法律的框架下进行，才能有法可依；德治则是乡村治理的支撑，有利于提升自治与法治的效能，提高乡村治理的水平和质量。自治、法治、德治有机结合，相互衔接和补充，最终实现基层治理体系和治理能力现代化。天府新区的党政统合模式，遵循了现代治理的基本规律，通过社会治理体系、制度、机制的适应性重构，推动基层治理从传统的行政管控向协商共治、从被动维稳向主动服务、从经验依赖向制度保障转变。

（四）治理中的问题

党政统合的基层治理体系在基层治理现代化的进程中仍然存在着各种问题，如运动式治理后的效果维系，高成本运转中政府负担与"搭便车"现象，以及政府间竞争的地方保护主义等。基层治理中各种问题的存在，有其必然性，是阶段性发展的必然结果，也是社会转型时期原有制度惯性导致的过去问题的留存，同时还有因为地区间发展不平衡，所以不同地方发展的阶段性不同，进而导致基层治理中的多种问题同时存在。这些都对党政统合下的基层治理产生了不同的影响，进而离实现多元治理的目标依旧有着一定的距离。但问题本身也是研究要关注的重点，除了党政统合的正向作用体系与能力外，还要尽量避免其负面影响，如政府大包大揽而产生的各种问题，做好多元协同主体之间的动态、均衡、良性的调整等。

四　治理体系与治理能力现代化的持续探索

现代化是历史发展的必然趋势，但各国的现代化历程又不尽相同，类型也有区别。英、法、美等国率先完成从农业社会向工业社会过渡，并通过建立资本主义制度的社会变革而逐步实现的现代化，被称为"早发内生型现代化"①。现代化在欧洲是现代性因素"内源发生"成长的结果，这种现代性因素以殖民和资本输出的形式从欧洲向外扩张，把世界其他地区强行拉入工业化、民主化、城市化和理性化的历史运动之中，人类史由此变成一部世界史。受到西方列强侵略，后以西方资本主义为榜样而进行现代化探索的国家的现代化，被称为"后发外生型现代化"。在非欧洲地区，现代化不过是这些国家应对来自"外部挑战"的过程。

中国的现代化属于后一种类型。在这一过程中，工业化是现代化的主要发展动力，而城市化又是现代化进程中的必经过程。根据联合国的估测，世界发达国家的城市化率在 2050 年将达到 86%，我国的城市化率在 2050 年将达到 71.2%。而 2011 年中国城市化率首次突破 50%，达到了 51.3%。这意味着中国城镇人口首次超过农村

①　陈明明：《比较现代化·市民社会·新制度主义》，《战略与管理》2001 年第 4 期。

人口，中国城市化进入关键发展阶段。

党的十八大以来，尤其是党的十八届三中全会通过了《中共中央关于全面深化改革若干重大问题的决定》以来，"推进国家治理体系和治理能力现代化"便成为全面深化改革总目标的重要组成部分。党的十九大报告中也再一次强调指出，"必须坚持和完善中国特色社会主义制度，不断推进国家治理体系和治理能力现代化，坚决破除一切不合时宜的思想观念和体制机制弊端"。报告同时指出："中国特色社会主义进入新时代，我国社会主要矛盾已经转化为人民日益增长的美好生活需要和不平衡不充分的发展之间的矛盾。我国稳定解决了十几亿人的温饱问题，总体上实现小康，不久将全面建成小康社会，人民美好生活需要日益广泛，不仅对物质文化生活提出了更高要求，而且在民主、法治、公平、正义、安全、环境等方面的要求日益增长。"

《意见》指出，要力争用 5 年左右时间，建立起党组织统一领导、政府依法履责、各类组织积极协同、群众广泛参与，自治、法治、德治相结合的基层治理体系，健全常态化管理和应急管理动态衔接的基层治理机制，构建网格化管理、精细化服务、信息化支撑、开放共享的基层管理服务平台；党建引领基层治理机制全面完善，基层政权坚强有力，基层群众自治充满活力，基层公共服务精准高效，党的执政基础更加坚实，基层治理体系和治理能力现代化水平明显提高。在此基础上，力争再用 10 年时间，基本实现基层治理体系和治理能力现代化，中国特色基层治理制度优势充分展现。

党政统合下的基层协同治理为满足发展需求、实现善治目标提供了制度保障，虽然基层治理现代化进程中也存在一些问题，但在发展中解决问题的过程，实际上也是同步实现国家治理体系与治理能力现代化的过程。唯有继续深化改革、扩大开放，在优势基础之上坚定地进行政治体制机制的改革，才能最终推进国家治理体系的现代化，实现多元协同的治理目标。四川天府新区，通过组织结构重组，推动组织功能整合，实现治理重心下沉，提升城乡服务一体，实现了这种基层治理体制的整合与优化。这种在党政统合之下，通过社会多方参与实现协同共建共治的基层治理体系的制度性创新和探索，具有一定的治理典型性与普遍性，在国家治理体系与治理能力现代化进程中具有可推广的制度借鉴意义。

（作者：中国社会科学院政治学研究所助理研究员孙莹）

公园城市：内涵、逻辑与绿色治理路径

　　公园城市是我国基于当前城市发展阶段，对城市治理提出的一个新命题，是中国特色城市治理的一种新目标与新路径。公园城市以"绿色"为治理底色，将"以人民为中心"的工作导向作为治理宗旨，是一种人与自然融合的命运共同体，是对绿色治理核心价值理念的美好阐释。公园城市治理要以绿色价值理念为引导，以正义空间为治理场域，以多元主体共建共治共享为治理逻辑，以市场优化资源配置为治理动力，以智慧城市为治理手段，以绿色生产与绿色生活为文化自觉来实现绿色治理之道。

　　中国场域的公园城市是继田园城市、森林城市、园林城市、生态城市等城市类型后对城市治理提出的一个新目标，是城市治理对生态文明建设的正确应答，也是对不断满足人民美好生活需要的科学回应。一个研究领域的兴起必然以该领域若干核心概念的准确与清晰界定为基础。"公园城市"作为一个新的研究领域，非常有必要对其概念、内涵和治理路径进行深入探讨。

一 "公园城市"的缘起与内涵

公园城市的起源最早可追溯至意大利空想家康帕内拉于 1623 年在《太阳城》中提出的一个幸福和谐的理想城邦。英国霍华德于 1902 年在《明日的田园城市》中首次提出了"田园城市"的概念。他把田园城市作为解决城市污染、交通拥堵等工业革命带来的"城市病",进而促进城乡融合的经济生态有机体。"森林城市"通常指的是在市中心或市郊地带,拥有较大森林面积或森林公园的城市或城市群。[①]"园林城市",有时也被称为"花园城市",其基本内涵是在城市规划和设计中融入景观园林艺术,使得城市建设具有园林的特色与韵味。20 世纪 70 年代,联合国教科文组织提出了"生态城市"的概念,主要包括可持续发展、健康社区、能源充分利用、优良技术、生态保护等构成要素。较之田园城市、森林城市与园林城市,生态城市更加注重生态系统的承载能力,是一种对城市生态协调运转的新尝试。2018 年 2 月 11 日,习近平总书记在四川视察天府新区时提出,在城市治理中"要突出公园城市特点,把生态价值考虑进去,努力打造新的增长极,建设内陆开放经济高地"[②]。

当前,公园城市作为新生事物,学术界尚没有统一的权威定义。杨雪锋根据公园城市的公共品属性、生态属性、空间属性将其定义为:以生态文明思想为遵循,按照生态城市原理进行城市规划设计、施工建设、运营管理,以绿量饱和度、公园系统网络化为主要标志,兼顾生态、功能和美学三大标准,实现生命、生态、生产、生活高度融合,运行高效、生态宜居、和谐健康、协调发展的人类聚居环

---

① 梁本凡:《建设美丽公园城市 推进天府生态文明》,《先锋》2018 年第 4 期。
② 《习近平春节前夕赴四川看望慰问各族干部群众》,2018 年 2 月 13 日,新华网,http://www.xinhuanet.com/politics/2018 – 02/13/c_ 1122415641. htm。

境。① 吴岩、王忠杰认为，公园城市是新时代城乡人居环境建设理念和理想城市建构模式，该理念模式将城乡公园绿地系统、公园化的城乡生态风貌作为城乡发展建设的基础性、前置性配置要素，把"市民—公园—城市"三者关系的优化和谐作为创造美好生活的重要内容，通过提供更多优质生态产品以满足人民日益增长的优美生态环境需要。② 梁本凡从公园城市与城市公园的对比出发，认为公园城市是指具有绿色、环保、生态、美丽、宜居、高效、共享等特点，能满足城市居民幸福生活需要的城市。③ 尽管学者们对公园城市进行了不同的概念定义，但未达成统一的共识，且都仅仅从公园城市的某个视角切入，并未形成一个系统完整的内涵界定。从绿色治理的角度出发，我们认为，公园城市是多元治理主体为满足人民美好生活需要，在空间正义的基础上，以绿色价值理念为指导，以资源共享为前提，以打造人与自然伙伴相依的命运共同体为载体的新型城市治理形态。作为未来城市治理的目标，对公园城市的内在逻辑及治理路径的探讨无疑有着重要的理论意义和现实意义。

二　公园城市的治理要义

新时代我国社会主要矛盾的变化揭示了人民物质生活在大幅提升的同时，他们的社会需求也越发具有多样性与层次性。过去片面强调经济增长的城市发展道路显然并非长久之计，环境污染、交通拥堵以及由区域分层引发的社会排斥现象都亟待探索一条新的城市治理模式。在此背景下，公园城市应运而生。与过去城市治理模式相比，新时代公园城市具有如下方面的治理要义。

---

① 杨雪锋：《公园城市的科学内涵》，《中国城市报》2018年3月19日。
② 吴岩、王忠杰：《公园城市理念内涵及天府新区规划建设建议》，《先锋》2018年第4期。
③ 梁本凡：《建设美丽公园城市推进天府生态文明》，《先锋》2018年第4期。

（一）"绿色"是公园城市的底色

"绿色"并非现代人的新发明新创造，更非环境科学的专门术语，它具有文学、政治学、社会学等更广泛的意涵。我国古代先贤很早就表达过对绿色的倾向和喜爱。刘禹锡的"苔痕上阶绿，草色入帘青"；辛弃疾的"泥融无块水初浑，雨细有痕秧正绿"；等等，都彰显出古人由绿色引起的恬美情绪。爱绿色就是爱生命，愿与一切的生命共生共荣。"绿色"在我国古代"天人合一"思想中有充分体现。自西周始，我国先民就提出了天人合一的观念，庄子说"天地与我并生，万物与我为一"。《老子》提出"人法地，地法天，天法道，道法自然"，认为天、地、人和万物，都是气所凝聚，天地之性即人之性，就是物之性，世间万物都是人类的朋友。这些"绿色"语义的发展和充实过程，都体现了先民与自然间的和谐相处思想。随着时代的发展，"绿色"还有着希望、健康、生机、成长等含义。在现代政治思想中，绿色还被赋予"生态、尊重多样性、权力下放、可持续性、女性主义、社会正义、非暴力、个人与全球责任、基层民主与社群为本的经济"的含义。[①] 公园城市按其汉字意思来诠释，"公"对应的是公共交往功能，"园"对应的是生态环境和生态系统，"城"对应的是人居与生活，"市"对应的是产业经济活动。公园城市四个字结合起来就体现了公园城市以生态文明引领城市发展，以绿色作为公园城市发展的底色，形成人、城、境、业和谐统一的大美城市治理新模式。

（二）公园城市充分彰显"以人民为中心"的治理导向

中国特色社会主义进入新时代，我国社会主要矛盾是人民日益增长的美好生活需要和不平衡不充分的发展之间的矛盾。因此，满

---

① ［美］丹尼尔·A. 科尔曼：《生态政治：建设一个绿色社会》，梅俊杰译，译文出版社2006年版，第96页。

足人民美好生活需要就成为新时代治国理政的根本目标。人民对美好生活具有多样性的需求，不仅是物质上的满足、精神上的富足，还包含对生态环境的关注，这是一种对实现经济、政治、文化、社会、生态协调发展的生命共同体的需求。公园城市就是在这种不断满足人民美好生活的时代背景下应运而生的。公园城市治理就是要以人民为中心，以绿色发展理念为指导，实现人、城、境、业和谐统一，打造生产、生活、生态有机融合的生命共同体。为此，公园城市治理要以生态保护为先、以污染治理为重点、以绿色生产生活为根本、以绿色科技创新为关键，以新型治理队伍培育和绿色执行力提升为主导，以绿色文化养成为灵魂，以绿色治理体制机制为保障，全面提升公园城市绿色治理的能力与水平。相比田园城市、森林城市、园林城市、生态城市，公园城市更能体现以人民为中心的治理导向，更有助于实现人民对美好生活的需要。

公园城市，首字为"公"，意味着公园城市首先是一种公共空间与公共生活。"由于社会是作为国家的对立面而出现的，它一方面明确划定一片私人领域不受公共权力管辖，另一方面在生活过程中又跨越个人家庭的局限，关注公共事务。"① 因此，公园城市作为一种公共领域，还起到跨市民社会、私人领域、公共权力的第三域作用。现代社会，"每一个人都认为他和一切公共事务有着利害关系；都有权形成并表达自己的意见"②。人们在公园城市中可以自由平等地开展各类经济和社会活动，依法进行利益诉求与愿望表达，能广泛有效地参与公园城市治理。可以说，公园城市包含了中国特色社会主义的经济逻辑、政治逻辑、社会逻辑与文化逻辑，充分体现了城市治理"以人民为中心"的思想精髓，是人民安居乐业、幸福安康的重要保证。

---

① ［德］哈贝马斯：《公共领域的结构转型》，曹卫东等译，学林出版社 1999 年版，第 23 页。
② ［德］哈贝马斯：《公共领域的结构转型》，曹卫东等译，学林出版社 1999 年版，第 112 页。

（三）公园城市是一个城市命运共同体

命运共同体是"命运"与"共同体"二者的紧密融合，意味着共同体之间要以共同的命运作为维护和发展的根基。此"命运"是指构成共同体的各成员之间生死相依、休戚与共的精神组合与有机联系，它体现了利益共生、情感共鸣、价值共识、发展共赢、责任共担的共同体主义伦理观。[①] 命运共同体的理念在我国最早可追溯至《礼记·礼运》篇中描述的"大同世界"。"大道之行，天下为公。"天下是共同所有者的天下，天下之下的所有生命体都应当自觉维护共有天下的安危与发展；天下之下所有事物的命运都应当融入天下的整体利益之中。庄子认为人与自然应是"天地与我并生，万物与我为一"的关系，就充分体现了命运共同体的意蕴。公园城市就是要将城市的地域共同体转变为人与自然和谐共生的命运共同体。城市首先是地理要素和经济要素的空间集聚，是一种地域共同体；其次，城市是市场经济发展到一定阶段的结果与表现，是一种利益共同体；再次，城市也是城市主体追逐梦想和实现梦想的目的地，是一种文化和价值共同体；最后，未来的城市越来越成为一种注重生态环境安全、自然与人类和谐共生的生命共同体。公园城市就是要将城市打造成为一种经济发展、人文丰富、社会和谐、生态平衡的命运共同体。

公园城市以"绿色"作为治理底色，将以人民为中心作为治理宗旨，是一种人与自然休戚与共的城市命运共同体治理新模式，充分体现了绿色治理的核心内涵。

（四）公园城市实现了"绿色"与"治理"的有机融合

绿色治理的概念源于西方国家的绿色环保运动。先后经历了

---

① 王泽应：《命运共同体的伦理精义和价值特质论》，《北京大学学报》（哲学社会科学版）2016 年第 9 期。

"绿色政党（政治）—绿色政府（行政）—绿色治理"几个阶段。长期以来，学术界对"绿色"治理的研究一般集中在环境治理，力图解决在传统工业文明框架下的环境污染问题。近年来，随着"绿色化""绿色发展""绿色转型"等理念的不断提出，学界对于绿色治理的研究也赋予了更深层次的含义。从实践角度看，绿色治理在一定程度上来说也是治理的"绿色化"或绿色"化"治理，即推动治理从"非绿色"或者"不够绿色"到"绿色"的过程。当前国内外学者对绿色治理有着不尽相同的解读。Weston 等强调绿色治理对于生态生存与人类权利具有重要作用，并提出传统"人类中心主义"的发展方式让现有的治理结构出现了国家与市场的联合共谋，未来"以生态为中心"的治理体系会让人类的权利与自然权利更加明晰。① Pedersen 认为，绿色治理作为一种新的发展范式，能够引导人类重新考量生态环境与人类发展的关系。② 李维安认为，绿色治理并不意味着用生态环境承载能力去约束高质量和高效益的经济发展，而是进一步通过多元治理主体的参与，以创新技术、方法和模式促进经济可持续发展，实现环境建设、生态文明建设与经济、政治、文化和社会发展的有机统一，是一种符合发展规律的崭新理念。③ 杨丽华、刘宏福认为绿色治理是以生态环境问题为中心，且包含其他与生态环境问题相关的社会问题和经济问题的多元治理主体进行的治理活动，其目的是实现人类与自然的和谐共生。④ 廖小东、史军认为绿色治理就是政府引导下的多元主体参与公共事务的管理过程，形成共建、共享、共赢、共治的新局面。⑤ 苑琳、崔煊岳则从系统论

---

① Weston, B. H., Bollier, D., "Green Governance: Ecological Survival, Human Rights, and the Law of the Commons", *American Journal of International Law*, Vol. 108, No. 1, 2014, pp. 131 – 136.

② Pedersen, O., "Green Governance: Ecological Survival, Human Rights, and the Law of the Commons by Burns H. Weston and David Bollier", *Journal of Law & Society*, Vol. 40, No. 3, 2013, pp. 468 – 471.

③ 李维安：《绿色治理：超越国别的治理观》，《南开管理评论》2016 年第 12 期。

④ 杨丽华、刘宏福：《绿色治理：建设美丽中国的必由之路》，《中国行政管理》2014 年第 11 期。

⑤ 廖小东、史军：《绿色治理：一种新的分析框架》，《管理世界》2017 年第 6 期。

的角度出发，认为绿色治理是由政府绿色治理、社会绿色治理、市场绿色治理等子系统构成的协同体系。① 学者们从不同研究视角和逻辑对绿色治理概念的界定也体现了绿色治理研究的多元化，但多数学者依然只是从"生态治理"这一狭义视角对绿色治理进行内涵界定。党的十九大明确提出"八个明确"和"十四条坚持"，使得绿色治理的内涵与外延得到了拓展。从广义的角度出发，我们可以把绿色治理界定为多元治理主体为满足人民美好生活需要，以绿色价值理念为指导，以发展绿色经济、建设绿色社会、倡导绿色生活、培育绿色文化为基本内容，实现经济、政治、社会、文化和生态协调发展的活动或活动过程。而公园城市充分体现了绿色治理的目标；绿色治理则充分彰显了公园城市的治理路径。

三　公园城市的绿色治理

作为城市治理的导向与目标，公园城市治理必然以绿色价值理念为指导。为此，应从治理理念、治理场域、治理逻辑、治理动力、治理机制、治理技术、治理文化七个方面实现公园城市的绿色治理。

（一）公园城市绿色治理必须以绿色价值理念为引导

长期以来，"绿色"价值理念主要体现在防治污染等生态环境保护方面。城市绿色治理也主要侧重于城市环境的治理。公园城市绿色治理不仅指的是生态环境的治理。在公园城市治理中，要从顶层设计框架下将"绿色"理念植入治理过程中的各个方面。在公园城市治理中，要将绿色理念植入经济发展过程中，即大力发展绿色经

---

① 苑琳、崔煊岳：《政府绿色治理创新：内涵、形势与战略选择》，《中国行政管理》2016年第 11 期。

济，倡导绿色生产；在政治建设方面，将绿色理念融入政治生活，形成风清气正的绿色政治生态；在文化建设中，弘扬绿色文化，构建天、地、人有机统一的和谐思想；在社会建设方面，将绿色理念融入社会领域，倡导绿色生活，大力推进绿色饮食、绿色出行、绿色教育、绿色医疗等；在生态文明建设方面，要秉承"绿水青山就是金山银山"的新价值理念，将公园城市建设得天更蓝、地更绿、水更清、环境更优美。要积极把绿色理念内化为绿色治理主体的自觉性行为，以推进人与自然和谐共生作为价值取向，使绿色文化深度融入主流价值观，让绿色生产、绿色生活成为全体人民的思想自觉、行动自觉与文化自觉。

（二）公园城市绿色治理必须以城市正义空间为治理场域

公园城市作为城市绿色治理的目标与理想状态，必须以人、城、境、业有机统一的正义空间为治理载体。一要坚持以人为本的治理理念。城市空间的治理宗旨是为了实现人们美好生活需要，而不仅仅是 GDP 的增长。公园城市治理的目标就是要让城市空间成为人们全面而自由发展的有效载体。二要坚持差异性治理原则，要将对弱势群体的相对剥夺降低到最低限度。由于资本作用的空间生产和生活累积往往导致不利于贫困人口等弱势群体的空间分配，城市功能发挥和系统运行也成为空间不正义的源头之一，从而导致弱势群体成为空间异化和空间边缘化的一部分。而正义空间就是需要通过差异性原则将这部分人群从边缘化中解救出来，保障弱势群体拥有平等享受公共空间的机会，能够平等参与城市生活。三要坚持环境正义。环境正义简单地说就是公民对于环境资源的平等使用和对于环境风险与责任的公平承担。① 环境正义不仅仅是地理意义上的环境保护问题，还包括经济意义上对环境破

---

① 刘海龙：《环境正义：生态文明建设评价的重要维度》，《中国特色社会主义研究》2016年第 5 期。

坏程度以及由此应承担环境保护和修复责任的环境正义，也包括政治意义上人们对于环境开发、利用中表达诉求和决策能力不同而产生的环境正义问题。

公园城市的绿色治理要求必须把环境正义原则作为城市治理的基本原则。一是通过政府力量弥补资本和市场的缺陷。要充分发挥政府的规导作用，抑制资本与市场追逐利益最大化的逻辑导向，努力避免城市正义空间缺失问题。二是将社会组织和公民参与融入公园城市治理。要进一步扩大公民参与，以规范的程序和标准使得利益相关者表达各自诉求；充分发挥社会组织对政府的监督、评价作用，让城市空间实现共建共治共享，使公园城市真正成为"满足人民美好生活需要"的共同家园。通过打造城市治理场域的空间正义，实现城市山脉、水脉、人脉、产脉、文脉"五脉"融合，打造出山、水、林、田、人、业、居有机融合的城市和谐空间体系，以更好地满足人民对美好生活的需要。

（三）公园城市应以多元主体"共建共治共享"为治理逻辑

新时代是一个共治的时代。公园城市绿色治理需要多元主体合作共治，政府、市场、社会之间要形成一种"共生"的关系，在治理中彼此间要协同、合作、共治、共享。政府在公园城市绿色治理的作用主要体现在三个方面。一是政府对其内部进行绿色治理，要大力实施行政审批制度改革，全面深化"放管服"改革，切实推进政府职能转变，构建科学合理的政府治理结构。二是处理好政府与市场之间的关系，发挥好政府"有形之手"的作用。要把政府的宏观调控功能与市场"无形之手"相结合，以充分激发市场活力，实现绿色经济持续健康发展。三是发挥好政府引导社会治理的功能。作为社会治理的重要主体，政府应在社会治理中积极培育绿色社会组织，推进绿色服务。市场绿色治理表现为市场在公园城市治理中对资源配置起着决定作用，尤其要在供求、价格、竞争等方面实现资源优化配置与效用最大化，促进绿色生产、绿色消费走向主流，倒逼绿色治理创新。① 社会绿色治理主要体现在公民参与方面。要始终把"实现好发展好维护好最广大人民群众的根本利益"作为城市绿色治理的出发点与落脚点，积极鼓励和支持社会各方面力量参与公园城市绿色治理，加快实现政府治理和社会自我调节、居民自治良性互动。政府绿色治理、市场绿色治理和社会绿色治理是公园城市治理中的有机整体，三者是党领导下实现公园城市绿色治理不可或缺的治理力量。

（四）公园城市绿色治理应以市场优化资源配置为治理动力

绿色治理也是一种遵循自然规律和社会规律的高质量治理。公园城市的经济绿色治理要求包括政府在内的治理主体必须切实遵循市场经济发展的根本要求，切实遵循市场规律和价值规律，充分发挥市场在资源配置中的决定作用。为此，应主要从以下两方面着手：一是发挥市场的利益驱动作用。利益驱动是市场经济的根本动力，通过市场经济引起的供求关系变化实现资源的优化配置，即根据市场供求关系实现资源向着价高利大的方向倾斜，通过价格、竞争等机制实现资源的合理分配与流动。人们在利益驱动机制下，能够根据各自所需进行自由而平等的交换活动，这是他们获得平等、满足和幸福的重要前提。二是要进一步深化供给侧结构性改革。所谓供给侧结构性改革，就是以供给侧为改革突破口，在制度、机制和技术三个层面推进结构性改革。② 在我国当前经济新常态下，供给侧结构性改革主要就是要放松管制，降低制度性成本，通过建立健全"法无禁止皆可为"的"负面清单"，进一步激活市场经济的活力和动力。无论是发挥好市场的利益驱动作用，还是进一步深化供给侧结构性改革，核心都是要正确处理好政府与市场之间的关系。这必然要求，在充分发挥市

---

① 夏志强、付亚南：《公共服务多元主体合作供给模式的缺陷与治理》，《上海行政学院学报》2013 年第 7 期。

② 冯志峰：《供给侧结构性改革的理论逻辑与实现路径》，《经济问题》2016 年第 2 期。

场在资源配置中的决定作用，同时更好地发挥政府的作用。

（五）公园城市绿色治理必须不断创新绿色治理机制

机制是一个工作系统的组织或部分之间相互作用的过程和方式。在社会科学领域，机制指的是在人们交往过程中的某个场域内，通过某种动力促使参与主体借助一定的方式、途径或方法趋向或解决目标的过程。[①] 公园城市绿色治理机制是以绿色价值理念为引导的一种治理机制，包含治理目标、治理动力、治理主体、治理场域与治理方法等。创新公园城市绿色治理机制应着力从顶层设计、公民自治和法治保障等方面整体性推进。一是强化顶层设计，就是要从城市治理体系和治理能力现代化的高度设计出包括公园城市绿色治理理念、制度、体系、运行方式在内的一整套公园城市治理体系。二是要基于共建共享共治的公园城市治理逻辑，进一步健全公园城市自主性治理的驱动机制。随着民主法治观念不断加强，各类民间组织等社会自治组织在城市治理中发挥愈加重要的作用。社会自治组织不仅能有效防范公权力的扩张，还能够抑制私权利的滥用，有助于建构民主参与、多元互动、自主性治理的社会秩序，加快形成民主化、法治化的社会治理机制。在公园城市治理中，社会自治组织不仅能加强公民的参与自觉，提升情感认同度，还能够在社会冲突和秩序稳定方面发挥积极的作用。三是完善法治保障的约束和监督机制。改革开放以来，我国社会结构的变动和社会形态变迁给城市治理带来了许多不确定因素，产业结构调整以及文化和价值观念的转变都给人们带来前所未有的挑战。这就要求我们必须通过法治实现主体行为的规范性，让各行为主体都能够在法治范围内自主有序地安排各自生产生活，从而建立健全有序和谐的社会秩序。因此，公园城市的治理也必然需要法治作为约束和监督机制。

---

① 霍春龙：《论政府治理机制的构成要素、涵义与体系》，《探索》2013 年第 1 期。

（六）公园城市绿色治理必须以智慧城市为治理技术手段

物联网智慧化的发展为城市治理提供了良好的发展机遇。当前公园城市治理应将物联网智慧化技术作为重要动力，将其贯穿于治理的全过程。公园城市的智慧化治理要以现代信息技术为基础，依托信息产业发展和技术创新应用推动城市经济社会发展模式转型和城市治理的现代化，要通过整合各种信息资源，全面提升城市居民的生活质量和幸福指数，将信息化、工业化和城镇化深度融合，从而实现经济、社会、生态的可持续发展。① 公园城市的智慧化治理要从以下三个方面来进行。一是资源信息共享。当下城市中已建立起办公自动化系统（OA）、管理信息系统（MIS）、地理信息系统（GIS），但各系统之间通常都是独立存在，降低了工作效率，造成资源浪费。要建立起资源信息共享机制，打破各系统单独建设、零散独立的状态，通过点线面结合对各部门信息整合、相互传递，运用大数据技术建立云数据中心，促进信息资源集成共享和互联互通，实现经济、社会、生态等的高效、绿色发展。二是创新发展。在绿色理念引导下，将现代信息技术与低碳技术、循环技术、节能技术及其他可持续发展技术相结合，建立以创新驱动为引领、低耗高能为基础、绿色环保为目标的现代化的城市绿色治理体系。加大在绿色低耗和环保等方面的研发资金投入，实现产业技术与绿色金融的有效衔接。三是形成智慧的生命共同体。公园城市首先在"公"，不仅仅是资源信息共享，更要形成天、地、人、境和谐共生和资源共享的美好局面。要将大数据技术、绿色供应链、区块链技术、物联网技术等深度整合，共同打造公园城市"天人合一"的美好境界。

---

① 辜胜阻、王敏：《智慧城市建设的理论思考与战略选择》，《中国人口·资源与环境》2012年第 5 期。

（七）公园城市绿色治理要以绿色生产、绿色生活为文化自觉

一切社会活动都属于文化活动，因此，文化与治理自然是分不开的。我国自古就有关于文化与治理之间紧密关联的表述，"上古结绳而治，后世圣人易之书契，百官以治，万民以查"[1]。公园城市绿色治理，自然要在我国国情和文化脉络下进行，要形成一种文化自觉。文化自觉就是要了解孕育自己思想的文化，[2] 要将中华民族的传统思想和新时代的新发展理念贯穿于公园城市绿色治理之中。新时代，绿色治理已成为国家治理体系和治理能力现代化的重要内容。公园城市绿色治理，就要形成一种以绿色为理念导向的文化自觉，即大力发展绿色生产、积极倡导绿色出行与绿色消费。绿色生产就是要采用低碳环保的生产方式开展生产活动，做大做强绿色产业。要采用新能源技术进行绿色生产，促进资源的循环和可持续利用，降低生产活动的污染物排放等，从而实现生产方式的绿色化。绿色消费就是要树立一种理性的、环保的、可持续性的消费观念。它主要包括：消费中选择绿色产品；适度消费，不铺张浪费；对消费产生的垃圾进行环保处理。鉴于城市空间与土地资源的有限性，公园城市治理迫切需要倡导绿色出行。公园城市绿色治理需要统筹城市交通规划，出台绿色出行的整体规划与制度设计，优先发展公共交通，大力发展新能源交通工具，引导社会主体形成绿色出行的习惯。

总之，绿色治理理念、治理场域、治理逻辑、治理动力、治理机制、治理技术、治理文化共同构成了公园城市绿色治理的要素体系，并形成了如下良性互动模型，共同推进公园城市绿色治理，并以绿色治理进一步加快公园城市建设。

---

① 阮元校刻：《十三经注疏》，中华书局1980年版，第632页。
② 费孝通：《从反思到文化自觉和交流》，《读书》1998年第11期。

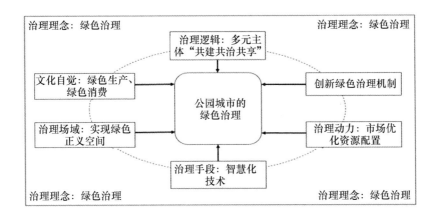

图1　公园城市的绿色治理路径

结　语

　　作为城市治理的一种新的治理目标，公园城市是关乎国家治理现代化的重要命题，也是满足人民美好生活需要的时代价值体现。"绿色"是公园城市的底色，城市"治理"自身也有一个"绿色化"过程，二者水乳交融于公园城市这个城市命运共同体之中。公园城市是城市绿色治理的目标，而绿色治理则是公园城市的治理诉求与路径遵循。通过绿色治理理念的价值引领，实现理念、场域、动力、机制、技术、文化的有机结合，能够为新时代公园城市绿色治理提供有效的理性路径。公园城市绿色治理就是要依据不同城市的历史和现实情况，以满足人民美好生活需要作为治理宗旨，在扬弃传统城市治理经验的基础上不断创新，着力打造统筹生产、生活、生态三大布局的城市绿色治理新格局，进而深入推进城市治理体系和治理能力现代化。

　　（作者：四川大学公共管理学院教授史云贵，四川大学公共管理学院博士刘晴）

下　篇

公园社区的治理机制

公园城市"村改居"社区的治理路径

——以城南坡社区的治理为例

一 公园城市建设中的人本逻辑

古希腊的亚里士多德曾提出"人类自然是趋向于城邦生活的动物"。人们来到城市是为了生活，人们居住在城市是为了生活得更好。因此，从城邦诞生时起，生活在城邦中享受美好生活就一直是人类追求的主要目标之一。2018 年 2 月，习近平总书记在四川天府新区视察时提出，天府新区是"一带一路"建设和长江经济带发展的重要节点，一定要规划好建设好，特别是要突出公园城市特点，把生态价值考虑进去，努力打造新的增长极，建设内陆开放经济高地。

"公园城市"建设理念的提出恰恰契合了新时代人民群众对美好生活的品质要求。公园城市建设的重点在"园"，是以生态保护、修复和建设为基本前提，构建全域覆盖的生态网络，引导城市发展从工业文明转向生态文明。公园城市建设的出发点和落脚点是"人"，从经济 GDP 转向绿色 GDP，以绿色低碳循环的现代化产业发展带动城市高质量、可持续发展，是以满足市民百姓的美好生活的向往为目标。新发展理念下的公园城市是新型城镇化建设的一个样板。

二　城镇化与实现人的发展

从农村走向城市是人类发展、社会进步的必然趋势。中国城镇化推动农村社会开始向城市转型的步伐。应当承认，城镇化是一个牵一发而动全身的大工程。其核心目标在于实现人的发展。改革开放初期，我国经济增长得益于劳动密集型产业的发展，农民工在城市打工在一定程度上构成我国工业生产的比较优势。不仅如此，通过工业化提供的就业机会吸纳农村剩余劳动力，还可以解决乡村的就业和贫困问题。

必须看到，在城镇化的初期，大量农村人口在城镇中生活和就业，但他们多数却没有成为所在城市的市民，他们不享受与城市居民均等的保障和福利，而是游走于城市的边缘，穿梭于城乡之间。这种模式在当时的历史条件下发挥了一定的积极作用。一方面，由于城市提供公共服务的能力比较有限，没有农民转市民的压力，城市在公共福利和公共财政上的供给基本上是可控的。另一方面，在城市发生危机时，农民工也可以通过返乡规避城市萧条状态。例如在2008年的金融危机发生以后，我国农民工返乡情况增加，体现了对金融危机的灵活应对。

但这种模式的城镇化对"人的发展"是不友好的，并影响了城市的长远发展。首先是由于户籍制度的限制，降低了农民工在城市就业的收入预期，限制了农民工进城的意愿。2005年以来我国东部沿海出现"民工荒"现象就是典型案例。一般认为，"民工荒"现象是我国人口结构中劳动人口比重或劳动力宏观供求关系发生变化的结果。但实际上的根本原因在于，由于严格的户籍制度，来自农村地区的"外乡人"在城市受到的不平等待遇，客观上遏制了农民工流入城市劳动力市场的意愿。从这个意义上说，缺乏市民化的城镇化总体会影响城镇的建设。

其次是它不利于推动经济发展方式的转型。由于缺乏市民化，城市工业部门一直缺乏稳定的劳动力供给。劳动者在城市就业若干年后返回农村，使一批又一批的劳动力停留在简单劳动力水平，而城镇中的企业则在非正规用工的状态下不愿或者不能对农民工进行系统化技能的培训，产业升级所需要的高技能的劳动力缺乏，企业向更高水平的结构转型升级难以完成，最终导致生产的低水平重复。当前，城市企业在食品安全、施工安全、产品质量等各个方面遇到的严峻问题，在一定程度上也与缺乏高技能的人才，以及农民工身份转型难有关。农民工的非市民化还导致了滞留在农村的农民工家庭的危机，加剧了留守儿童、留守老人的困难处境。由于城市身份问题，农民工虽在城镇工作，但却无法让子女享受城镇优质的教育资源，造成农民工子女的受教育瓶颈，继而发生"贫二代"和"农二代"的代际继承，从而固化了国家依托简单劳动力和低成本劳动力的经济发展模式。

最后是缺乏市民化的城镇化不利于社会稳定。这主要是由于农民工及其家庭的教育、健康、公共卫生、居住等基本需求不能得到满足，其合法权益不能得到保护而带来的。在城市内部，非市民化形成新的隐性的"二元"结构，造成城市本地人和农民工之间的社会心理隔阂，在日常的生活和交往中引发社会冲突，加剧了社会分裂，给社会稳定带来隐患。

三　新型城镇化与社区治理的挑战

与传统的城镇化把物质财富的增加作为实现手段和追求目标不同，新型城镇化的目标不仅在于拉动经济发展。提高城市品质、改善公共服务，提高公民自身的生活品质也成为重要组成部分。在全面建成小康社会、实现第一个百年奋斗目标之后，中国进入新发展阶段。经济结构进一步优化、城乡区域差距进一步缩小、新发展阶段的特征是高质量的发展。中国的城镇化已经不再是单纯追求城镇化的速度，更关注如何满足人民日益增长的文化生活的需要，增强社会权利和改善人们的生活品质。无论是公园城市还是新型城镇化建设，本质上是遵循新型城镇化建设逻辑建立的，更多地被赋予了满足"人对高品质生活追求"的内涵。

随着城镇化、城乡一体化的快速推进，"城中村"改造、撤村并居的步伐逐渐加快，不少农村土地和农民房屋受到征收拆迁，农民在失地拆迁后往往被整体迁移，并被集中安置在新的城镇社区，成为新型城镇化的助力军。而被征地农民在城镇地区被安置的统一的社区内，成为典型的村改居社区。

村改居社区的建立并不是简单地将村民户籍转变为城市户籍后集中划定的居住区，而是要通过村改居社区的建设，使农民更快、更和谐地融入城市的生活，使村改居的居民有更多的获得感、幸福感、安全感。村改居社区的治理成为基层治理中的一个关键层级，其治理的好坏直接关系到民众的切身利益和福祉。这与新时代以来实现基层治理体系和治理能力现代化的要求相吻合。但在具体实践中，实践经验不足，本身存在问题较多，情况较为复杂，治理的难度较大。随着我国城镇化水平不断提高，对村改居社区的治理提出了更多的要求。2019 年末，我国城镇常住人口达到 84843 万人，占总人口比重为 60.60%，我国城镇化率开始首次超过 60%。2020 年我国常住人口城镇化率达到 63.89%，城镇化建设取得了巨大的进展。[①] 从城镇化率看，我国已基本完成了《国家新型城镇化规划（2014—2020 年）》提出的目标，但无论从居民层面看还是从社区层面看，村改居社区真正实现向城市社区的转型还面临诸多挑战。

从居民层面看，国家对村改居村民提供补偿安置社区，社区内的居民也由农业户口变为城市户口。但村改居社区推动传统农民身份向市民转型的过程，并非自然形成的产物，而是人为推动的结果。

---

① 《人口数据中的机遇与挑战》，《经济参考报》2021 年 5 月 17 日。

村改居居民搬入城市生活后，也渴望得到与城市居民一样的机会、一样的体面工作和舒适的生活环境。但城市与农村之间客观上在文化、风俗习惯、思维方式等方面存在着巨大的差异，村民之间、村民与市民之间的契约精神和信任未能建立。在新技术条件下，社会生产方式的转型，村改居居民已有的劳动技能已不能为城市提供有效的服务。城市生活冲击着农村原有的价值体系，村民的身份、谋生手段、居住条件、生活方式乃至思想层面也需要进行调试。对此，必须予以重视和引导，否则容易引发社会问题。

从社区运转的逻辑看，制约社区发展最重要的因素是物质资源的匮乏。资金是社区组织活动的关键。村改居社区多数由政府倡导成立，经费大多来自政府补助和集体收入，渠道单一、有限。资金不足，组织本身创收能力较弱，都会对社区各个组织的正常运行和发展造成障碍。

此外，从农村地区向城市社区转型的过程中，村改居社区虽具备城市社区的外部形态，但并不具备城市社区的精神内核。农村地区和城市社区的两种管理体制存在着一些不相匹配的制度设计，并非轻而易举地就能实现平稳的对接和过渡。比如，村委会所享有的集体经济功能，是城市社区居委会所不具备的，因而在村改居过程中要处理职能转换、资产处置、社保安置等一系列难点问题。村改居社区复杂多变的局面需要高水平的专业社工人员来处理和解决。但社区除居委会外，往往没有公益类社会组织、业主委员会、物业组织，无法有效解决居民意愿和诉求；社区的服务人员在专业理念、知识与技巧方面无法有效满足居民服务需求。由于缺乏经费支持，社会组织无法引入社区。有专业能力的工作者因薪资待遇问题也不愿来社区发展，这在客观上加大了村改居社区治理的难度。此外，如何营造更为平等和积极的参与氛围，体现出生产、生活、生态、人与人之间的和谐发展的本质，也是村改居社区治理面临的问题。简言之，这些问题如果不能有效的解决，在宏观层面上就可能影响到城乡一体化建设的成效和社会和谐稳定的大局。

四　城南坡社区的治理实践

　　城南坡社区是 2000 年成立的典型的村改居社区，是农民的集中安置社区。社区横跨 8 个区，总人口约 1 万人。其中，以老人、儿童、残障家庭、困难家庭居多，社区居民从农民到市民的角色大转换过程中，居民的身份意识模糊、参与意识不强、协商能力不足、社区共同体认同欠缺。与其他村改居社区一样，城南坡社区因资源有限，资金匮乏，服务性设施缺乏，居住环境安全性差。由于小区的构建模式千篇一律、缺乏特色，在不同程度上存在管理主体混乱、机制滞后、公共服务不健全等，这些都是村改居社区在治理过程中需要重视的问题。

　　按照现代治理理念，在社区治理过程中，"政府—社会—市场"交互构成的三种力量影响了社区治理的基本要素，即以地方政府、街道办事处、社区党委为代表的政府力量，以企业、社会组织等企业主体为代表的市场力量，和以居委会、业主委员会等为代表的社会力量。换言之，政府机制、社会机制、市场机制是村改居社区治理的三种主要机制。对此，为实现对社区的有效治理，在社区党委的不断引领、探索、创新下，形成了特有的村改居社区的治理路径。其基本做法如下。

　　一是从政府层面看，加强党建引领。

　　党政群体改变了传统的、自上而下的社区管理方式。将社区各主要群体划分为党政群体、军人群体、社团群体、普通居民几种类型。通过明晰职权，综合调动政府、社会和市场等不同主体的优势和资源，让各个主体发挥应有的作用。党委通过"组织建在院落、组织建在单元、组织建在家门口"的做法，以"网格化"党建模式筑牢组织阵地。为发挥战斗堡垒作用，各支部以"一个支部一座堡垒、一名党员一面旗帜"为宗旨，定岗定责，在服务过程中亮身份、亮家庭、亮能力、践承诺，参加社区治理和积极发挥党员在党建引领、民生服务、社区治理中的先锋模范带头作用，开展优质服务，塑牢党员形象。

在开展教育方面，坚持"融入日常、抓在经常"，实现思想统一、深度融合。创新开展党史学习教育廉情坝坝会。在党史学习教育中，充分发挥党员党史学习教育的"收音机、录音机、播放机"的功能，通过党史学习教育促进共学、党员示范行动促进实事时办、群众参与促进人人共享。在当前开展的党史学习教育中，强化"我为群众办实事"意识，针对老人、困难家庭、残障家庭等群体开展关怀活动，送去党的温暖与关怀。其中，针对复转军人这一特殊群体，社区还通过平台打造，为退役军人开通了绿色服务通道。

二是从市场力量看，引入社会组织进行协同治理。

城南坡社区从 2017 年开始着手解决资金问题，探索村改居社区治理的新路径。2018 年通过对社区资源的集约优化，腾改出闲置房，作为招商引资的出租房，租赁给外来企业和社会组织作为工作场地。通过与引入社会组织签订战略合作协议，先后引进 5 家企业和社会组织、成立两个基金会，构建出协同治理的格局：引入的社会组织自主承担场地费、人员工资、水电气费，进行商业管理运营，同时为社区群众提供公益服务。这种治理模式，可以起到"一石四鸟"的作用：既让社区的闲置资源盘活，又增加了居民就业机会；既节约了社会组织成本，又节省了社区公共服务经费。据统计，社区组织提供的公益服务，使社区每年节约公共服务购买费达 50 多万元。同时，新入驻的社会组织也获得自身良好的收益。其中，社区组织提供的社区托育服务的收入增长最快，营业额从 2018 年的几万元增长到 2020 年的 60 多万元。除了引入社区组织外，2020 年社区还自主孵化了自己的公益组织——城南坡康养医疗服务中心，成功获得了市级 80 万元资金的支持。康养中心每年为 1300 多名老人提供每年 3 次免费健康理疗、1 次皮具美容等价值 8 万余元的公益服务；而社区所辖的创业空间组织则解决了部分就业岗位等。

社区目前注册在册的志愿者达 1300 余人，提供的公益服务主要包括为困难家庭、400 余名残障人士提供免费技能培训。社区从2012 年就开始了志愿者服务的积分兑换工作，制订了积分兑换标准，并于 2016 年建立了慈善超市。超市囊括了 600 多种居家生活用品和粮油副食，实现了积分—积分购物券—生活物品的兑换。积分兑换激励机制较为有效地解决了以往政府在购买服务过程中的资金短缺问题。

社区组织提供的多种服务样态，目前已可以满足居民不同层次的需求。通过这种运营模式，基本实现社区的自我造血和可持续发展，彻底减去政府兜底和社区托底的资金压力。

三是从社会力量上看，通过社区营造，激发社区各主体参与热情。

城南坡社区全力为居民打造了一个良好的生活环境。首先是以公园城市建设的理念为社区环境维护的主要内容，以美丽、和谐、宜居作为社区建设的目标，以"颜值高""观赏性强""有故事"的社区治理新标准，实施老旧院落"微景观"打造，做好景观环境的优化，提升社区整体的环境品质；积极探索实施垃圾分类管理新模式，通过开展垃圾分类、垃圾定点、定时投放、垃圾积分兑换服务等方法，有效解决了居民生活垃圾乱丢、乱扔，环境、卫生脏乱的突出问题，提升生活环境质量；加强安保措施，对社区监控设施进行提档升级、车辆出入道闸增设人脸智能识别等，提升了社区的安全度，为全体居民打造了舒适、宜居、安全的社区环境。

为了实现让社区全体共享服务的目标，通过全方位的资金运作，构建多样化的共同参与平台，拓展社区各主体的参与渠道。其中，以积分制为基础的服务衡量机制量化了社区各群体的服务成果，提高了社区各类群体的活跃度；通过积分制，社区普通居民既成为公益事业服务者，又成为公共服务的获益者，在谋求共同利益基础上实现了服务的良性循环，保障了社区服务的持久力。

从 2018 年以来，社区党支部积极响应建设"新时代文明实践中心"① 的号召，践行社会主义核心价值观，在社区开展了一系列文明实践活动。包括以"睦邻友善""睦邻手拉手""睦邻托幼""友善公益日""邻里互助日""文明搭把手"等为主题的关爱服务，以及"睦邻家风""睦邻好人"等系列评选活动等。其中，以"睦邻"为主题打造的"睦邻托幼"工程，成功获得了成都市发展治理保障资金 18 万元的支持。城南坡社区本身也成为新时代文明实践示范社区。这些做法激励老百姓积极参与文明实践活动，提升了居民的道德水准、文明素养和文明程度，提升了社区居民的归属感、认同感，激活了社区居民的参与意识和文明意识。

在激励居民参与社区公共事务的过程中，针对社区退役军人多这一特点，社区注重发挥退役军人这一群体的模范先锋作用。社区书记本身就是一名转业军人，对军人有特殊的情感。在他的带领下，社区成立了退役军人服务站、退役军人之家、老兵报道工作室、老兵茶馆、老兵厨房，开展对退役军人常态化的服务。老兵茶馆从 2017 年开业到现在，已免费为退役军人提供 6 万杯、价值约 30 万元的茶水，受到广大退役军人的一致好评。社区康养医疗服务中心则为退役军人建立健康档案，提供免费体检、健康咨询、每月 2 次免费康养、7 折健康理疗等服务。此外，还建立了就业创业服务平台，建立退役军人就业创业需求数据库，由专业志愿者服务团队免费为退役军人开展就业培训、提供就业扶持、推荐就业岗位。为丰富退役军人的精神生活，社区还组建了由老兵参与的书法队、象棋队、乒乓球队、徒步队，组织各类教育培训、观看红色电影、参加"红色之旅"等活动，践行社会主义核心价值观，大力弘扬"爱党、爱国、爱军、爱家"。实现社区退役军人零投诉、零上访、零纠纷，适龄退役军人零失业的成绩。

---

① 《习近平出席全国宣传思想工作会议并发表重要讲话》，2018 年 8 月 22 日，中国政府网，http://www.gov.cn/xinwen/2018-08/22/content_5315723.htm。

社区为退役军人提供的贴心服务，激发了退役军人参与建设社区的热情。退役军人本身政治素质高，党性强，工作作风雷厉风行，因此成为社区各项工作的中坚力量。2020年新冠肺炎疫情防控工作中，由退役军人组成的"绿军装"志愿者服务队，勇当"急先锋"，协助社区筑牢了社区防疫线。此外，退役军人参与的老兵党支部、567老兵纠纷调解队、疾风应急救援队、垃圾分类文明劝导队都取得较好的工作成效。自2018年开展社区垃圾分类以来，在老兵垃圾分类文明劝导队的劝导、巡护，城南坡社区在万安街道举办的评比活动中，均获得排名第一的成绩。2021年3月整个社区已经实现了全面的垃圾分类。

五 自生型治理：经验与特征

城南坡社区的治理模式具有自生型治理的特征。自生型发展是在1988年联合国教科文组织编撰的《内生发展战略》一书中提出来的。该书认为，"内生型发展在形式上发展应该是从内部产生的，内生型发展是以人为中心的发展，两者存在统一性。即在目的上，内生型的发展是为人服务的"①。从表面上看，城南坡社区的社区治理模式涉及社区的多个群体、组织与机制。但在实际上，其治理措施恰恰符合自生型发展的逻辑。通过社会治理制度创新，建立和完善相关制度体系，搭建多样化平台，建构符合社区特点的共性机制，建立了一个人人有责、人人尽责、人人享有的社会治理共同体。正如社会学家指出的：一个成熟的具有生命力的社区，往往由"具有同质价值观、关系亲密、守望相助、休戚与共，同甘共苦"的共同体组成，共同体"各要素之间的协调运转对于维护区域稳定和繁荣

---

① 《内生发展战略》，社会科学文献出版社1988年版，第2页。

起到良好的作用"①。

随着"放管服"改革的不断推进，党政群体主动承担起了内生治理模式的引领者和设计者的角色。很多有益的议案，均是在以党支部为核心的领导班子集思广益、群策群力下提出的。除了进行社区动员、凝结共识和集体行动外，村改居过程中与土地权属相关的利益分配、集体资产的处置等事项存在的灵活性和模糊性，也决定了领导核心的作用和角色至关重要。此外，党政群体在工作流程、财务管控等方面都比较规范，为社区树立了良好的规则意识，鲜活地展现了基层社区党组织与时俱进、为人民服务的风范。因此，在村改居的变迁和制度创新过程中，社区党组织领导核心是社区治理的政治保证和组织保证。

自生型治理的主要特征在于社区发展的经费实现了自主，不再单纯依赖上级拨款。发展经费问题构成了城南坡社区实现运转的逻辑起点。社区首先对社区共有空间进行科学规划，对原有的杂物房、社区办公室、社区人员原临时宿舍进行优化、腾退，实现了对闲置资源的有效利用；通过共有资源的盘活，促使社区自治组织，以及其他非政府组织得以引进并提供服务；社会组织在商业运营的同时，提供有针对性的公益活动带动了居民的参与，焕发社区整体活力。目前社区治理的经费来源，不仅有上级拨款、向上级行政管理部门申请的项目经费，还有社区组织提供的物业费，以及社区自我造血的经费。不同经费来源最终指向了社区治理的共同目标。其中，上级拨款主要用于社区正常工作的开展运行，物业费是社区物业专项使用，向上级申请的资金用于社区教育、医康、智慧助学、助老等民生服务活动；自我造血部分来源于社区慈善超市、社区老兵茶馆、社区日照中心、社区厨房、社区托育中心、社区云电商、社区医康中心的收入和基金收入，主要用于社区的日常维护。

内生治理模式实质上是一次制度转轨，而我国农村管理体制和

---

① ［德］斐迪南·滕尼斯：《共同体与社会》，林荣远译，商务印书馆1999年版，第53页。

城市管理体制在制度设计上不完全是一一对应的关系。这也为转轨过程中的制度创新和实践突破留出了空间。城南坡社区正是其党组织利用村改居的制度空间，创造性地设置了治理机制和架构，才形成了适用于本社区的特色化治理模式。而且社区党组织把群众路线、协商民主、民主集中等党的工作方法和原则，很好地与居委会等社区自治组织和现代企业法人治理结构的理念、要求贯通起来，实现社区治理机制的创新。天府新区"公园城市"的建设标准，以及建设"全域化国际社区"的理念，① 使成立时间不长的城南坡社区顺利地对接了现代化社区治理的要求，实现社区的"自我服务""自我管理""自我监督""自我完善"，推动社区治理从权利义务失衡型向需求型和自治型转变，从"生存型"社区向"发展型"社区转变，最大限度地激发社区各主体参与社区建设的热情。目前，社区组织的活动均受到居民的热烈响应，居民主人翁意识增强，对社区工作认同感强，社区治理进入了良性循环，成功处理好了人、城、境、业之间的关系。

六　建构更为优化的村改居社区治理模式

从农耕文明走向共商文明是人类发展、社会进步的必然趋势。中国急剧的城镇化进程，快速推动了农村社会开始向城市社会转型的步伐。应当承认，城镇化是一个牵一发而动全身的系统工程。其核心目标在于人的发展。

在公园城市建设中，由于政府的出发点首先是城市面貌、财政收入、经济指标，而新市民塑造却难以被顾及，这一整合的重任落在了社区中。如何建构更为优化的村改居社区治理模式，既是一个学理上有待回应的议题，也是当前中国基层治理的现实所需。党的

---

① 《四川成都天府新区举行全域化国际社区建设新闻发布会》，《成都日报》2019 年 3 月 29 日。

十九大报告明确指出，加强社区治理体系建设，推动社会治理重心向基层下移，发挥社会组织的作用，实现政府治理和社会调节、居民自治良性互动，完善党委领导、政府负责、社会协同、公众参与、法治保障的社会治理体制。城南坡社区在十多年前所进行的村改居模式探索及其建立的一套治理架构和机制，恰与国家近些年提出的社会治理要求在很多方面不谋而合，从一个侧面展现出了具有预见性和超前性的基层智慧。以城南坡社区为原型展开思考，可以发现，治理理念、领导核心、机制设计是保障村改居社区良好治理绩效的关键点。

从治理路径上看，现代社会治理需要政府、市场、社会等多主体的共同参与。社区治理同样也有赖于来自政府、市场、社会的多种力量的共同驱动。自新中国成立以来，在单位制社会时期，我国曾长期奉行政府行政机制主导的一元化体制。后来，伴随市场经济体制的建立，逐渐形成了政府和市场共同发挥作用的二元治理机制。而今，社会治理上升为国家战略部署的重要组成部分，"政府＋市场＋社会"三种机制协同发挥作用是中国特色社会主义治理体系的应有之义。

一般就公共事务治理而言，主要有三种比较经典的思路：除了依靠政府干预的强国家模式（政府机制模式）和依靠市场力量的私有化模式（市场机制模式）以外，还有一种是依靠社会自主治理的模式（社会机制模式）。实践表明，无论是政府管理、市场调节，还是社会自治，现代社会治理的复杂性已远非上述三种思路所能单独解决的。在基层社区治理中，政府、市场和社会三种机制中的任意一种，均有出现失灵的风险。社区善治的实现，需要三种机制相互补充、相互协同，从而避免陷入因某一种主导机制失灵而引发的治理危机。

目前，我国"党委领导、政府负责、社会协同、公众参与、法治保障"的社会治理体制正逐步完善，但实现社会与政府、市场的良性互动仍将会是一个长期过程。中国幅员辽阔，各地在人文地理、自然环境等方面差异甚大，除了村改居社区，还存在着商品房社区、保障房社区、老旧小区、大院社区、商住两用社区、平房社区等多种类型，不同地域的社区之间，甚至于同种类型的社区之间往往情况迥异。因此，依靠单一治理机制和模式，难以应对复杂多样的社区治理现实。同时，差异性的普遍存在，也导致不可能存在可以解决所有问题的万能社区治理经验和模式，混合治理机制的运用将构成社区治理现代化的必然要素和基础。由此，村改居社区仅是中国众多社区类型中的一个，但其体现出的治理症结和难点具有共性特征，探讨村改居社区的优化治理模式对其他类型社区的治理也具有借鉴意义。社区呈现的"党支部领导下的政府、市场和社会三种机制协同治理"模式，对于破解城乡二元结构，实现从农村管理体制到城市管理体制的顺利转轨，具有鲜明的典型性和代表性。一是突出了基层党组织的领导核心作用，实现了"人转心不散"的要求，构建了边界较为清晰的组织架构，搭建了民主协商议事的通道；二是注重发展壮大集体经济，积极开发就业岗位，确保了原村民的收入；三是突出了社区的自我服务管理，为居民提供了内容更为丰富的社会服务，确保了社会的稳定。

总之，如何更好地发挥政府、市场、社会不同主体、不同机制的作用，更好地为村改居社区治理服务，无论在理论上还是在实践层面，都是一个意义深远的治理议题，其不仅是创新社会治理体制的一个重要方向，也是城乡体制改革的一个突破口。以党组织为领导核心、政府机制为主导、多种机制协同发挥作用、多元主体共同参与的治理模式，将是城乡社区治理的趋势所在。城南坡社区历经十余年发展的成功治理经验，正是在这个意义上为我们提供了宝贵的例证参考。这一具有中国特色的基层治理模式，不仅可以成为其他社区治理实践的借鉴，也为新时代中国特色社会主义治理理论的完善，提供了经验维度的现实支撑，并启发了进一步创新的思考空间。

（作者：中国社会科学院政治学研究所研究员徐海燕）

公园社区建设与公众美好生活感知

——基于天府新区的调查分析

一 公园社区建设：目标、理念与切入路径

2018 年 2 月 11 日，习近平总书记在四川天府新区视察时指出，要在城市治理的过程中"突出公园城市特点，把生态价值考虑进去，努力打造新的增长极，建设内陆开放经济高地"。作为"公园城市"概念的首提地，成都围绕公园城市建设这一城乡治理发展目标，进行了大量富有成效的探索和实践，并取得了丰硕的成果。作为公园城市构成的基本单元，公园社区不仅是其城市未来发展的底部支撑，更是公园城市建设品质与治理效能提升的重要基础。依托公园城市发展，公园社区建设经过三年的创新探索，逐步形成了相对成熟的推进策略与计划实施方案，具体反映在以下三个方面。

第一，以构建"美好生活共同体"作为公园社区建设的总体目标。公园城市建设体现了人与自然和谐生命共同体构建的实践探索，其逻辑基于对城市发展、人的全面发展、自然生态的系统整体认识，

是满足当前人民群众对美好生活新期待进程的重要推进。① 作为公园城市发展的重要构件，公园社区建设是实现城市治理效能提升的必要一环，其建设和治理水平直接关系到"能否从经济、政治、社会、文化、生态等多方面、多层次满足人民群众对美好生活的需求"②。因此，在建设发展公园城市的大背景下，四川省天府新区一方面着力强化在基层治理过程中党的领导作用，另一方面结合自身发展实际，在规划发展制定和创新实践探索等方面，确定和紧扣构建"美好生活共同体"这一建设目标，以期不断提升城乡居民的获得感、安全感和幸福感。

第二，以"创新、协调、绿色、开放、共享"五大新发展理念作为公园社区建设的实践指导准则。在深刻总结国内外发展经验教训、分析国内外发展大势的基础上，习近平总书记提出五大新发展理念，实际上就是要解决我国当前社会经济发展过程中有关动力、均衡、和谐、融入和公平正义五大问题。结合习近平总书记视察天府新区时特别强调，要把生态价值考虑进城市建设发展之中，这也为天府新区打造未来社区的实践探索指明了方向。针对这五大新发展理念，天府新区的广大干部、群众，在既往城市建设、社区发展的经验基础上，适时提出了高效推进公园社区建设的五大转变，即由"社区中建公园"向"公园中建社区"转变、由"社区空间建造"向"社区场景营造"转变、由"标准化配套"向"精准化服务"转变、由"封闭式小区"向"开放式街区"转变、由"规范化管理"向"精细化治理"转变。这五大转变与五大新发展理念有效匹配、衔接，有力地凸显了公园社区建设发展过程中的"人本治理逻辑"，为多元主体参与社区治理提供了有力保障，实现了空间尺度、居住环境、经济发展三者的有机融合。

第三，以"生态环境""空间形态""生活服务""人文关怀"

---

① 赵建军、赵若玺、李晓凤：《公园城市的理念解读与实践创新》，《中国人民大学学报》2019 年第 5 期。

② 史云贵、刘晴：《公园城市：内涵、逻辑与绿色治理路径》，《中国人民大学学报》2019 年第 5 期。

"社会关系"和"心灵感知"六大方面作为公园社区建设的切入路径。公园社区是公园城市的延伸，代表了新时代城市可持续发展的新方向，是整合包括生态、经济、文化和社会等多样化价值理念协同发展的结果，[①] 体现了系统性、实用性、文化性和未来性等多种特征要素。[②] 天府新区在三年多的实践探索中，基于构建美好生活共同体这一总体目标，深刻理解和践行五大新发展理念，以生态价值、美学价值、经济价值、人文价值、生活价值、社会价值为导向，逐步形成了秀美、优美、完美、善美、和美、甜美六个具体的公园社区建设目标。公园社区建设的"六美"目标以及六大切入路径，再次彰显了天府新区对于打造"人、城、境、业"高度和谐统一的城市经营理念，同时将人与自然、人与社会、人与他人、人与自我的和谐共生观念纳入社区治理建设的实施策略之中，形成规划科学、推进有度、预期可及、参与有序的良好格局。

二　公园社区建设的公众评价

公园社区不是对公园城市的简单微缩，其建设规划、理念、方式等依然会遵循"在公园中建社区"的原则，使整个社区的硬件设计与建设同社区活动场域中的"人"紧密关联，形成人、物、景、自然等诸要素的融合。对于天府新区三年来的发展，特别是对其公园社区建设成果独特性的评价，我们从建设成效与参与融合的视角对其进行了综合性的考察。从表 1 所列出的结果来看，在 2225 名受访者中约有 60%—80% 的居民给予了正向评价反馈，其中正向评价反馈占比最低的是"生态建设规划更前卫"（60.45%），最高的是"居民的生活方式更文明"（77.35%）；进一步比对会发现，涉及偏

---

① 王军、张百舸、唐柳、梁浩：《公园城市建设发展沿革与当代需求及实现途径》，《城市发展研究》2020 年第 6 期。

② 金元浦：《公园城市：我国城市发展战略的新高度》，《江西社会科学》2020 年第 12 期。

客观的建设成效类的正向评价反馈占比（60.45%—67.24%）略低于涉及反映居民感受与行为类的正向反馈评价占比（60.72%—77.35%）。

表1　　　　　　　　　　　　对于所在公园社区的建设评价

	是		否		不知道	
	频次	占比（%）	频次	占比（%）	频次	占比（%）
生态建设规划更前卫	1345	60.45	297	13.35	583	26.20
景观设计更专业	1351	60.72	319	14.34	555	24.94
绿化面积更大	1496	67.24	297	13.35	432	19.42
生态环境保护得更好	1651	74.20	204	9.17	370	16.63
居民参与污染防治的积极性更高	1573	70.70	210	9.44	442	19.87
居民的生活方式更文明	1721	77.35	188	8.45	316	14.20

此外，不考虑受访者对相关问题选择不确定的因素，仅比较人们的正反评价数据会发现（如图1所示），受访的天府新区居民对"景观设计专业化"有了更高的需求和要求（反向评价的人数为319人，居反向评价占比排名首位），而对"生态环境保护状况"的反向评价相对最低。

公园社区建设显然不是一个单纯的生态基建工程，而是将绿色生态理念融入社区治理之中，特别是要让社区居民享受到更高品质、更为满意的公共服务，例如公园社区的绿地可及程度、基于科技支撑的智慧小区建设等。为此，我们向受访的天府新区居民调查了其对近三年公共服务满意度评价的情况。从调查数据的统计结果来看，在以5分为满分的调查中，2225名受访者的公共服务满意度的平均分达到了3.86分（标准差为0.86），处于中等偏上的水平，该分值显著高于其测量数据的组中值（$t = 47.36$，$p < 0.001$）。从受访者在

评价过程中的评分分布来看，如图2所示，"基本满意"和"非常满意"两个选项的选择人数分别为973人、531人，合计占到总人数的67.60%，而明确表达"不满意"和"非常不满意"的人数合计84人，仅占到总人数的3.78%。

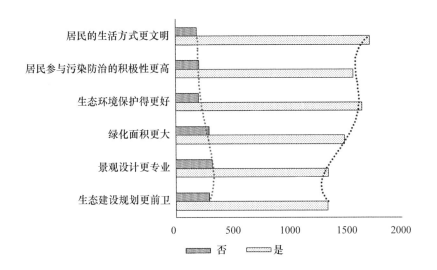

图1　关于所在公园社区建设的正反向评价

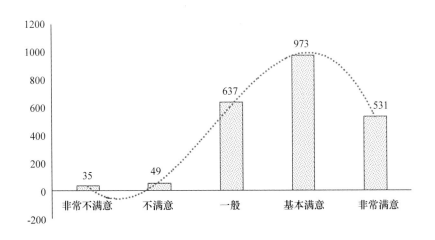

图2　受访者公共服务满意度评价的选择分布

考虑到城乡差异可能对受访者评价公共服务产生影响，将2225名受访者按照户籍类型划分为本地农村户籍、外地农村户籍、本地城镇户籍和外地城镇户籍四部分，并对四类人群的公共服务满意度评价分数进行比较（如图3所示），结果发现：第一，城镇户籍居民的公共服务满意度评价得分总体上高于农村户籍居民的；具体来看，本地城镇户籍人群的公共服务满意度显著高于本地农村户籍人群的公共服务满意度，而其他人群之间的满意度评价得分差异并不明显。第二，从得分上看，农村户籍人群的公共服务满意度评价得分略低于整体的平均值（3.86分），而城镇户籍人群的公共服务满意度评价得分略高于整体的平均值，但两种差异均未达到显著水平。

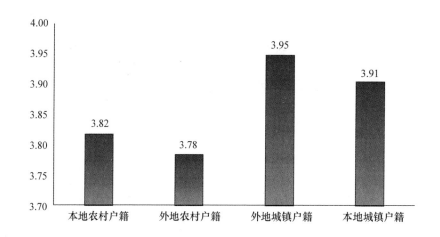

图3　不同户籍类型人群的公共服务满意度比较

以居民的月均收入为依据，将2225名受访者划分为五个亚组人群，并对不同收入人群的公共服务满意度得分进行差异显著性检验，相关描述统计分析结果见表2。结果显示：第一，随着收入的增加，受访者对其所感知到的公共服务满意度的评价得分呈现出倒"U"字形态，即先升高后降低。第二，不同收入水平的受访者的公共服务满意度得分，均显著高于理论设定的组中值。第三，不同收入水平的受访者的公共服务满意度存在显著的差异（$F = 10.35$，$p < 0.001$）；其中，月收入"3001—5000 元"的人群对公共服务最为满意，其评价得分显著高于其他四个收入水平的人群，同时月收入"5001—8000 元"人群的公共服务满意度得分显著高于"1500 元及以下"人群的公共服务满意度得分。

表2　　　　　　　　　　不同收入人群的公共服务满意度得分

	N	平均值	标准差	标准误	平均值的95%置信区间		最小值	最大值
					下限	上限		
1500 元及以下	302	3.69	0.97	0.06	3.58	3.80	1	5
1501—3000 元	691	3.78	0.84	0.03	3.72	3.84	1	5
3001—5000 元	877	4.00	0.84	0.03	3.94	4.05	1	5
5001—8000 元	252	3.86	0.83	0.05	3.75	3.96	1	5
8001 元及以上	103	3.76	0.73	0.07	3.61	3.90	2	5

作为未来社区的典型代表之一，花园社区本身也具有较强的综合性，其建设不仅体现绿色可持续的生态化价值理念，同时还有人本化、技术化等内容。[①] 在四川天府新区花园社区的建设规划中，明确提出"创新实现亲民化、网格化、信息化、定制化、系统化服务体系"，特别强调通过信息化服务平台，拓宽、提高面向个体、企业、各类组织的服务范畴与水平。针对此部分内容，调查设计了考察村社（区）公共事务信息化建设效果的问题，从表3所示内容可知：第一，多数受访居民对本地各级各类的信息化建设给予了非常正向的评价，接近七成的公众认为非常方便；而在非正面评价中，主要聚焦于信息化服务的内容建设方面，25.12%

---

① 田毅鹏：《"未来社区"建设的几个理论问题》，《社会科学研究》2020 年第 2 期。

的受访者认为接收到信息的内容缺乏针对性，仅有不到7%的受访者对信息服务使用便捷性和性价比等问题提出质疑。其中需要特别指出的是，越是高学历群体，其对公共事务信息化建设的要求和评价标准也越高，这一部分人群不仅强调信息服务效果的便利、优化，同时对信息推送及相关服务质量更为看重。从表3可以发现，本科及以下学历的人群，对公共事务信息化建设的关注主要集中于信息可及性等方面，而研究生学历层次的人群则对信息的有效性和可利用性特征更为偏好。

表3 村社（区）公共事务信息化建设效果评价及不同学历人群的比较

		信息接收的内容太多，针对性较少，看与不看都一样	非常方便，所需信息一目了然	使用智能手机程序复杂，流量大，不愿使用	总计
初中及以下	频次	132	422	39	593
	百分比（%）	22.26	71.16	6.58	100.00
高中、中专、技校	频次	148	378	42	568
	百分比（%）	26.06	66.55	7.39	100.00
大学专科	频次	141	385	35	561
	百分比（%）	25.13	68.63	6.24	100.00
大学本科	频次	123	322	28	473
	百分比（%）	26.00	68.08	5.92	100.00
硕士研究生及以上	频次	15	13	2	30
	百分比（%）	50.00	43.33	6.67	100.00
总计	频次	559	1520	146	2225
	百分比（%）	25.12	68.32	6.56	100.00

三　群众对社区的认同、黏合度与满意度

公园社区建设的推进，其目的在于通过构建"六美"社区进而实现"美好生活共同体"的总体建设目标。在此过程中，社区内居民有感于良好的生态环境、优质的公共服务、和谐的社区关系、便捷的社区生活等，进而形成水平更高、程度更强的社区认同。基于此，我们对天府新区4大类别的40个社区进行了社区认同的调查。在社区认同变量的数据收集上，采用辛自强等人开发的测量工具，该工具后期由郑建君等人进行修订，① 共7个题目，包含有功能认同与情感认同两个维度。

首先，从社区认同的总体得分来看，如图4所示，2225名受访者的绝大多数表达了对自己所在村社的认同，得分高于组中值的人数达到1986人，占受访者总数的89.26%。其次，所有受访者的社区认同评分均值达到4.70分（标准差为0.95），该分值显著高于预设的组中值标准（$t = 59.36$，$p < 0.001$），同时也显著高于组中值一个标准差以上的预设分数（$t = 9.81$，$p < 0.001$）。最后，从现有数据结果来看，受访者社区认同分数高于平均值的人数达到1278人，占到总人数的57.44%。由此可以判断，天府新区在经过三年的公园社区建设探索之后，居民对自己所在社区的认同比例接近九成，而其中表现出较高认同水平的人群数量占到了总人数的六成左右。

---

① 辛自强、凌喜欢：《城市居民的社区认同：概念、测量及相关因素》，《心理研究》2015年第5期；郑建君、马璇：《村社认同如何影响政治信任？——公民参与和个人传统性的作用》，《公共行政评论》2021年第2期。

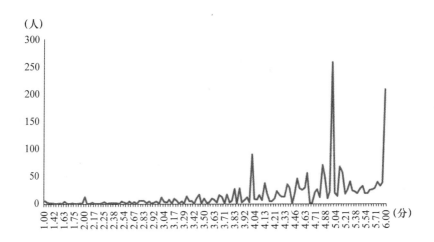

图4 社区认同的总体得分分布

对于社区认同所包含的两个维度，进行进一步的分析检验，具体结果见表4。从呈现的统计结果来看，受访者对社区表现出的功能认同略高于其情感认同，但二者的差异并不存在统计学意义上的显著性区别（$t = 1.37$，$p = 0.17$）；同时，社区认同的功能与情感两个维度之间的得分还表现出显著的正向相关（$r = 0.77$，$p < 0.001$）。从描述统计分析中的峰度检验结果可以看出，2225 名受访者的功能认同与情感认同得分均表现出较为一致的正偏态，进一步说明当地居民对其所在社区具有相对较高程度的功能与情感认同。此外，从社区认同两个维度与组中值、组中值加标准差的比较（具有显著的差异）中可以进一步明确，天府新区在公园社区的建设过程中，不仅在生活、学习等功能性领域使社区与居民的关联获得提升，增强了居民对社区的功能认可；同时公园社区的建设与发展，还提振了居民与社区的情感互依性程度，这种关联性的增强直接反映在了居民对社区情感认同的感知水平上。

表4 居民对社区功能与情感认同的描述统计及程度比较

	最小值	最大值	均值	标准差	峰度		差异比较	
					统计值	标准误	vs.组中值	vs.组中值加标准差
功能认同	1	6	4.71	1.00	1.47	0.10	57.03 * * *	9.82 * * *
情感认同	1	6	4.69	1.03	1.07	0.10	54.64 * * *	7.27 * * *

不同政治面貌的人群对社区的认知与理解有所不同，因而反映在社区认同的水平程度上也势必存在差异。对此，进一步比较各类政治面貌人群的社区认同差异，结果如表5所示，除了在社区认同的总体得分上存在显著差异之外（$F = 12.45$，$p < 0.001$），不同政治面貌人群在功能认同（$F = 9.15$，$p < 0.001$）与情感认同（$F = 13.16$，$p < 0.001$）两个维度上也表现出显著的差异。多重比较的结果如图5所示，"中共党员"群体的认同总分及两个维度上的得分均显著高于"一般群众"与"共青团员"两个群体；同时，政治面貌为"一般群众"与"共青团员"的两个群体，在得分上也表现出显著的差异。

表5 不同政治面貌群体的社区认同得分结果

		平均值	标准差	标准误	平均值的95%置信区间		最小值	最大值
					下限	上限		
功能认同	一般群众	4.68	1.00	0.03	4.62	4.74	1.00	6.00
	民主党派	4.44	0.98	0.35	3.62	5.26	2.75	5.50
	中共党员	4.83	0.95	0.03	4.76	4.89	1.00	6.00
	共青团员	4.48	1.08	0.07	4.34	4.61	1.00	6.00

续表

		平均值	标准差	标准误	平均值的95%置信区间		最小值	最大值
					下限	上限		
情感认同	一般群众	4.64	1.02	0.03	4.58	4.70	1.00	6.00
	民主党派	4.75	0.90	0.32	3.99	5.51	3.33	6.00
	中共党员	4.84	0.97	0.03	4.77	4.91	1.00	6.00
	共青团员	4.41	1.13	0.07	4.28	4.55	1.00	6.00
村社认同	一般群众	4.66	0.95	0.03	4.60	4.72	1.00	6.00
	民主党派	4.59	0.88	0.31	3.86	5.33	3.42	5.75
	中共党员	4.83	0.91	0.03	4.77	4.89	1.00	6.00
	共青团员	4.44	1.04	0.06	4.32	4.57	1.00	6.00

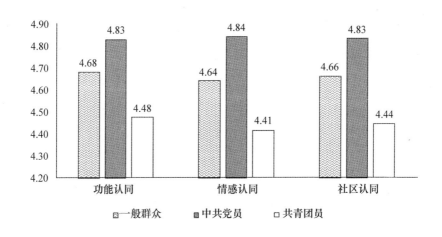

图5　不同政治面貌群体的社区认同差异比较

　　与政治面貌、经济收入、学历背景等客观社会经济地位指标对应，公众在纵向和横向的社会比较下还会形成基于自我的主观社会经济地位指标，这种对自我处境状况的主观感知会对其社会心态与行为产生明显的影响作用。我们采用1到10的赋值方式来测量受访者对自我社会经济地位的认知，并在此基础上对处于不同主观社会经济地位的个体的社区认同情况进行比较。根据表6和图6所示结果可知，第一，随着个体主观社会经济地位感知水平的提高，其对所在生活共同体的认同程度也有所增强，当然其中也有小幅起伏变化，拐点集中发生在主观社会经济地位得分为4、7和10时的三个档位。第二，在社区认同总分（$F = 5.89$，$p < 0.001$）及功能认同维度（$F = 5.29$，$p < 0.001$）和情感认同维度（$F = 5.17$，$p < 0.001$），均呈现出依个人主观社会经济地位变化而起伏明显变化的趋势；总体来看，主观社会经济地位得分的低（1—3分）、中（4—6分）、高（7—9分）三个波段所对应的认同得分差异明显。第三，在主观社会经济地位分值较高的波段中，9分和10分的群体在情感认同维度上存在明显的得分下降表现，且差异达到显著水平。

表6　　　　　　　　不同主观社会经济地位群体的社区认同评价得分

		平均值	标准差	标准误	平均值的95%置信区间		最小值	最大值
					下限	上限		
功能认同	1	4.48	1.14	0.05	4.38	4.59	1.00	6.00
	2	4.61	0.97	0.06	4.49	4.72	1.00	6.00
	3	4.72	0.92	0.06	4.61	4.83	1.00	6.00
	4	4.71	0.95	0.07	4.58	4.85	1.25	6.00
	5	4.80	0.89	0.04	4.71	4.88	1.25	6.00
	6	4.86	0.93	0.05	4.76	4.97	1.00	6.00
	7	4.79	0.97	0.09	4.62	4.97	1.00	6.00
	8	4.84	0.95	0.10	4.64	5.04	1.25	6.00
	9	5.08	1.13	0.25	4.57	5.60	2.25	6.00
	10	5.06	1.42	0.24	4.57	5.54	1.00	6.00

		平均值	标准差	标准误	平均值的95%置信区间		最小值	最大值
					下限	上限		
情感认同	1	4.46	1.12	0.05	4.35	4.56	1.00	6.00
	2	4.61	1.03	0.06	4.49	4.73	1.00	6.00
	3	4.69	1.00	0.06	4.57	4.81	1.00	6.00
	4	4.67	1.00	0.07	4.53	4.81	1.33	6.00
	5	4.78	0.95	0.04	4.69	4.86	1.00	6.00
	6	4.85	0.96	0.06	4.74	4.96	1.00	6.00
	7	4.82	0.94	0.09	4.65	4.99	1.33	6.00
	8	4.84	0.93	0.10	4.65	5.04	1.33	6.00
	9	5.11	1.16	0.25	4.58	5.64	2.00	6.00
	10	4.92	1.37	0.23	4.45	5.40	1.00	6.00
社区认同	1	4.47	1.06	0.05	4.37	4.57	1.00	6.00
	2	4.61	0.93	0.06	4.50	4.72	1.25	6.00
	3	4.70	0.90	0.06	4.59	4.81	1.00	6.00
	4	4.69	0.92	0.07	4.56	4.82	1.42	6.00
	5	4.79	0.87	0.04	4.71	4.87	1.29	6.00
	6	4.86	0.89	0.05	4.75	4.96	1.00	6.00
	7	4.81	0.87	0.08	4.65	4.96	1.71	6.00
	8	4.84	0.88	0.09	4.65	5.02	1.29	6.00
	9	5.10	1.10	0.24	4.60	5.60	2.13	6.00
	10	4.99	1.37	0.23	4.52	5.46	1.00	6.00

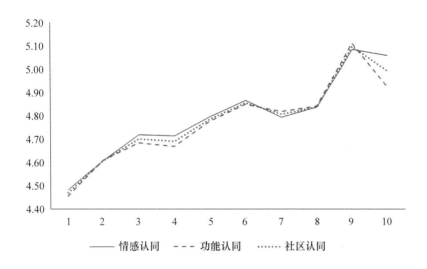

图6　不同主观社会经济地位群体的社区认同评价比较

与社区认同相对应的另外一个考察因素，便是居民与社区的黏合度，也就是居民与社区的心理距离。换句话说，居民与社区的心理距离越近，预示着二者的黏合度越强。对此，调查的数据分析结果显示（见图7）：以居民和社区心理距离的中间值为分界，小于等于5（数字越小表明距离越近）的人数达到1742人，占到总人数的78.29%；也就是说，将近八成的受访者显现出了与社区较为紧密的黏合程度，这也从另一个侧面说明天府新区三年的公园社区建设探索，使得居民与社区的关联度得到了有效的增强。

在公园社区建设的大背景下，新区居民对社区的满意度评分均值达到4.55分（标准差为1.38），这一结果表明公众对所在社区具有较高的满意度；同时，受访者的社区满意度均值显著高于组中值（$t = 36.15$，$p < 0.001$）。如图8所示，在社区满意度评价的分数分布上，1871名受访者在不同程度上显示了对所在社区的满意态度，这一数值占到了总受访人群的84.09%；也就是说，八成多的受访者对当前社区的各个方面是感到满意的。

（人）

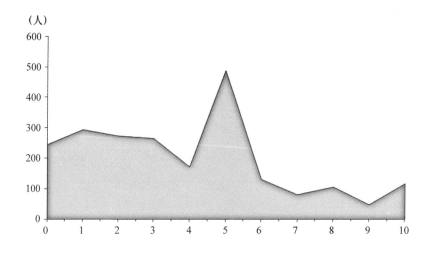

图7 居民与社区的心理距离

（人）

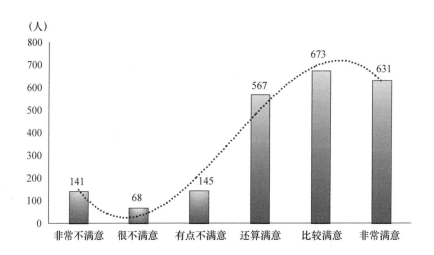

图8 居民对社区满意度的评分情况

针对不同群体所表现出的社区满意度差异，首先进行了性别类型的比较，结果显示：女性居民的社区满意度（均值4.61、标准差1.29）显著高于男性居民（均值4.48、标准差1.47）（$t = 2.27$，$p < 0.05$）。其次，对不同学历类型群体的社区满意度进行比较，描

述统计结果如表 7 所示：随着学历层次的提升，总体上呈现出社区满意度水平的显著提升（$F = 8.15$，$p < 0.001$）；其中，"大学专科"群体的社区满意度显著高于"初中及以下"群体，而"大学本科"群体的社区满意度要显著高于除"硕士研究生及以上"之外的三类群体。此外，如表 8 所示，随着收入的增加，受访者的社区满意度也呈现出显著提升的趋势（$F = 2.66$，$p < 0.05$）；其中，月收入为"3001—5000 元"的群体的社区满意度显著高于收入比其低的两个群体。

表 7　　　　　　　　　　不同学历人群的社区满意度

	平均值	标准差	标准误	平均值的 95% 置信区间		最小值	最大值
				下限	上限		
初中及以下	4.34	1.40	0.06	4.23	4.46	1	6
高中、中专、技校	4.49	1.36	0.06	4.38	4.61	1	6
大学专科	4.61	1.42	0.06	4.50	4.73	1	6
大学本科	4.81	1.27	0.06	4.69	4.92	1	6
硕士研究生及以上	4.63	1.07	0.19	4.24	5.03	1	6

表 8　　　　　　　　　　不同收入人群的社区满意度

	平均值	标准差	标准误	平均值的 95% 置信区间		最小值	最大值
				下限	上限		
1500 元及以下	4.41	1.39	0.08	4.25	4.57	1	6
1501—3000 元	4.47	1.34	0.05	4.37	4.57	1	6
3001—5000 元	4.65	1.43	0.05	4.55	4.74	1	6
5001—8000 元	4.59	1.33	0.08	4.43	4.76	1	6
8001 元及以上	4.64	1.21	0.12	4.40	4.88	1	6

四　公园社区承载下的美好生活

美好生活是个体基于一定生活标准对其当下生活状态所形成的积极的主观体验与评价结果，反映了新时代我国社会主要矛盾中人民群众的主导需求。① 作为普通公众美好生活的实现地和承载地，社区是广大人民群众感知美好生活的重要现实场域。四川天府新区致力于深化公园城市理论创新和实践探索，聚焦群众对美好生活的新期盼，聚焦公园社区建设与治理实践，目标在于通过构建"美好生活共同体"进而不断提升公众的获得感、安全感和幸福感。从四川成都以及天府新区在公园城市、社区的建设发展理念表述中可以发现，坚持人本取向一直是其全面推进工作、提升治理效能的基本价值取向，特别是强调将以人民为中心的发展理念落实到治理实践的各个方面，从而有力回应广大人民群众对美好生活的新期待。公园社区建设所强调的生态理念，其实是未来社区建设与发展的重要趋势，不仅为促进城乡社区生活获得持续改善与提高提供助力，同时也是满足个体美好生活需要这一目标的有效达成途径。② 那么，天府新区三年的实践探索成效如何，公园社区建设最终是否对广大人民群众美好生活的新期盼给予了有效回应，我们对此进行了相应的调查。

获得感、安全感和幸福感（统称"三感"）是判断人民群众美好生活需要是否满足以及在何种程度上满足的主要依据，③ 是测量公众美好生活感知的理想结构指标。在具体的测量工具选择上，我们

①　郑建君：《中国公民美好生活感知的测量与现状——兼论获得感、安全感与幸福感的关系》，《政治学研究》2020 年第 6 期。

②　田毅鹏：《"未来社区"建设的几个理论问题》，《社会科学研究》2020 年第 2 期。

③　冯大彪：《美好生活需要的理论意蕴、当代价值与实现路径》，《中共天津市委党校学报》2018 年第 6 期。

采用郑建君构建的《中国公民美好生活感知测量问卷》。[①] 该问卷针对"三感"指标，共含有三个子量表，分别对应测量获得感、安全感和幸福感。其中，获得感子量表共计 11 个题目，包含有社会发展获得感、民生改善获得感和自我实现获得感三个维度；安全感子量表共计 9 个题目，包含有为即时性安全感和预期性安全感两个维度；幸福感子量表共计 5 个题目，为单维度量表。对 2225 份有效数据进行统计分析，结果如表 9 所示：第一，从受访者的总体评价来看，公众对美好生活感知的得分处在中等偏上水平，其总体均值（5.41）显著高于组中值（$t = 68.85$，$p < 0.001$）及组中值加标准差（$t = 21.92$，$p < 0.001$）。第二，从"三感"得分的排序来看，受访者对于安全感的评价最高（5.72），之后依次为获得感（5.33）和幸福感（5.17），这一排序结果与全国性样本数据所获得的结果是一致的。第三，与全国性样本的数据统计结果相比，此次参与调查的四川天府新区居民的美好生活感知水平明显高于全国的平均水平（4.79）。[②]

表 9　　　　　　　　　　　天府新区居民美好生活感知得分

	最小值	最大值	均值	标准误	标准差
美好生活感知	1.47	7.00	5.41	0.02	0.96
获得感	1.00	7.00	5.33	0.02	1.03
社会发展获得感	1.00	7.00	5.49	0.02	1.06
民生改善获得感	1.00	7.00	5.22	0.02	1.16
自我实现获得感	1.00	7.00	5.30	0.02	1.08
安全感	1.20	7.00	5.72	0.02	0.90

---

① 郑建君：《中国公民美好生活感知的测量与现状——兼论获得感、安全感与幸福感的关系》，《政治学研究》2020 年第 6 期。

② 本章比较所参照的全国性调查数据，均参考自郑建君发表于《政治学研究》2020 年第 6 期上的《中国公民美好生活感知的测量与现状——兼论获得感、安全感与幸福感的关系》一文。

续表

	最小值	最大值	均值	标准误	标准差
即时性安全感	1.00	7.00	5.77	0.02	0.95
预期性安全感	1.40	7.00	5.67	0.02	0.94
幸福感	1.00	7.00	5.17	0.03	1.24

依据表9所示数据结果，对获得感、安全感和幸福感三部分内容做进一步的研究分析，具体内容如下。在获得感部分，受访者获得感的整体得分（5.33）显著高于组中值（$t = 61.40$，$p < 0.001$）及组中值加标准差（$t = 14.00$，$p < 0.001$），且显著高于全国性样本数据结果中的获得感得分（4.83）（$t = 23.21$，$p < 0.001$）；具体到获得感中的三个维度，其中社会发展获得感得分最高，其次是自我实现获得感，最后是民生改善获得感，且三个维度的配对比较结果显示，两两之间具有显著的差异（详见表10）。在安全感部分中，受访者安全感的整体得分（5.72）显著高于组中值（$t = 90.61$，$p < 0.001$）及组中值加标准差（$t = 43.19$，$p < 0.001$），且显著高于全国性样本数据结果中的安全感得分（5.23）（$t = 25.80$，$p < 0.001$）；此外，安全感中的两个维度之间也具有显著的差异，即时性安全感的评价得分显著高于预期性安全感的评价得分（$t = 7.31$，$p < 0.001$）。在幸福感部分，受访者幸福感的整体得分（5.17）显著高于组中值（$t = 44.45$，$p < 0.001$），且显著高于全国性样本数据结果中的获得感得分（4.32）（$t = 32.30$，$p < 0.001$）。

比较不同性别居民的美好生活感知及"三感"得分，描述统计结果见图9，差异检验的结果显示：第一，在总体的美好生活感知得分上，男性居民和女性居民之间并无显著差异（$t = 0.80$，$p = 0.43$）；第二，在获得感（$t = 1.09$，$p = 0.28$）和幸福感（$t = 0.48$，$p = 0.63$）两个指标上，男性居民和女性居民之间也不存在显著的差异；第三，在安全感指标上，女性居民的安全感得分显著高于男性居民（$t = 2.02$，$p < 0.05$）。进一步比较安全感中的即时性安全感和预期性安全感，结果发现：在即时性维度上，男性的安全感感知水平（均值5.83，标准差0.93）显著高于女性（均值5.72，标准差0.96）（$t = 2.65$，$p < 0.01$）；而在预期性维度上，男性居民（均值5.70，标准差0.98）和女性居民（均值5.65，标准差0.91）的安全感感知水平并不存在显著差异（$t = 1.17$，$p = 0.24$）。

表10　　　　　　　　　　　　　获得感内部三维度的配对比较

	配对差值				
	平均值	标准差	差值95%置信区间		t
			下限	上限	
社会发展获得感—民生改善获得感	0.27	0.69	0.24	0.30	18.26***
社会发展获得感—自我实现获得感	0.19	0.71	0.16	0.22	12.52***
民生改善获得感—自我实现获得感	-0.08	0.69	-0.11	-0.05	-5.43***

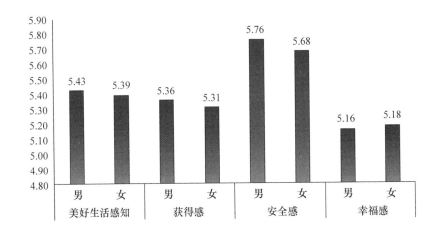

图9　不同性别居民的美好生活感知及"三感"得分结果

除幸福感（$F = 0.36$，$p = 0.84$）指标外，不同学历类型人群在获得感（$F = 3.67$，$p < 0.01$）、安全感（$F = 6.79$，$p < 0.001$）以及美好生活感知（$F = 2.79$，$p < 0.05$）方面均存在显著的差异（具体描述统计结果见表11）。具体来看，在获得感、安全感以及美好生活感知方面，存在一个明显的"本科学历效应"，即本科学历人群在获得感、安全感以及美好生活感知方面的得分显著高于学历层次比其低的人群。

表11　　　　　不同学历人群在美好生活感知和"三感"上的得分

		平均值	标准差	标准误	平均值的95%置信区间		最小值	最大值
					下限	上限		
美好生活感知	初中及以下	5.37	1.00	0.04	5.29	5.45	1.47	7.00
	高中、中专、技校	5.36	0.98	0.04	5.27	5.44	2.73	7.00
	大学专科	5.41	0.96	0.04	5.33	5.49	1.99	7.00
	大学本科	5.53	0.90	0.04	5.45	5.61	2.53	7.00
	硕士研究生及以上	5.21	0.90	0.16	4.88	5.55	3.80	7.00
获得感	初中及以下	5.32	1.06	0.04	5.23	5.40	1.00	7.00
	高中、中专、技校	5.26	1.04	0.04	5.17	5.35	1.00	7.00
	大学专科	5.31	1.04	0.04	5.23	5.40	1.50	7.00
	大学本科	5.48	0.92	0.04	5.40	5.57	2.00	7.00
	硕士研究生及以上	5.13	0.99	0.18	4.76	5.50	3.42	7.00
安全感	初中及以下	5.64	0.92	0.04	5.56	5.71	1.20	7.00
	高中、中专、技校	5.65	0.90	0.04	5.57	5.72	2.70	7.00
	大学专科	5.75	0.90	0.04	5.67	5.82	2.35	7.00
	大学本科	5.89	0.83	0.04	5.81	5.96	3.18	7.00
	硕士研究生及以上	5.54	0.85	0.16	5.23	5.86	3.78	7.00

		平均值	标准差	标准误	平均值的95%置信区间		最小值	最大值
					下限	上限		
幸福感	初中及以下	5.16	1.25	0.05	5.06	5.26	1.00	7.00
	高中、中专、技校	5.16	1.25	0.05	5.06	5.26	1.00	7.00
	大学专科	5.17	1.23	0.05	5.06	5.27	1.00	7.00
	大学本科	5.21	1.24	0.06	5.10	5.33	1.00	7.00
	硕士研究生及以上	4.97	1.10	0.20	4.56	5.39	3.20	7.00

公众的美好生活感知及"三感"强度，是否会因收入不同而有所差异，在对2225份天府新区受访者有效数据的分析中发现了一种典型的"中高收入"现象（描述统计分析结果见图10），即处在中高收入（3001—5000元和5001—8000元）水平中的人们的获得感、安全感、幸福感以及对美好生活的感知水平相对最高。在美好生活感知方面，处在"3001—5000元"和"5001—8000元"两个收入水平的人群得分显著高于3000元及以下两个收入水平的人群得分（$F = 8.89$，$p < 0.001$）。在获得感方面，处在"3001—5000元"收入水平的人群得分显著高于3000元以下两个收入水平的人群得分，同时处在"5001—8000元"收入水平的人群得分显著高于1500元以下收入水平的人群得分（$F = 7.32$，$p < 0.001$）。在安全感方面，处在3000元以上三个收入水平的人群得分显著高于3000元以下两个收入水平的人群得分（$F = 12.52$，$p < 0.001$）。在幸福感方面，处在"3001—5000元"和"5001—8000元"两个收入水平的人群得分显著高于3000元及以下两个收入水平的人群得分（$F = 4.93$，$p < 0.01$）。

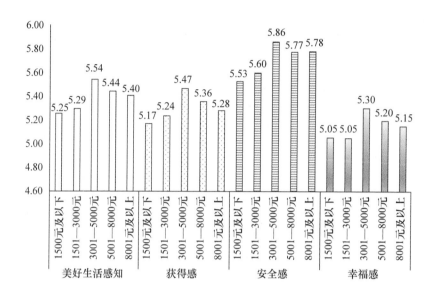

图10　不同收入人群在美好生活感知和"三感"上的得分

　　对于户籍因素对公众美好生活感知和"三感"得分的影响，相关描述统计结果见表12，差异显著性检验结果显示：在获得感（$F = 2.04$，$p = 0.11$）和安全感（$F = 1.50$，$p = 0.21$）两个指标变量上，不同户籍人群的差异并不显著；在幸福感指标变量上（$F = 4.38$，$p < 0.01$），外地城镇户籍人群的得分显著高于外地农村户籍人群的得分，同时本地城镇户籍人群的得分显著高于本地和外地两类农村户籍人群的得分；在美好生活感知评价上（$F = 2.58$，$p < 0.05$），主要表现为外地城镇户籍人群的得分显著高于外地农村户籍人群的得分。

　　对于公园社区建设效果与美好生活感知的关系，我们将相关评价数据进行转化，以考察天府新区公园社区建设三年探索实践在居民美好生活感知评价指标上的影响作用。具体检验方法如下：首先，将居民在公园社区建设评价的六个题目中选择"不知道"备选项的案例数据删除，剩余有效数据1385份；其次，将公园社区建设评价的六个题目得分加总取均值，形成有关该变量的总体得分评价数据；最后，考察公众对公园社区建设评价与其美好生活感知（包括"三感"指标变量水平）的关系。相关统计分析结果如图 11 和图 12 所示：受访居民对天府新区公园社区建设的感受评价水平，对其美好生活感知的表现具有显著的正向影响（$\beta = 0.46$，$t = 19.28$，$p < 0.001$，$F = 62.93$）；具体来看，随着对公园社区建设评价水平的提高，受访居民所感知到的美好生活的程度也表现出明显的提高，其得分从 4.35 分提升至 5.87 分，到达了较高的水平，这说明公园社区建设的成果确实对提升公众美好生活体验具有重要的积极意义。

表 12　　　　不同户籍类型人群在美好生活感知和"三感"上的得分

		平均值	标准差	标准误	平均值的95%置信区间		最小值	最大值
					下限	上限		
美好生活感知	本地农村户籍	5.37	0.98	0.03	5.31	5.43	1.47	7.00
	外地农村户籍	5.26	1.02	0.10	5.06	5.46	2.29	7.00
	外地城镇户籍	5.52	0.91	0.07	5.38	5.66	3.34	7.00
	本地城镇户籍	5.45	0.95	0.03	5.39	5.51	1.99	7.00
获得感	本地农村户籍	5.29	1.04	0.03	5.23	5.35	1.00	7.00
	外地农村户籍	5.28	1.10	0.11	5.06	5.49	2.33	7.00
	外地城镇户籍	5.46	0.97	0.08	5.31	5.61	2.42	7.00
	本地城镇户籍	5.37	1.00	0.03	5.31	5.44	1.92	7.00
安全感	本地农村户籍	5.72	0.90	0.03	5.66	5.77	1.20	7.00
	外地农村户籍	5.61	0.96	0.09	5.42	5.80	2.38	7.00
	外地城镇户籍	5.84	0.84	0.07	5.71	5.97	3.63	7.00
	本地城镇户籍	5.72	0.89	0.03	5.66	5.77	2.35	7.00
幸福感	本地农村户籍	5.11	1.27	0.04	5.03	5.19	1.00	7.00
	外地农村户籍	4.90	1.32	0.13	4.64	5.16	1.00	7.00
	外地城镇户籍	5.26	1.20	0.10	5.07	5.45	1.80	7.00
	本地城镇户籍	5.26	1.19	0.04	5.18	5.34	1.00	7.00

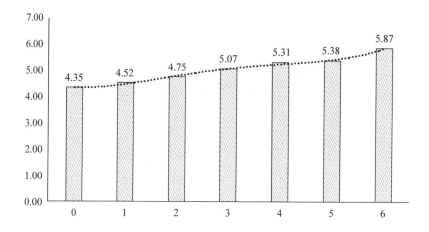

图11   公园社区建设评价与美好生活感知的关系

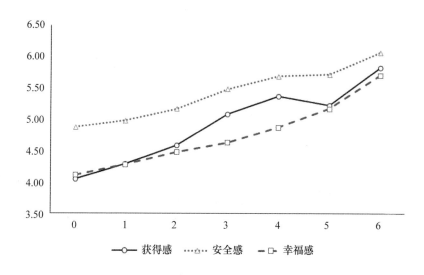

图12   公园社区建设评价与"三感"的关系

进一步检验受访居民公园社区建设评价水平对获得感、安全感和幸福感的影响，其结果显示：在获得感方面，随着受访居民对公园社区建设评价得分的提升，其获得感的感知程度呈现出明显的增强（$\beta = 0.48$，$t = 20.22$，$p < 0.001$，$F = 69.96$）；虽然在公园社区建设评价得分 4 到 5 时出现一个下降，但其程度非常微弱，并未达到显著水平。而在安全感（$\beta = 0.39$，$t = 15.80$，$p < 0.001$，$F = 42.06$）和幸福感（$\beta = 0.40$，$t = 16.08$，$p < 0.001$，$F = 44.52$）两个方面，受访居民对公园社区建设的评价越正面，其安全感和幸福感随之也越强烈，侧面检验了天府新区通过公园社区构建"美好生活共同体"的成效。

五　公园社区建设与发展的治理展望

基于上述有关四川天府新区公园社区建设的调查分析，可以看到其探索实践给新区基层治理实践带来的积极变化。这种变化不是简单的基于生态理念推动下的基础硬件建设而产生的，而是在绿色发展观念与实践推动下指向居民个人、社会人际互动关系以及基层治理效能的变化，是一种服务于满足广大人民群众对美好生活新期待的科学设计与实践回应。从 2225 名受访者的有效数据分析来看，呈现出以下几点：第一，三年来，天府新区公园社区建设的探索实践得到了良好的效果，约有 60%—80% 的当地居民给予了正向的评价反馈，且对各类公共服务具有中等偏上的满意度评价。第二，公园社区建设成果极大增强了社区居民与社区之间的情感纽带，表现为较高程度的社区认同、黏合度与总体发展满意度。第三，天府新区在构建"美好生活共同体"的过程中取得了良好的效果，受访居民在美好生活感知以及获得感、安全感和幸福感的体验评价中均处在较高的水平，且显著高于全国的平均得分。第四，天府新区公园社区建设的评价感受与受访居民之间的美好生活感知水平以及获得感、安全感、幸福感的体验程度存在明显的正向相关。此外，在此次受访人群内，根据不同的分类指标，上述调查结果显现出一定的群体差异性。

那么，如何更快、更好、更扎实地构建和完善广大人民群众所期待的"美好生活共同体"？我们认为，未来在公园社区的建设与发展过程中还需强化以下四个方面的内容。

第一，生态理念融入公园社区，既要有设计，也要有特色。凸显生态特征是未来社区发展的必然要求，反映了公众对生活共同体舒适环境的高需求与新期望。① 然而，将生态理念纳入公园社区建设，并不是简单的有青山绿水新鲜空气，而是要实现自然环境与生活环境的高度匹配，其中包括绿化、景观、建筑、活动空间等以及由各要素构成的适应性关系。因此，公园社区建设中的生态规划及其实现，其实是一种基于科学与艺术相整合的过程和体现，其既要考虑城市环境建设等"硬"的一面，还要考虑人文社会治理等"软"的一面。与此相呼应，在功能性之外，还要兼顾到与活动主体"人"的适应性，要使公园社区的建设"美而不乏"。唯有这样，才可能使生活在各自社区中的居民逐步强化其与所在社区的心理关联，形成一种连接居民与社区、居民与居民之间的情感要素"社区感"，进而奠定社区存在与发展的基础。②

第二，重视公园社区建设对公众社会治理心态的影响培育。积极社会治理心态，是社区与居民的互动关系、能力与质量，离不开居民个体积极的社会治理心态支持。而消极的社会治理心态（例如对社区的疏离、对公共事务的冷漠、对社区公共服务的不满等），不仅会影响公众个体身心健康、自尊确认、幸福体验等，③ 甚至还会影响到基层社会治理的整体绩效。为此，要特别重视通过公园社区建

---

① 田毅鹏：《"未来社区"建设的几个理论问题》，《社会科学研究》2020 年第 2 期。

② 周佳娴：《城市居民社区感研究——基于上海市的实证调查》，《甘肃行政学院学报》2011 年第 4 期；凌辉、朱阿敏、张建人：《社区感对城市居民生活满意度的影响》，《社区心理学研究》2016 年第 1 期。

③ White, M. P., Alcock, I., Wheeler, B. W. and Depledge, M. H., "Would You be Happier Living in a Greener Urban Area? A Fixed – Effects Analysis of Panel Data", *Psychological Science*, Vol. 24, No. 6, 2013；凌辉、朱阿敏、张建人：《社区感对城市居民生活满意度的影响》，《社区心理学研究》2016 年第 1 期；郑路、张栋：《城市美好社区指标体系研究》，《社会政策研究》2020 年第 3 期。

设，推动和促进个体积极社会治理心态的养成。具体来看，一是通过社区环境建设，提升社区凝聚力，增强居民的居住安全感；[①] 二是通过改善居民生活环境，提高其日常生活的舒适度，提升其对公共服务产品供给及社区整体的满意度水平；[②] 三是强化社区环境建设，使包括社区满意度、黏合度和认同度等在内的社区感因素得以有效提升。[③] 而上述社会治理积极心态的构建，将会有效提升个体在基层社会治理实践中的参与意愿与卷入水平，并表现出更多的亲社会行为（例如对政府的信任与支持、在治理过程中与政府的合作行为等）。

第三，关注公平正义与推动治理效能新的提升的相互关系。从此次面向天府新区公园社区建设的调查结果来看，不论是对建设成效的客观评价，还是对与社区关联的主观体验，均显现出明显的群体差异化特征。这一结果再次提示我们：一方面，不同特征群体对公园社区建设以及相对应的社区认同、社区黏合度与满意度、公共服务、美好生活体验等有不同的认知与感受，在公园社区建设的具体现实目标和设计上要有所区别；另一方面，要考虑到不同社会经济地位、不同年龄层次、不同学历类型等居民群体的多元利益诉求和承载能力，使社区公共服务产品的供给决策与实施，能够既满足人们的个性化需求，更保障大多数社区居民的基本权益。特别是要通过促进社会公平正义，保证广大人民群众能够共享发展成果和治理成果，进一步彰显我们中国特色社会主义制度的优越性，并将这种制度优势优化转化成为提升治理效能的动能。

---

① 张延吉、秦波、唐杰：《城市建成环境对居住安全感的影响——基于全国278个城市社区的实证分析》，《地理科学》2017年第9期。

② 张再生、于鹏洲：《城市建设满意度对主观幸福感影响的实证研究》，《社会科学家》2015年第2期。

③ 周佳娴：《城市居民社区感研究——基于上海市的实证调查》，《甘肃行政学院学报》2011年第4期；Cicognani, E., Klimstra, T. and Goossens, L., "Sense of Community, Identity Statuses, and Loneliness in Adolescence: A Cross – National Study on Italian and Belgian Youth", *Journal of Community Psychology*, Vol. 42, No. 4, 2014；曾润喜、朱利平、夏梓怡：《社区支持感对城市社区感知融入的影响——基于户籍身份的调节效应检验》，《中国行政管理》2016年第12期。

　　第四，以系统观念推动美好生活共同体构建的可持续发展。广大人民群众对美好生活的需要与期待，具有动态、多样化的特征。在以公园社区为代表的未来社区建设实践过程中，要秉持系统观念保证其探索与创新的持久性动力。具体来看，一是要深刻理解习近平总书记关于"新发展阶段是社会主义初级阶段中的一个阶段"的重要论断，明确"社会主义初级阶段是一个阶梯式递进、不断发展进步、日益接近质的飞跃的量的积累和发展变化的过程"，从而在构建"美好生活共同体"的过程中准确把握、调整发展目标与节奏，不断推动基层社会治理效能得到新提升；二是要坚持运用系统观念从整体上、全局上认识问题，将公园社区建设作为推动基层社会治理发展、提升治理效能的工具、手段，在坚持和加强党的领导的基础上，切实通过"六美"社区建设实现"六大价值"，探索出一条具有示范效应且融合高质量发展与可持续发展的基层治理创新路径。

　　（作者：中国社会科学院政治学研究所副研究员郑建君）

麓湖样板：公园城市社区发展治理的实践与思考

探索秩序与活力的有机统一，是社会治理的永恒主题。天府新区麓湖公园社区，在治理实践中创新探索秩序与活力协同共进的实现路径，取得了良好的治理效能。那么，麓湖公园社区其制度性创新，"新"在哪里？经过长期的跟踪调查研究，我们认为，"新"在公园社区居民的参与，"新"在企业型社区基金会参与社区发展治理的新模式，"新"在社区发展治理的"三位一体"的协同合作机制上。

一 政治社会学视角下新发展观与公园城市社区发展治理

变革与秩序是各国现代化进程中面临的一对矛盾，如何防止变革过程中出现社会和政治冲突成为政治社会学研究的主要议题。张静教授反思中国改革40年的历史，认为中国社会变革的意义，不仅仅是经济发展，更是一场有方向的社会转型。这提出一个政治社会学经典问题：在中国，变革40年出现了大量社会矛盾，触发了各种群体利益不平衡，但为何没有出现强大的对抗改革的社会力量？张静教授提出了中国变革与秩序基本关系的解释理论，她认为，"中国的社会变革之所以避免了巨大的社会动荡，主要不是依靠正式制度的变更，而是依靠名实分离的基层实践。这成为变革所赖的社会支撑资源，也是执政之社会基础能够缓慢扩展的基本原因"①。麓湖实践是中国变革与秩序基本关系的典型案例，我们试图从秩序与活力关系角度来探寻麓湖公园城市社区发展治理实践，以及麓湖实践能够为社区发展治理提供什么新的知识。

党的十八大以来，以习近平同志为核心的党中央创造性地提出了创新、协调、绿色、开放、共享的新发展理念，集中反映了我们党对我国经济社会发展规律的新认识。

党的十一届三中全会以来，我们转向以经济发展为工作中心，在社会各界引起积极反响。党和国家的工作重心转移到了社会主义现代化建设上来，也由此开始了党对发展理念认识的不断推进。1992 年，邓小平同志南方谈话推动了以经济发展巩固政治合法性的进程，提出"在社会主义国家，一个真正的马克思主义政党在执政以后，一定要致力于发展生产力，并在这个基础上逐步提高人民的生活水平"②。"发展是硬道理"成为新秩序的共识性基础，并逐渐演变成发展型意识形态而为大众所积极接受。随着这种发展型意识形态的深入，我们看到一个新现象出现了，"越来越多的企业家开始进入体制内，争取获得人大代表或政协委员或入党的位置，政府部门也主动吸纳他们的代表，这种合作和发展型共识，客观上推动了执政的社会基础得到扩展：由单个的无产者群体，扩展到多个有产者群体，从而使得转型中国'避免了东欧和苏联的政治动荡'"③。党的十三届四中全会以后，以江泽民同志为核心的党的第三代中央领导集体，根据国内外形势的发展变化，根据我国经济社会发展的

---

① 张静：《社会变革与政治社会学》，《浙江社会科学》2018 年第 9 期。

② 《邓小平文选》第 3 卷，人民出版社 1993 年版，第 28 页。

③ Bruce J. Dickson, *Red Capitalists in China*：*The Party*，*Private Entrepreneurs and Prospects for Political Change*, Cambridge University Press, 2003, pp. 3 – 4.

新要求，对我们党肩负的发展使命和发展理念有了进一步的认识和论述。江泽民同志强调，发展是党执政兴国的第一要务，发展决定人心向背，要坚持用发展的办法解决前进中的问题。要把改革发展稳定的关系，作为整个社会主义初级阶段都要正确处理好的重大关系。党的十六大以后，以胡锦涛同志为总书记的党中央立足社会主义初级阶段基本国情，总结我国发展实践，借鉴国外发展经验，适应新的发展要求，提出了科学发展观。这是对党的三代中央领导集体关于发展的重要思想的继承和发展。党的十七大指出，科学发展观的第一要义是发展，核心是以人为本，基本要求是全面协调可持续，根本方法是统筹兼顾。党的十八大以来习近平总书记继承和发展了关于中国共产党的科学发展观。习近平总书记在党的十八届五中全会上提出并全面阐述了"创新、协调、绿色、开放、共享"五大发展理念。坚持这五大发展理念是我们党对发展的新认识、新飞跃，坚持五大发展理念，是关系我国发展全局的一场深刻变革。"以发展理念转变引领发展方式转变，以发展方式转变推动发展质量和效益提升。"① 发展观是对中国社会主要矛盾认识深化的反映，我国社会主要矛盾已经转化为人民日益增长的美好生活需要和不平衡不充分的发展之间的矛盾。

新发展观带来新治理观。习近平总书记2018年2月在视察四川天府新区时指出，天府新区是"一带一路"建设和长江经济带发展的重要节点，一定要规划好建设好，特别是要突出公园城市特点，把生态价值考虑进去，努力打造新的增长极，建设内陆开放经济高地。加快建设美丽宜居公园城市，努力在全面践行新发展理念、推动城市高质量发展上探索路径，积累经验，为城市可持续发展提供了中国智慧和中国方案。2020年初，习近平总书记亲自谋划部署成渝地区双城经济圈建设，明确提出支持成都建设践行新发展理念公

---

① 习近平：《在党的十八届五中全会第二次全体会议上的讲话（节选）》，《求是》2016年第1期。

园城市示范区。成都大力推动践行新发展理念的公园城市示范区建设，是战略的重要组成部分，也是助推成渝地区高质量发展的核心举措之一。以公园城市示范区建设为突破，推进成渝地区双城经济圈建设，标志着公园城市发展从成都一市向区域发展。公园城市发展已经成为经济社会发展的重要模式，公园城市突出以人民为中心的发展思想，聚焦人民日益增长的美好生活需要，坚持以人为核心推进城市建设，引导城市发展从工业逻辑回归人本逻辑、从生产导向转向生活导向，在高质量发展中创造高品质生活，让市民在共建共享发展中有更多获得感；公园城市积极探索城市可持续发展新模式，将公园形态和城市空间有机融合，强化公园城市的顶层设计和发展理念的社区人本回归。建设公园城市，主要着力点在于构建凸显"公共、共享"时代特征的生产、生活、生态"三生融合"空间，重塑城市美学价值、生态价值、人文价值、生活价值和经济价值的实现路径。改善其作为公共服务产品的品质，提升城市人、城、产的发展思维，推动城市发展转型。

成都天府新区作为公园城市首提地，具有重要的理论与实践价值。理论价值在于践行新发展理念。2018 年是成都现代化城市建设的新起点。习近平总书记来川视察期间明确支持成都加快建设全面体现新发展理念的城市，并提出要"突出公园城市特点，把生态价值考虑进去，努力打造新增长极，建设内陆开放经济高地"。以新发展理念引领城市建设是习近平总书记交给成都的时代课题，是生态文明时代城市建设发展的全新探索。成都坚持以新发展理念统揽城市工作，确立了新时代成都"三步走"战略目标和"建设国家中心城市、美丽宜居公园城市、国际门户枢纽城市和世界文化名城"的四个战略定位，勾勒出成都未来发展的科学路径和美好图景，构筑了成都面向未来的战略能力和竞争优势，为生态文明时代更好满足人民对美好生活向往提供了成都案例。实践上，创新了社区发展的类型，更注重空间、生活与人的互动，是对传统社区类型的发展。麓湖公园社区是成都打造践行新发展理念的公园社区治理样本。这种定位是回应公园城市新发展模式的需要。2020 年 7 月，习近平总书记在吉林考察时指出："一个国家治理体系和治理能力的现代化水平很大程度上体现在基层。"基础不牢，地动山摇。公园社区是城市建设的基本单元，是公园城市生态价值、美学价值、人文价值、经济价值、生活价值、社会价值等最直接的体现。

麓湖公园社区治理是在成都社区发展治理实践这个大背景下发展的。它的成长是制度性变迁与内部社会结构的发展所不断促成的。公园社区治理是对城市社区治理模式的继承和创新。自党的十八届三中全会提出社会治理的概念以来，为激发社区活力，围绕政府、市场、社会等治理主体，探索社会治理创新的案例不断涌现，[1] 为我们深刻地把握城市质量发展提供了一个很好的视角。没有城市社会的发展，不可能有城市质量的提升。城乡社区是城市发展的重要组成部分，不能独立于城市发展进程之外。公园城市社区的提出，进一步显现了空间的社会性的迫切性，为生活城市发展注入了动力，也深化了城市与社会治理的关系。城市发展已经进入一个新阶段。

将社区发展纳入城市发展战略，主要表现在首先有着完善的制度和顶层设计上。通过创新党委领导城市工作的体制机制，成都市县两级党委城乡社区发展治理委员会发挥牵头抓总、集成整合作用，把分散在 20 多个党政部门的职能、资源、政策、项目、服务等统筹起来，实现精准化发力。2017 年以来，成都市制定出台了《党建引领城乡社区发展治理 30 条》纲领性文件、6 个重点领域改革文件和 30 余个操作文件，形成"1 + 6 + N"政策制度体系，在探索实践中形成了一系列成熟的经验做法。2018 年出台《成都市城乡社区发展治理总体规划（2018—2035 年)》（以下简称《规划》)，这也是全国首个市级城乡社区发展治理总体规划。作为成都市城乡社区发展治理的总体纲领，《规划》回应了人民群众对美好生活的向往，是推动城市治理体系和治理能力现代化的重要手段。

---

① 李强：《中国城市社会社区治理的四种模式》，《中国民政》2017 年第 1 期。

其次，建构党建引领社区治理精细化模式。创新党建把党建引领城乡社区发展治理的经验做法上升为系统权威的地方性法规，明确各级各部门和各社会治理主体在社区发展治理中的职责定位，有助于深化社区发展治理实践，推动城市基层治理进入法治化、规范化、系统化的轨道。拓展基层党组织服务小区的作用，全面推进城乡社区发展治理向居民小区延伸，构建起了基层党组织服务群众、服务社区发展的格局，更多创新的社区治理模式则将服务推向更深层。在党建引领机制上，居民小区治理党建引领机制要制度化，健全完善居民小区党组织运行、引领小区治理、物业矛盾纠纷调处、监督评价等机制，理顺小区党组织、业主委员会、物业公司权责关系，变院区"管理"为院区"治理"。2020年成都出台首个系统部署居民小区治理的政策性文件，着力理顺政府、社会、居民在小区治理中的权责边界，统筹各方力量汇聚到小区；通过新一轮的乡镇（街道）行政区划调整，乡镇（街道）的空间布局得到优化，承载能力得到增强，产业基础得到夯实，基层治理服务能效得到提升。

再次，成都社区发展治理创新社区发展多样化类型。作为城市生活的基本单元，社区既是市民日常活动的空间载体，也是国家治理与地方自治的实践场所。将全市城乡社区划分为城镇社区、产业社区和乡村社区三大类型，有助于实现社区精细化发展治理，在《成都市公园社区规划导则》中，成都将公园社区划分为城镇社区、产业社区、乡村社区三大类型。通过对社区的科学分类，既兼顾了发展，彰显了特色，又为精准施策奠定了基础。公园社区作为公园城市的基本细胞单元，既继承融合"生态社区""可持续社区""低碳社区"等理论思想，又突出了在新发展理念引领下的创新发展，是"人城景业"融合共生的社会生活共同体。公园社区是公园城市建设的基本空间单元，也是公园城市生态价值、美学价值、人文价值、经济价值、生活价值、社会价值最直接的体现，全面落实公园城市理念，探索公园社区营建新模式。与传统社区相比，公园社区建设，公园城市理念的提出，实现了三个转变，突出以人民为中心的城市发展思想，聚焦人民日益增长的美好生活需要，坚持以人为核心推进城市建设。公园城市着力推动生产生活生态空间相宜、自然经济社会人文相融，是"人、城、境、业"高度和谐统一的现代化城市形态，是在新的时代条件下对传统城市规划理念的升华，具有极其丰富的内涵，是城市发展理念的变革、建设模式的创新和发展模式的探索，标志着城市生活向生活城市转变。公园城市的提出为社区发展治理带来了质的飞跃。

最后，成都社区行动注重空间和场所营造。社区的可持续空间应是由不同的城市使用者共同构建的，它是包容的、多元的、弹性的。成都推动社区营造不只是一个政策，还是一个配套、一个政策体系。2007 年成都建立了社区协商议事制度，2009 年配套了社区公共财政制度，2012 年推动院落自治，2016 年出台了一整套的制度体系，推动社区总体营造。2017 年开展"五大社区"行动，以新场景、新产品赋能社区，通过打造场景、引入新经济，实现二者的有机融合。社区正成为城市发展的"桥头堡"。一方面，城市治理的重心和配套资源正在向社区下沉；另一方面，社区对于重塑城市格局、改变产业发展形态表现出新的价值。随着未来治理理念愈加转向怎么适应多元化需求，社区不再只是有"秩序"，同时也更要有"活力"。以深入实施"幸福美好生活十大工程"为背景，成都正探索一条从理论研究、规划引领、政策引导到建设实践的公园社区营建路径，在提升广大市民的获得感、幸福感、安全感的前提下，为建设践行新发展理念的公园城市示范区奠定基石。2021 年 4 月发布的《天府新区公园城市社区发展治理白皮书》提出了公园社区发展治理总体思路，包括把公园社区建成生态环境秀美社区、空间形态优美社区、生活服务完美社区、人文关怀善美社区、社会关系和美社区、心灵感知甜美社区 6 项总体要求。场所营造的设计以人为本，目的在于提升人与人之间的互动，让人们能尽情地享受公共空间的各种活动，标志着社区治理走进人们日常生活之中。

二　麓湖公园社区治理的探索与创新

麓湖公园，位于天府新区的核心区，有着非常庞大的面积，基于麓湖拥有的客观条件：总规划面积 8300 亩、建筑面积约 700 万平方米的麓湖，在建设之初，它的目标就是成为当代湖泊型城市休闲旅游综合体的典范。麓湖原本没有湖，而是借由高低起伏的地势高差，引水灌溉形成的生态湖泊。从构湖、建湖、治湖，麓湖花了近 10 年时间，后面还有 15 年开发时间表。作为全中国被考察最多的项目之一，湖域面积就达 2100 亩。目前首期 40 万平方米水面生态治理已基本完成，而未来麓湖也将成为国内单体面积最大、由陆生生态系统转变为清水型生态系统的人工湖。从功能布局来看，麓湖生态城由湖区和公园区组成，其公共绿地呈带状布局，建筑、道路依据景观的脉络呈现，生活场景与多变的主题景观紧密联系，移步换景，充满探索的乐趣。麓湖水城作为天府新区优先呈现的生态示范区，也是从成都市主城区进入天府新区核心区域的"中央门廊"。2019 年 3 月 25 日，麓湖水城已达到国家 4A 级景区标准，成为天府新区 4A 级景区。但更重要的数据在于它未来的人口。麓湖公园最终的居民人口会达到 12 万—15 万，加上产业和商业的人口，最终规模会超过 20 万，完全达到城市的级别。而麓湖有超过 40% 的开发来自非住宅物业，接近一半都是公共的道路、市政以及公园用地，性质归属政府，企业负责投资、建设、管理和最后的移交。估计会由麓湖代管 10—20 年的时间。这意味着它将拥有大量的城市公共资产和物业（开发范围内拥有大量湖泊、公园、商业等公区）。麓湖公园城市社区治理一开始就面临着开发商与政府之间的一种公共区域建设管理与后续发展问题。如何长效维护？如何可持续发展？这是麓湖必须面对的问题，也是未来公园城市建设中的必解之题。

2019 年 12 月，麓湖公园社区成立党委，现有党群服务中心和智慧政务警务驿站，面积 1046 平方米。麓湖公园社区就是成都市国际化社区建设示范点，是天府新区全面践行新发展理念、建设公园城市先行区的首个典范社区。社区服务面积 9.34 平方公里，规划人口15 万人，是一个园区、住区、景区"三区"融合的开放社区。麓湖社区主要有三个特点：一是以地产为基础的商住型社区。根据规划，麓湖一共有 3 万多套住房，未来还有麓坊水镇等大量公共区域，涵盖居住、产业、商业和公共资源管理等完整城市功能。二是人群大多是跨区域新移民。业主多是中产阶层，会集各层面的社会精英，麓湖社区基金会核心成员呈现学历高、收入高和能力高的特点。三是社区是由多元利益主体构建，蕴藏着非常复杂的关系——政府、开发商、业主和社区以及广义的麓客（包含了商业和产业的人群），消费、旅游的人群，开放性的社区。这种状况表明麓湖社区一生下来就具有自身的特质，对于社区而言一个关键的问题就是如何让政策下诞生的社区从陌生人社区变成熟人社区，有效推动社区发展治理。麓湖社区发展治理经历了一个逐步探索的实践过程，大致经历了从麓湖社群的培育到社区议事会的成立再到社区基金会的"三步曲"发展过程。这个过程铸造了麓湖社区发展治理的特点和探索，可以说也是一个不断学习、借鉴、成长的过程。在与麓湖不同层面的人交谈中也感受到学习力对于一个社区的重要性。麓湖基金会执行团队是一群想干事、愿干事、能干事、有情怀的一个团队，善于吸收各种外界有益的治理价值、知识和实践，为麓湖社区发展治理提供了坚实的人才保障。

（一）麓湖社群的演进和发展特点

社群，即人的连接，即人的组织化。人是实现麓湖蓝图的必经之路。在成都构建共建、共治、共享的公园城市发展体系的大语境下，要让公园城市的人文底蕴薪火相传，更需要从城市最小单元的"社区"做起。但麓湖是先有地产商、业主，后有社区。因此，如何搭建一个充满认同感的社群，是地产企业面临的一道考验。麓湖的社群从 1.0 到 3.0，从产品到人心，其社群建设可谓独到且富有成效。调动社群最有效的方式是还权于社群，业主逐渐参与进来，并开始自主运营，使社区可以自己"跑起来"，打破以开发商为绝对主体的中心化。2014—2019 年，历经五年成长，麓湖社群从 1.0 时代，进入了社群共创的 3.0 时代。

（1）社群 1.0 时代：兴趣而聚集。2014 年，麓湖开始社群建设。最开始是建立了 10 个女性为主的社群，以一起玩为主，强调公益和有趣，用活动创造社交机会，是麓湖社群 1.0 版。在这个阶段，参与群体及活动形式少、人员固化成为社群发展的最大问题。

（2）社群 2.0 时代：共学而组织。这个阶段成立了一个非常重要的组织，就是麓客学社，这是一个兼具社交价值和成长价值的线下学习型自组织。以课程为纽带，涵盖艺术人文、家庭教育、投资分享等多样化的课程，在更为广义的层面上去链接更多的业主，进而实现个体和群体的价值提升，反哺社区和城市，成为社区的活力源泉。在这个阶段，社群从以前的 10 个增加到 25 个，开始有男性加入。虽然达到了圈层社交和融合但仍有瓶颈，即社群间孤岛化。

（3）社群 3.0 时代：社群跨界协作。从 2018 年开始，麓湖打破社群孤立壁垒，将社群和社群横向连接起来，进入集团军作战状态，而破局首先从社群管理者出发，做社群会长联谊，麓湖的六个社群①在一起组织了重温 20 世纪 90 年代复古派对。类似的活动还有热浪派对、同麓人歌手大赛、奇装异服冲浪大赛、七夕月光派对等。为了加强社群互动和交流，麓湖做了一月一会的长期社群活动，也就是说每月至少要举行一次跨会活动。社群活力得到激发，3 个月一连举行了 9 场一月一会，达到了每月三场。为了推动横向互融，麓湖的社群从最初以课程为纽带的"麓客学社"进化到更具驱动力的

① 六个社群分别是麓客爱美会、麓客尾波社、麓客怒放乐队、麓象厅、麓客美食会、麓客萌宠社。

社群共创阶段，社群运营呈爆破式发展，仅 2019 年就新增 11 个社群，新加入成员多达 2000 余名，全年活动近 500 场。麓湖社群大致分为五类：艺术时尚、亲子教育、生活美学、活力运动、学习分享，与麓湖业主气质匹配，呈现出年轻、活力、热情、运动、艺术的特性。高频的麓湖学社，基本是日常课程，每场 10—100 人；中频的一月一会，每个月做一场社群联合共创；低频是社区节日，每年大概 4 次，每次至少千人以上大范围的社群链接和社区融合。这样坚实的金字塔模型，也让麓湖的社群保持了长久的活力。

社群发展的第一个成效，就是减少了地产商投资，激活了业主的内在积极性，有些社群会长把社群当成自己的事情，甚至有部分会长愿意自带资金、资源参与日常运营。第二个成效，就是开启社区共治计划，通过数量众多的社群把居民链接在一起，也让社区的节日焕发出新的活力。渔获节，仅仅是麓湖社群运营体系的其中活动之一。年度社区节庆有龙舟赛、社区春晚等，月度活动一月一主题，另有日常社群活动，它们开始真正成为麓湖的公共节日，和独属于麓湖的公共仪式——它们承载了整个麓湖的共同情感与共同记忆。

麓湖社群组织化重构，产生出更高层级的、有着强大内生性与自主性的联合体，大家所拥有的资源、所创造的链接、所形成的社会资本，构成麓湖的持久魅力与核心价值。2020 年麓湖成立社群联合会，更为深刻的是逐步从 41 个会长里面公选 9 位会长理事，未来他们将共同协商决定社群发展。

社群也是需要经营和培育的。在社区治理中最常见的难题是群众参与少，而且年轻人更少。常规社区的社群是 386199 部队（女人、儿童、老人），麓湖社群却因为社区丰富的公共生活内容在年龄结构、性别结构上有了改观，男性及青壮力量崛起，涌现出一批社群领袖。据统计，2019 年麓湖 41 个社群中，有 14 个男性担任会长的主题社群，30—45 岁业主参与者占比 75%。到了 2020 年，麓湖社群增长为 63 个，男性会长数量也增长到 26 位。[①]

麓湖社群也产生了可观的经济效益，实现了地产与社群的双赢。社区发展与治理是一种新方向，麓湖社区发展治理实践有一个重要的经验，以利益共同体拓展业主公共生活。说到底，是破解社区作为优势资源还是成本的认识。长期以来，我们认为社区只是输入而非输出，造血能力差。但麓湖至今卖出约 5000 套房，交付 3000 多套，常住 300 多户，一到大型社群活动，如渔获节、龙舟赛等，参与人数超过 3000 人次。在社群运营及社区治理方面，麓湖考虑得更长远，麓湖有其独到的社区营造模式。社群发展为麓湖建构熟人社区打下了基础，那么如何再进一步，成为良序社区？为此，需重建社区规则和秩序，重构社区公共精神，解决社区议题，最终实现社区良序管理及可持续发展，这就为社区议事会的建立提出了现实需求。

（二）麓湖议事会的建立和发展

麓湖议事会的成立是为了引导蓬勃发展的社群力量有序参与和自我管理。有一定的社区规则和秩序，重构社区公共精神，才可最终实现社区自我管理。2018 年 11 月，麓湖成立了议事会，并以户为基础，以组团为选区，选举议事员。组建组团议事会、社区议事会两级议事体系，共同协商解决社区议题，搭建公共讨论的文明的平台，用公平与妥协的精神推进公共事务的解决。事实上，议事会的成立与议事员代表选举经历了一段漫长的时间。议事会发展也是麓湖社区基层民主发展的过程，不仅讨论了议事会议事代表的基本要求，还提出议事员席位和选举的办法，规定了任期、权利与义务。麓湖议事会是麓湖自我管理、自我服务、自我监督，推动各利益相关方化解矛盾、寻求共识的议事协商平台；推动各利益相关方，包括业主、居民、物业公司、发展商、业委会、业主大会、政府、相关企业以及更多社会力量，对话协商，化解矛盾，探讨更优解决方

---

① 相关数据来自麓湖社区议事会报告。

案。麓湖议事会是为了使麓湖社区保持长久持续的活力，动员更多的居民参与公共事务，建立公开的议事协商机制，学习成都议事会相关制度和条例，同时，也结合麓湖实际，聘请专业人士指导议事能力，不断完善议事会代表结构和议事会运行机制。

2020 年初开始筹划，历经约 10 个月的参议会讨论与选举投票，最终产生 96 名组团议事员和 34 名社区议事员。后提出议案增加议题小组和执行委员会，设置 8 大议题小组和 5 位执委，形成轮值制度，分别负责各自的议题小组，并指导秘书小组工作，推动议案的形成和落地。自此，议案的推进由秘书小组"操心"，变成议事会执委主动"操心"，极大地推动了议案落地的效率和成果；也实现了从开发商为治理主体向社区多方治理主体的转变。议事会制度不仅理顺了社区党委与地产、业主以及社群和社会组织等关系，而且使社群自治力量通过议事员代表选举和议题提案等方式得到固化，很好地搭建起麓湖社区多元力量参与社区治理平台，较好地实现了议事机构的决策权。

截至 2020 年 10 月底，麓湖议事会共召开例会 5 次，总时长超过 14 小时，累计参会人数 118 人，审议议案 23 份，通过 21 份。推动解决与社区相关的公共问题 14 个。在推行的议案中，2020 年垃圾不落地、制作堆肥小屋、麓湖健康小屋、龙舟赛居民意见征集等议案，大都得到了社区居民的广泛认可，议事会的决策重心也从最开始的解决社区矛盾问题，逐渐过渡到共创美好生活。

有一个案例具有启发意义。2020 年《麓湖养狗公约》在麓湖议事会通过，是一份由社区居民自发制订的养狗公约。为了更好地在社区宣传，麓湖发动小志愿者们上门演讲，让童心传递友善。麓客社群从孩童开始建立公共约定，从小事驱动和谐共享的社区。

同时，为了保证议事会决策的权威，增加了组团快速审批"幸福资金"渠道。① "幸福资金"是由麓湖社区基金会向麓湖议事会资

① 中国社会科学院政治学研究所"新时代中国特色社会主义的理论与实践"创新组编：《四川天府新区调研资料汇编》，2020 年 10 月。

助的，2019 年资助了 30 万元，2020 年资助了 50 万元。"幸福资金"的用途，在遵守资金提供方限定的资金使用范围和条件的前提下，由麓湖议事会决定。幸福资金主要用于：（1）社区公共活动空间的改造项目；（2）支持各组团邻里文化建设、互助项目等；（3）其他有利于社区长期利益发展的公益项目。① "幸福资金"的支付由议事会秘书小组遵照社区基金会专项基金的相应管理规定执行。"幸福资金"收支账目由秘书小组编制并及时公布。上述内容接受议事员和居民监督。居民们通过自筹＋麓湖议事会的"幸福资金"支持，开展了组团间的团建联谊、邻里宴、徒步秋游、慰问山区老人以及冬衣爱心捐赠等活动，组团有了更高的自主权，邻里之间的链接也变得更强。

以上探索保证议事会制度的合法性和有效性，是对成都议事会的创新。当前成都议事会制度已经成为社区发展治理的重要组成部分，但是也存在着一个困境，那就是有效性不足，更多的是在资金使用方面发挥作用，而对社区发展治理议题缺乏全面参与和有效运行，一些社区陷入有议事会但议事员依附性强，议事能力弱。麓湖议事会为成都社区议事会输出了两个经验：社群组织化程度和议事会执委会机制，这有利于促进议事会发挥协商共治作用和成为有效平台。但麓湖议事会也存在不足，即居民需求广泛性和项目多样性还存在不足，如对老年群体服务和幼儿保育关注度与业主需求常态化存在差距。

（三）麓湖社区基金会的功能和创新

2019 年 10 月，麓湖社区基金会成立，这是麓湖自治的顶层架构，主要是针对社区可持续发展而设计的。麓湖有大量的公区——包括湖泊与公园，都是开放的城市资源，面临长期管理和利用的问

---

① 中国社会科学院政治学研究所"新时代中国特色社会主义的理论与实践"创新组编：《四川天府新区调研资料汇编》，2020 年 10 月。

题，所以必须充分考虑未来开发商退出后，麓湖如何能够持续保持活力，这就需要提前培育良好的公共传统，提升地方的共治能力。为了实现麓湖永续发展，成都万华新城发展股份有限公司发起并捐赠资金 800 万元，成立麓湖社区发展基金会。万华将在开发期内陪伴社区基金会的成长，通过 10 年时间逐步赋能还权，使社区基金会具有较好的持续募集资金和运营管理能力。麓湖社区发展基金会是在省民政厅登记注册并接受监管的，是不以盈利为目的、独立自主的公益性法人实体。麓湖社区发展基金会以推动社区自我管理与服务、促进社区公共管理和活力、塑造社区公民精神以及创造社区共同体为使命，秉持"平等、开放、多元、尊重、包容、协商共进"的价值观，致力实现"永续社区美好生活"的美好愿景。麓湖社区发展基金会有 13 位理事，开发商仅占发起人的 2 席名额，更多席位和话语权交给了居民理事、社群理事、商业理事、专家理事。麓湖社区发展基金会包括组团幸福资金捐赠、专项资金捐赠。制定了《捐赠管理办法》《专项基金管理办法》《理事会议事规则》等 10 项规章制度。

2020 年以来，基金会在推动社区公共事务上发挥了巨大作用。

（1）注重社区居民能力提升和自组织培育，启动了对社区创新平台的资助计划。平台的核心作用是赋能、链接、孵化，为想要贡献自己力量的同麓人提供一个创新支持平台，以平台为依托，在为他们提供学习和成长空间的同时，也给想要推动麓湖发展的个体和组织提供资源链接，让他们能在麓湖顺利开展社区创新的探索，并孵化这些创新的种子，使它们在麓湖生根发芽。

（2）注重在地社区治理项目创新开发。在公共议事协商平台项目创新方面，相继支持居民完成"社区健康小屋"、"垃圾不落地"志愿者行动、社区"逐麓杯"足篮球联赛、厨余公共堆肥箱等项目，并增加"幸福资金"快速审批流程，将 3000 元审批权下放给组团议事会，众多组团相继组织了丰富多彩的组团联谊活动。除此之外，还有基金会资助的社区公益图书馆——寻麓书馆。该馆藏书 3196

册，2021 年上半年新增藏书 760 册，该馆的文化讲座在线上和线下同步开展；基金会发起绿动计划，包括了水生态对话、云树生活垃圾可持续管理试点、创新支持平台、自然笔记等项目，为麓湖社区生态环境保护链接多方资源，共同推动麓湖蓝图发展。作为一个典型的公益性社会组织，社区基金会在解决社区问题时更直接、更理性、更快捷。也因此，基金会得到了来自政府的 80 万元激励资金。

（3）注重志愿者的公共精神和专业化能力提升。目前麓湖开展社群活动有很多志愿者参与，如议事员多以志愿者活动为主，但缺乏系统性和专业性。议事会成员也发现，对于什么叫志愿者、什么叫义工、如何开展志愿者工作，很多居民是不十分清楚的，因此提出要提升志愿者能力。社区基金会拟统筹志愿者发展机制，壮大志愿者队伍，开展志愿者培训。聘请专业老师和志愿者团队以及项目志愿者，从内容上做实本土志愿者质量，发挥志愿者麓湖形象大使，为社区基金会造势。

麓湖社区发展基金会和社区公益的紧密关系与其他社区基金会不同。早在 2014 年，成都就开始对社区基金的探索，2016 年正式提出发展社区基金会。几年的培育发展，成都社区基金逐渐突破来源单一、体量有限、程序复杂的困境，不断拓展资源渠道、吸引多方参与，使得使用便捷、公开募捐成为其亮点。2018 年 7 月四川省首家社区发展基金会——成都市武侯社区发展基金会成立，目前全省已经发展成立 40 余家社区基金会。社区基金开拓了社会资源进入社区的合规路径，使得社区多元主体意识部分觉醒。一方面，麓湖社区基金会较好地承接了扶持社区成长、培植社区文化、营造社区生态的社会企业职责，从而营造开放和谐的邻里氛围，搭建特色常态的互动平台，探索社区的自我造血和可持续发展，让社区真正实现从自娱自乐向公益参与、共建共享转变，真正发挥了社区治理的工具性功能。另一方面，当前很多社区基金存在用不好、用完难筹、用法不合规等方面的运营难题，麓湖社区发展基金会的专业化实践改变了现有的社区治理模式，聘请专业人士运行基金会，使社区公共资源得以按照居民期待的方向去分配。同时，基金会采取了配捐资助，以龙舟赛为例，单支队伍的配捐上限为 3000 元，配捐比例为 1∶1，鼓励居民也共同为社区节日盛典出心、出力、出钱、出席，由"别人的事"变成"共同的事"。这也为社区基金会可持续发展提供了一种思路。图 1 是麓湖公园社区发展治理架构。

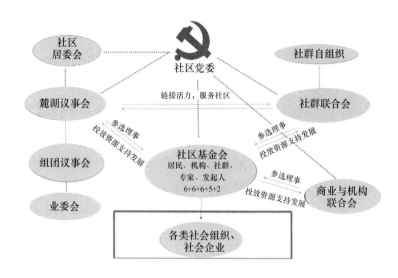

图 1　麓湖公园社区发展治理架构

这张图不仅明确了社区发展治理的多元主体和组织结构，而且明晰了它们在社区治理中的关系和工作职责。社区发展治理"三位一体"的运行机制和工作路径，是对成都社区发展治理高质量发展的一种积极探索。通过社区基金会创新社区治理机制，激活了社群组织化和议事会，既解决了人的参与主体性，同时也将商业与社群公益带入社区治理内容，为社区造血提供了多样的选择机制，弥补了社区治理中发展不足、缺乏可持续性的困境。

但在调研中也发现，麓湖社区发展治理处于快速成长期，许多工作和方法还处于实践阶段，也存在一些成长烦恼。

第一，麓湖社区基金会与社区关系模糊。这源于麓湖社区春晚提出的常年义务捐款设想。2021年麓湖通过社区春晚项目在社区募捐到5万多元工作经费，因麓湖基金会缺乏募捐资格，以慈善会名义在社区开展。基金会以这种方式既弥补了麓湖社区基金会不能募捐的不足，也弥补了社区工作资金短缺现象。可以预测，募捐是社区发展的一种重要能力，目前很多社区缺乏专人负责和运行能力，虽麓湖社区基金会能力强，但社区自身职责和定位如何厘清有待观察。

第二，公共区域与在地社区矛盾。在麓湖项目中，公共区域都是对外开放的。作为社区的居民，肯定希望公园最好是专属自己享有的，但是作为一个开放的市政公园，实际上一定是会面向外界的。这两者之间是有矛盾的。现在麓湖已经成为成都周末与节假日的网红打卡地，人来人往，络绎不绝。但这样的城市结构中，其实也蕴藏着非常复杂的四方关系——政府、开发商、业主和广义的麓客（包含了商业和产业的人群），以及前来消费、旅游的人群，这是一个非常复杂的状况。比如在地业主与外来游客之间冲突。为了解决自我造血的能力，麓湖申报4A景区，未来的目标是要成为5A景区。这个景区策略需要居民们接受外部人士进入并使用这个区域，实现地区的公共化，但同时，这些人口的流入又能够给景区带来收益，并使得这些收益良性地维系公共区域的发展。还有业主与学区公共服务的冲突。融创玖棠府与麓湖的学区分割造成业主间不平。融创玖棠府位于天府新区武汉路918号，住户900余户。从地图分布上看，融创玖棠府与麓湖（西区）位于天府大道与武汉路十字路口的西北方向，该片区以西有益州大道和锦江自然阻隔，以北和以南有沈阳路和武汉路横贯东西，是完整的一个片区，理应按照一个标准进行划片，实行同样的学区政策。麓湖业主的观点是，学校是由万华打造，作为麓湖的配套设施，这也是麓湖如此高价的原因，哈密尔顿小学的费用最终是由麓湖业主负担，麓湖的业主都需要摇号，之前都有部分业主被调剂到天府七小就读，如果周边小区能够划片进来就读，那么势必会挤占麓湖业主学位，学位爆仓，这是对麓湖业主资源的损害。[①] 这个矛盾确实反映出未来天府新区的隐患，因为从目前天府新区土拍情况看，相当一部分土拍会有相应地修建配套学校等要求，如果修建出来的学校都变为某小区独享，那势必会引起周边社区的矛盾。为了吸引企业入驻，天府新区社区发展治理和社会事业局制定了企业员工和人才子女也可以报名的政策，在企业员工报名人数激增的情况下，也产生麓湖生态城持购房合同的业主仅可以报名麓湖幼儿园，无法报名天府新区其他公立幼儿园，而企业员工等其他人员，却可以报名多个公立幼儿园，导致麓湖业主的子女，如果没有摇中麓湖幼儿园，就面临无学可上的风险，而企业员工子女，摇不中麓湖幼儿园，还可以摇其他幼儿园。以上情况对于购买麓湖的业主也会造成不公。[②]

第三，正式组织与企业治理合作机制整合问题。上面的系统是作为一个社区基金会完整的治理架构，也遵循了莱奇沃斯的方式，设立了双层理事会的结构；下边是议事会的结构，是用于对接社区、街道办和党委的议事制度。它们之间的关系是怎样的呢？由于理事会的大多成员是来自组团议事会的选举，是需要代表民意的，他们需要很好地划分公共事务的决策边界——一类是理事会自己可以决定的，一类是需要征求议事会意见的，还有一类是需要把决策权交给议事会的。这样左右两边的系统就可以有机结合起来。总的来说，麓湖的未来需要开放的城市价值，需要有自我造血的机制，还需要建立良好的规则，提升公共管理能力。因为如果这个边界划分不好，理事会就可能丧失民意，在之后的选举中出局。这就是正在尝试的，未来可能的治理结构与方式。

---

① 《融创玖棠府与麓湖的学区矛盾》，腾讯网，https：//new. qq. com/omn/20200426/20200426A080YJ00. html，2020 年 4 月 26 日。

② 《麓湖生态城幼儿园小学入学问题》，问政四川网，https：//ly. scol. com. cn/thread？tid = 2868361&display = 1&page = 1，2021 年 5 月 17 日。

第四，社区基金会自身定位和功能。作为新型公益性社会组织，社区基金会也被更多人所感知和发现。在普通社区，只有政府和开发商两个角色会参与社区建设，而在麓湖，基金会等社会组织已经成为重要的第三方力量，做了不少前二者做不了的事，推动社区甚至社会发展。虽然社区外的机构可以提供帮助，但社区基金会的可持续发展依赖本地居民和社区领袖的热情。麓湖社区基金会的成功之处在于它一开始就得到了支持性机构的资金投入和技术协助。社区基金会为公益事业与社区治理找到一个解决方案，使麓湖拥有良性运转、可持续发展的能力。关于定向捐赠如何更好地参与社区治理，我们也期待麓湖社区基金会提供更好的方法。

第五，地产商与政府在社群营造中的作用定位。用社群化的方式，促进麓湖商业系统的活力。万华用自己的理想主义和实用精神，思考着之后的20年到100年中的社区生活，这条路，就是麓湖的社群营造计划。但在日常讨论中，我们也发现，一些业主提出了社区服务项目日常化和生活化的问题，认为社区可以提供一些实质性的帮助，应更多着力于居民的日常生活方面。如老人和儿童需求服务，以及法律平台等。沟通渠道与机制还需要建设，不同层面的业主、不同层面的需求都需要兼顾。

三　公园城市社区治理可持续
发展的趋势和启示

麓湖公园社区发展治理是有成效的，无论是在促进新时代企业参与社区发展治理，还是在培育社群和促进议事会有效性，以及破解社区发展治理中政府与企业的关系等方面，有许多可复制、可推广的公园城市社区治理特色做法和先进经验。以社区基金会为载体，有利于形成以商业思维解决社会问题的路径。从麓湖社区基金会实践来看，组织化、专业化和产品化是公园城市社区发展治理的方向。

组织化是指人的组织化、项目的组织化，如社群组织培育和运行；专业化是指通过聘请专业团队运营社区发展治理，社区基金会相比社会组织更容易形成造血能力，更易形成利益共同体；产品化是指项目的输出品牌化和可复制性，易于推广和产生效益。麓湖社区发展治理为社区发展治理提供了三点启示。

第一，创新了公园城市社区"三位一体"的协同共治的机制。社区基金会通过支持社群和议事会机制，让更多的社会力量参与社区服务中，使社区自治与共治成为可能。应该说，社群是社区发展治理的内在力量，议事会是社区发展治理的决策和议事平台，社区基金会是社会发展治理项目的执行机构和支持力量。如此形成了"三位一体"的工作运行机制，有机地形成了互相促进、不可分割的关系，这是麓湖社区发展治理的独特之处。

第二，以人为出发点推动社区居民的主体性及公共精神。注重把居民组织起来，通过社群活动、社区公共项目和议事会参与转变业主在社区中的身份认知，营造社区交往的持续活力。激活广大业主从一个简单的"参与者"转变为"驱动者"，改变了社区参与者只是老年人的现象，吸引了更多年轻人参与公共生活，这是麓湖社区基金会专业化运作带来的成效。

第三，以商业思维解决社会问题。解决社会问题，需要企业家精神，更需要社会、市场、政府的合作。企业家精神倡导用以市场为导向的解决方案来应对各类社会问题。但是创新需要更紧密地连接商业和社会才能实现可持续发展。未来的三十年是社会建设和社会改革时期，将面对一个巨大的社会服务市场。更核心的问题在于它的专业化管理，很多社会企业并没有真正地把它的产品或理念转换成一种成功的商业运作模式，这里重要的原因并不见得一定是资金的问题，而是缺乏足够的管理知识、分销渠道和商业思维。相比卖房子，麓湖更关心如何让更多的人加入麓湖的"圈子"，共创社区家园。麓湖给出了有益探索的路径：充分链接人与人，与"麓客"分享项目的产业和商业计划，并以较低的门槛让"麓客"参与其中。

企业把自己放到社会结构中，和政府、非营利部门共同面对社会问题，将社会治理思维方式渗透到企业的发展战略中。在充分的链接下，企业、政府和社区居民的消费行为发生了深刻变化，使集体意识的形成、共同利益的呈现、共同愿景的确立、管理方式的变革，都有了新的场景来承载。麓湖公园社区发展治理为共建共治共享提供了一个不可多得的有益的案例，值得我们继续跟踪和观察研究。

（作者：四川社会科学院社会学研究所研究员李羚）

"一站式解纷"：安全韧性公园社区治理机制的创新实践

　　作为人类文明进程中的标志性产物，城市的安全问题一直是城市管理者关注的重点。社区是社会有机体的细胞组织，是城市的基本单元。韧性公园社区作为高级形态的社区，营造了人与自然、人与人、人与社会的安全、和谐、共生的人类命运共同体，是人们美好生活的向往地和承载地。四川天府新区全面贯彻党的十九届四中、五中全会关于推进国家治理体系和能力现代化新要求，深入学习习近平总书记调研浙江安吉关于推动社会治理创新的重要指示精神，认真落实四川省委省政府、成都市委市政府关于城乡社区治理、社会综合治理的重大部署，统筹社会治理和社区治理两条线，创新探索"安全"与"韧性"高度统一的社会治理实践，形成具有公园城市特点的社会治理典范，具有一定的实践示范价值和理论研究价值。四川天府新区政法委课题组先后深入浙江湖州市安吉县和杭州市余杭区，四川天府新区华阳、煎茶等街道，通过实地座谈、访谈和问卷等形式开展调研学习，形成本部分内容。

一　安全韧性社区的时代背景和内涵特点

（一）韧性社区建设是公园城市安全和风险治理的支点

党的十八届三中全会首次将社会治理写入党的中央文件，标志着社会建设由"管理"向"治理"的转变。党的十九届三中全会进一步强调"社会治理是国家治理的重要方面"，提出"构建基层社会治理新格局"的重要任务。党的十九届四中全会提出，"推进国家治理体系和治理能力现代化"，"优化国家应急管理能力体系建设，提高防灾减灾救灾能力"①。党的十九届五中全会提出在"十四五"时期"国家治理效能得到新提升……社会治理特别是基层治理水平明显提高"。2020 年 3 月 30 日，习近平总书记在浙江湖州市安吉县社会矛盾纠纷调处化解中心考察时做出"把党员、干部下访和群众上访结合起来，把群众矛盾纠纷调处化解工作规范起来，让老百姓遇到问题能有地方'找个说法'，切实把矛盾解决在萌芽状态、化解在基层"的工作指示。为防范化解社会风险、解决重大矛盾问题提供了理论遵循。社区治理是国家治理体系的基层终端，社区韧性治理的能力与水平是国家治理体系和治理能力现代化的直接体现，社区韧性治理能力体系建设成为新时期国家治理能力体系建设的重要组成部分。

随着我国城市化节奏的加快、城市规模的扩大、城市人口的增多和城市功能的日益复杂，城市系统不可避免地受到来自公共突发事件、安全生产事故和自然灾害等各类风险的影响，这些影响将制约城市的健康发展。特别是 2020 年突如其来的新型冠状病毒肺炎疫情对世界各国的发展产生了或大或小的影响，而社区作为城市中人

---

① 《中共中央关于坚持和完善中国特色社会主义制度　推进国家治理体系和治理能力现代化若干重大问题的决定》，《人民日报》2019 年 11 月 6 日。

们生活最基本的空间单元和人与社会联系的节点，同时是城市系统的基本组成单元和基本细胞，在城市的规划建设过程中是不可忽略的重要组成元素，也是城市发生灾害时的基层响应单元，由此可见社区的情况如何直接关系到整个城市的状态。在城市遭遇突发事件时如何应对及恢复正常运行状态将成为政府机关及普通群众关注的焦点。在 2020 年新冠肺炎疫情背景下，许多学者重新提出韧性这一理念，并将城市韧性的概念延伸到社区韧性，同时对韧性社区的建设进行了不同程度的探索。①

四川天府新区，位于成都市东南方向，是 2014 年 10 月获批的第 11 个国家级新区，规划面积 1578 平方公里，是国家实施新一轮西部大开发战略的重要支撑。目前，已形成 1 个千亿级、8 个百亿级产业集群，经济总量居 19 个国家级新区第 5 位。四川天府新区成都直管区作为中心区域，辖区总面积 564 平方公里，辖 9 个街道、119 个社区（村）。近年来，随着城市化速度加快，经济高速发展、人口大量聚集，产生了大量新诉求、新矛盾。特别是 2018 年人才落户政策实施以来，天府新区驶入了城市化快车道，快速城市化使四川天府新区社会治理环境发生了巨大变化，再加上新冠肺炎疫情持续蔓延导致各类深层次矛盾冲突加剧，城市社会治理早已超出传统认知和历史经验，面临新任务新挑战。为此，构建和完善韧性社区治理机制，通过建设更具韧性的公园社区，提升城市整体安全水平和治理效能，是公园城市社会治理的"大考"和亟待解决的重要课题。

（二）韧性社区理论

1. 韧性理论概念

韧性理论由加拿大生态学家霍林于 20 世纪 70 年代提出并引入系统生态学领域，并在社会学、经济学、工程学等领域取得了一定

---

① 王佃利：《基于风险治理能力提升的韧性社区建设》，《济南日报》2020 年 3 月 13 日。

的研究与实践成果。① 2002 年在联合国全球峰会上将韧性理论引入了城市系统进行研究，主要以防灾防疫为主要功能的规划建设与管理。联合国国际减灾署将韧性定义为：暴露于危险中的系统、社区或者社会，具有抵御、吸收和适应灾害，面对外界的损失和破坏，能及时迅速地从伤害中恢复的能力，其基本功能是保护与恢复。随着世界的发展，各个国家走上了可持续发展的道路。2016 年联合国召开第三次人类居住会议，重新提出了韧性社区的理念，并强调了在城市发展和城市治理中的作用。②

2. 韧性社区内涵

随着韧性概念的不断发展，韧性理论在城市系统中也不断发展，在空间尺度上形成了不同层面分类，比如，国家、区域、城市、社区等，其中韧性社区最为典型应用。近年来，韧性社区成为许多国家的研究热点，大部分研究认为，韧性社区是指面对突发灾害、公共安全时，维持社区的稳定状态，积极调配资源，将灾害影响降到最低，并通过学习与适应抵御灾害的能力。韧性社区建设是城市安全和社会建设的一个单元，是社区治理思维转变的一个支点，也是韧性城市建设的有效尺度。韧性社区对 2020 年新冠肺炎疫情抵御与救治以及建立安全管理体系有较大的意义。

3. 韧性社区特点

从 20 世纪末开始，韧性社区的概念几经演进，形成了三个较为明确的指向特点：一是从生态领域衍生的"抗逆力"，主要关注社区硬件的抵抗力；二是社会生态领域的"恢复力"，主张社区应在具有抵抗力的基础上，还要有适应或修缮的能力，关注社会系统与自然系统的共生与互赖；三是从精神心理领域衍生的"自治力"，关注的是社区成员能发展个人、集体的能力。需要注意的是，一个成功的韧性社区只具备一方面的能力是不够的，韧性社区就是"以社区共

---

① 毛路：《韧性视角下城市社区规划与建设研究》，《美与时代》（城市版）2021 年第 5 期。
② 向铭铭、顾林生、韩自：《韧性社区建设发展研究综述》，《城市广角》2016 年第 7 期。

同行动为基础，能链接内外资源、有效抵御灾害与风险，并从有害影响中恢复、保持弹性的学习能力，形成可持续发展的能动社区"。

（三）四川天府新区建设安全韧性公园社区的必要性

1. 建设安全韧性公园社区是推动市域社会治理现代化的重要内容

2019 年 12 月 6 日，中共四川省委十一届六次全体会议通过《中共四川省委关于深入贯彻党的十九届四中全会精神　推进城乡基层治理制度创新和能力建设的决定》，明确提出："强化示范创建引领。推进市域社会治理现代化，支持争创全国市域社会治理现代化试点合格城市。"2020 年 5 月 29 日，中央政法委批复同意了四川省全国市域社会治理现代化试点第一期和第二期名单，成都市入选第一期试点城市，从 2020 年至 2022 年，用三年时间完成《全国市域社会治理现代化试点工作指引》规定的试点任务，实现市域社会治理现代化。中共成都市委十三届六次全体会议对"建立完善社会治理制度体系"做出部署，提出"创新党委领导双线融合的社会治理机制"，构建社区发展治理与社会综合治理双线融合机制的重大举措，基本建立平安创建主题下的社会治理机制、机构和政策框架。在全面建成小康社会的基础上，有必要将韧性理念引入社区建设中，将"韧性城市建设"和"韧性社区建设"纳入"十四五"规划，进一步建构韧性社区的权责体系，多维度提高社区的风险防控能力，全面构建"全周期管理机制"，不断完善治理体系，提升社区的治理韧性。

2. 建设安全韧性公园社区是推动智慧韧性安全城市建设、实现幸福美好生活的有效路径

习近平总书记指出，中国城市化道路"关键是要把人民生命安全和身体健康作为城市发展的基础目标"，要"打造宜居城市、韧性城市、智能城市，建立高质量的城市生态系统和安全系统"。成都作为国家中心城市，当前管理服务人口已超过 2200 万，增强城市安全

韧性是成都探索超大城市治理现代化之路的必然要求。2011 年，在世界城市科学发展论坛和首届防灾减灾市长峰会上，联合国减灾战略署高度评价"成都韧性"，成都与其他国内外 9 个城市在峰会上加入"让城市更具韧性"行动。2020 年，在疫情防控和经济社会发展的双重任务下，如何提升城市韧性、推动城市安全体系变革成为成都探索超大城市发展治理新路的重要命题。2020 年 5 月，成都市两会首次将"韧性城市"写进政府工作报告；7 月，市委十三届七次全会提出建设践行新发展理念的公园城市示范区要"突出生态型、高质量、人本化、有韧性的公园城市可持续发展特质"；12 月，市委十三届八次全会提出了成都面向"十四五"时期的重点任务建议，进一步将"韧性城市"丰富拓展为"智慧韧性安全城市"，锁定"可持续发展世界城市"的目标，推动超大城市治理体系和治理能力现代化，用智慧、韧性、安全和可持续描绘出城市未来发展的美好图景。韧性城市建设需要落实到韧性社区中来，才能更好地应对城市发展风险，实现经济快速稳定发展。

3. 建设安全韧性公园社区是化解各类矛盾纠纷、维护社会和谐稳定的探索方向

随着天府新区城市人口规模的扩大，管理和服务人口数由 2014 年的 40 万人骤升到目前的 100 余万人，超出了一个中等城市的人口规模。社会规模的扩张和结构的复杂化导致各类社会矛盾高发多发，各种问题迅速叠加，呈现出历史遗留问题和发展中的问题相互交织的特点，群体性事件、越级上访时有发生，信访、维稳形势十分复杂，原有的基层治理理念、手段已经难以适应人民群众对美好生活的需要，亟须进一步深化社会治理体制机制改革创新，探索快速城市化背景下的社会治理现代化路径，为天府新区经济社会高质量发展营造安全社会环境。

二　公园社区治理的探索实践：创新打造"一站式解纷"的治理样本

2018 年 2 月，习近平总书记来川视察时专程到天府新区调研指导，强调要突出公园城市特点，把生态价值考虑进去，努力打造新的增长极，建设内陆开放经济高地；2020 年 1 月，习近平总书记主持召开中央财经委员会第六次会议，对推动成渝地区双城经济圈建设做出重大战略部署，明确要求支持成都建设践行新发展理念的公园城市示范区。四川天府新区强化公园城市首提地的使命担当，坚持以问题为导向，以新发展理念为指引，创新构建三级矛盾纠纷多元化解体系，形成与发展进程相匹配的社会治理新格局，营造和谐和美社会环境，建强建优安全韧性社区，筑牢了新区经济社会发展底部支撑。

（一）立足公园城市特点，构建"一处中心"统调体系，加快推动社会治理创新集成

为"让老百姓遇到问题能有地方'找个说法'，切实把矛盾解决在萌芽状态、化解在基层"，四川天府新区集中人力、财力、智力，全力打造全省社会矛盾纠纷化解协调中心先行示范区，同步推进 9 个街道、119 个村（社区）"矛调中心"建设，实现"点、线、面"结合的三级"矛调中心"整体布局，构建起"包容性更强、融合度更高、功能覆盖更全、服务效果更好"的具有公园城市特点的社会治理大格局。

一是构建"功能一体、部门集中"的协同机制。区级"矛调中心"整合综治、信访、公共法律服务等多中心为"一中心"，形成政法委信访、综治、司法 3 个"矛调"核心处室整体入驻，法院、公园城市局、生态城管局、统筹城乡局、市场监管局等信访矛盾多发的9个部门派员常驻，其他16个部门人员轮驻，N个社会调解组织人员随驻的行政资源整合模式。同时还建立了联合接待、矛盾纠纷调解、智慧指挥中心等5大"空间功能区"，特色打造13个功能室、15个服务窗口，着重突出一个功能区就是一个矛盾"终点站"，实现"总体功能集成、纵向处置分级、横向分类严格"的"一总体两纵横"整体功能布局。

二是构建"五单管理、服务集约"的运行机制。以前端首接首办、中端点兵点将、后端跟踪督办为肌理，创新"群众点单＋中心派单＋部门接单＋协同销单＋社会评单""派单"式管理模式，运行"群众下单统一登记、中心派单对口分流、部门接单归口管理、中心调度联调联处、限期办理协同销单、社会评单自查督办"的工作机制，打造"全链条、全响应、全方位"的闭环化解流程，分层分类推动责任单位及时回应群众诉求。深化绩效考核，开展星级评定，按照五四一比例，明确村（社区）"矛调中心"在源头化解约50%的群众诉求问题，街道"矛调中心"化解约40%的群众诉求问题，约10%较难的突出问题上交区级"矛调中心"化解，形成"区级旗舰店""街道连锁店""村（社区）便利店"三级"矛调中心"规范运作模式，全力保障90%的群众诉求问题化解在基层。

三是构建"综合调处、力量集调"的化解机制。以矛盾纠纷综合调处、信访联合接待、公共法律服务功能区域为主阵地，辅以心灵驿站调适疏导服务，形成集矛盾调解、信访处置、法律援助、争议仲裁、司法诉讼和心理疏导等N个力量于一体的"1＋2＋1＋N"矛盾纠纷综合调处体系，对重点的积案老案、疑难复杂事项和群体性上访案件，通过"矛调中心搭平台，属事部门出方案，多方多元齐发力"的方式，合力攻坚，统筹调处重大复杂疑难问题。同时，建立分级分层分类化解机制，对街道、村（社区）调解三次以上仍然未化解的事项逐级上报，由区级"矛调中心"统筹调处，全力推动矛盾纠纷化解工作由"中转站"向"终点站"转变。

（二）强化智能化运用，形成"一个平台"统处体系，及时有效将矛盾化解在基层

为积极回应群众"多头跑、重复跑、不知往哪跑"的难题，建强建优人民来访联合接待、公共法律服务、社会治安综合治理、社会心理服务、矛盾纠纷诉调对接五大平台，有效推动矛盾纠纷"一站式解决"，实现"最多跑一地"改革。

一是聚焦"智慧运用、联动发现"，打造预警中心。开发"矛调在线"系统，打通跨部门跨行业的数据壁垒，实现信访、网络理政、大联动·微治理、天网等平台的数据融合共享，集成数据汇聚、分析研判、事件录入、事件查询、指挥调度、派单处理、跟踪督办、群众评价等功能，推进矛盾纠纷治理数据合理流转、综合应用，让矛调中心由"物理整合"向"化学融合"迈进。加强与 9 个街道综合信息指挥室、119 个村（社区）群众工作之家、363 名网格员采集信息的联通互动，主动排查矛盾隐患，根据轻重缓急实行"红、橙、黄、蓝、绿"五色预警逐级报送，引导群众就地依托"云上调解""找个说法"等平台进行远程在线调解，实现矛盾纠纷在源头分流响应。

二是聚焦"优化流程、高效能处置"，打造智慧中心。实现平台登记事项查询、跟踪、督办、评价系统集成，对"简易、复杂、重大疑难"三大类矛盾纠纷，优化调处流程，进行分级分类处置。强化"呼叫—响应"工作机制作用发挥，明确一般事项不呼叫、疑难事项要呼叫、应急事项必呼叫的三类事项清单，对涉及街道多部门的矛盾纠纷，及时呼叫街道联席会议进行现场研究处置；对涉及区级层面的突出矛盾纠纷，由街道"矛调中心"呼叫新区"矛调中心"召开联席会议进行研究处置。上下两级联席会议无缝衔接，充分整合各方面资源力量，形成"矛调工作大家做、矛调事项大家办、矛调难题大家解"的工作局面，推动矛盾纠纷"一站式受理、一条龙服务、一揽子解决"。

三是聚焦"联合调度，多维度研判"，打造研训中心。依托对矛盾纠纷的大数据分析，推动各类场景虚拟再现，实时推送至区综治中心、群众工作之家等阵地，实现数据再次运用，加速社会治理前瞻性研究和实践转化。

（三）统筹"秩序"与"活力"动态平衡，完善"一支队伍"统管力量，建设更具安全韧性的公园社区

为实现新时代人民群众对美好生活的向往，天府新区统筹社会综合治理和社区发展治理两条线，探索实现"秩序"与"活力"动态平衡社会治理创新实践，做实"安全"和"韧性"高度统一的公园城市底部支撑。

一是着眼"自治、法治、德治三治融合"，激活治理内生动力。以法治建设为引领，深入开展"八五"普法、"宪法进万家""以案说法基层行"等活动，切实做好科学立法、严格执法、公正司法和全民守法四篇文章。弘扬"孝为本、理为先、法为绳、和为贵"治理理念，将"息争止讼""无讼公约"传统融入矛盾纠纷源头预防，推动形成崇德向善、见贤思齐的浓厚氛围。

二是着眼"共建共治共享"，形成人人参与的治理共同体。整合社会组织、行业协会、律师乡贤的社会力量，建立以法官、律师、心理咨询师、金牌调解员等为主体的调解队伍专家库，初步建成了700余人的人才专家库，其中一级调解师100余人、金牌调解员60余人，为三级"矛调中心"提供强大的人才支撑。

三是着眼"人民城市为人民"，构建"城市、社区、市民"的命运共同体。聚力高质量发展、高效能治理、高品质生活，推广"矛调在线""找个说法"等在线纠纷解决品牌，打造"心灵驿站"①"矛调＋民情民访代办""老王有话""众说'峰云'"等社会治理

---

① 参见国家卫生健康委、中央政法委等10部委《关于开展全国社会心理服务体系建设试点工作的通知》（国卫疾控发［2018］44号）。

名片，努力彰显城市之美、发展之美、生态之美、人文之美、和谐之美，集成打造人、自然、社会和谐共生、人人享有安定的民生样板。①

2021 年 1—8 月，四川天府新区区级矛调中心共接待来访群众 768 批次 2581 人次，调解矛盾纠纷 291 件，调解成功率为 85.4%，办结代理信访事项 156 件，群众满意率为 100%；各街道及村（社区）"矛调中心"共接待群众 2488 批次 7316 人次，调解矛盾纠纷 2177 件、调解成功率为 87.5%，征集群众意见建议 989 条、报送党委政府 432 条，采纳率为 13.4%。特别是 7 月 17 日四川天府新区区级"矛调中心"提档升级正式运行以来，共接待来访群众 323 批次 1123 人次，人次占全年的 43.5%，调解矛盾纠纷 136 件、调解成功率为 86.8%，矛盾纠纷吸附化解成效显著，营造了和谐稳定的社会大环境，开启了区域社会治理工作新范式。②

三 "一站式解纷"社会治理的经验启示

四川天府新区通过"一站式"解纷社会治理创新实践，构建起党建引领社区治理和党委领导下的社会综合治理运行新机制，为构建基层社会治理新格局，推动市域社会治理现代化，具有重要的实践价值和经验启示意义。

（一）坚持组织领导，形成社会治理双线融合推进工作合力

习近平总书记指出："要善于把党的领导和我国社会主义制度优

---

① 参见刘荣华 2021 年 6 月 10 在四川省矛盾纠纷多元化解创新实践论坛上的主题发言稿——《筑牢更具安全韧性的公园城市底部支撑——四川天府新区关于社会治理双线融合"一站式"解纷的探索实践》。

② 参见《中共四川天府新区工作委员会政法委员会关于四川天府新区社会矛盾纠纷化解协调中心 1—8 月运行情况的报告》。

势转化为社会治理效能。"近年来,四川省在城乡基层社会治理实践中,逐渐形成了社治和综治双线并进的工作格局,双线各展所长、优势互补,对于推进基层治理工作发挥了重要作用。随着治理实践的深入,双线在治理目标、治理手段等方面关联性越来越强,从而产生了相互融合的客观需求。天府新区顺势而为,成立新区社会矛盾纠纷调处化解中心建设工作领导小组,领导小组由两委办、党群工作部、政法委、社区发展治理和社会事业局、自然资源和规划建设局、财政金融局等部门组成,办公室设在政法委,发挥党委总揽全局、协调各方的领导核心作用,统筹社治、综治两股力量,整合人力、财力和物力,形成一体推进三级"矛调中心"建设。区级"矛调中心"参照杭州市余杭区做法,明确级别为政法委下属正处级事业单位,核定领导职数3名,设1正2副,科学核定岗位编制数。

(二) 坚持先行试点,凝聚社会治理双线融合力量

集成多部门力量聚合,采取五种入驻形式,形成统调体系。(1) 整体入驻:政法委维稳信访和群众工作处、司法行政和法治处、政治安全和综治处等处室;(2) 科室常驻:新区纪工委、法院、检察院、自然资源和规建局、生态环境和城管局、市场监管局、社区发展治理和社会事业局、公安分局、应急局等部门相关科室(机构);(3) 轮流入驻:新区"两委"办、党群工作部、科创和人才局、财政金融局等部门;(4) 随叫随驻:新区统筹城乡局、消防救援大队、气象局、天投集团、天展公司等,因来访联合接待、纠纷化解需要,事权部门工作人员以召集入驻、事先预驻等方式阶段性、临时性入驻;(5) 社会服务力量入驻:有效整合党代表、人大代表、政协委员、调解员、公证员、司法鉴定人、法律工作者、心理咨询师、社会组织工作者等专业人员入驻中心,引导社会力量参与社会治理工作。

（三）坚持机制统筹，创新社会治理双线融合工作举措

社会治理双线融合不是谁取代谁，而是通过系统内部的资源统筹、优化组合，减少重复治理、无效治理，释放最大的治理效能。具体而言，就是要在党委统一领导下，既强化政法部门职能作用，筑牢防风险、促法治、保平安的底线，又要强化社治部门统筹协调功能，构筑强基础、优服务、惠民生的高线。天府新区坚持社会治理力量街管社用原则，将社治综治力量下沉社区，建立一体融合的矛调队伍和"一网一长多员"的网格队伍。按照一体融合下的适当分工原则，对综合矛调员、网格员、专职网格员、兼职网格员既统筹使用又有所侧重，避免因人员融合而造成职责不清，厘清各治理主体的定位关系和事权划分，理顺了一体融合后的工作路径，做到统分结合、上下联动、一体推进。

（四）坚持共建共享，培育社会治理双线融合多元治理主体

习近平总书记强调："要完善基层群众自治机制，调动城乡群众、企事业单位、社会组织自主自治的积极性，打造人人有责、人人尽责的社会治理共同体。"四川天府新区坚持开放治理理念，除了发挥系统内干部力量的作用外，还注重创新组织群众、发动群众的机制建设。优化已有群众参与社会治理的组织形式和制度化渠道，依托"矛调在线"，开发"五色预警"功能模块，畅通群众参与基层治理的技术通道。制订网格信息奖励办法，给予信息提供者一定物质奖励，加大居民、物业管理、志愿者、社会组织等社会力量参与"调矛解纷"服务管理的激励力度，提高公众参与社会管理服务的积极性、主动性，推动群团组织、社会组织、市场主体、全体市民结成治理共同体，让群众的聪明才智成为社会治理创新的不竭源泉。

（五）坚持技术支撑，建设社会治理双线融合智联智慧平台

提升基层社会治理手段的智能化水平，这是社会治理能力现代化的重要体现。四川天府新区依托区级、街道、村（社区）三级"矛调中心"，按照双线融合治理逻辑调整优化系统架构，接入网络理政中心、综治中心、公安指挥中心、数字城管中心、信访接待中心等信息系统，在24个社区全面推行"事件管理"功能板块，构建以中心为枢纽、以网格为依托、以信息为支撑的联动指挥调度平台，实现信息采集上报、会商研判、分级处置、考核奖惩等闭环运行。通过建设一体多能的智慧平台，细化呼叫清单机制、响应机制和督查考核机制"三项"机制，在技术层面搭建了基层社会治理和社区发展治理深度融合的有效载体，极大地提高了基层社会治理的智能化水平。

四　安全韧性公园社区治理的未来展望

2020年以来，四川天府新区按照省委市委决策部署，在总结创新浙江安吉"信访超市"建设经验和运行模式的基础上，整合综治中心、群众接待中心、公共法律服务中心等"多中心"为"一中心"，建设区级、街道、村（社区）三级社会矛盾解纷化解协调中心，推进社会治理领域"最多跑一地"改革，实现社会治理双线融合"一站式"解纷，总体取得了实效。但因为中心很多工作刚刚铺开，在工作理念、资源整合、信息共享、机制保障等方面，还存在一些差距和短板，主要表现在如下方面。

第一，对矛调中心的功能定位把握还不够全面。还存在一些部门和街道、村（社区）对三级"矛调中心"的功能定位理解还不够深刻全面，对"矛调中心"的组织架构和运行机制研究还不够深入，多中心整合为一中心后，在建设运行中仍然存在各分区、各功能板

块各自为政、工作衔接不畅的现象和整而不合、联而不动等问题，目前只是完成中心的"物理整合"，还没有真正产生"化学融合"。有些街道、村（社区）"矛调中心"选址、规划不够合理，受场地条件限制，办公空间局促、功能分区不科学。但还存在少数街道和村（社区）理解不到位，只是简单地做一些物理整合，挂牌上墙，即视为完成建设任务。也没有从机制建设、专业队伍组建、工作流程规范、日常管理等方面进行深入研究，导致"矛调中心"建设整体水平不高，作用发挥不明显。

第二，入驻单位履职不到位。一些进驻中心的部门工作人员往往是入职不久的年轻干部或退居二线的干部，有的干部业务能力、群众工作能力不强，调解经验和问题处置能力欠缺，有的还承担原单位工作任务，存在"两头跑"现象，与中心作为矛盾纠纷调处化解"终点站"对其干部的素质能力要求不相匹配。调解力量不足、薪酬待遇不高、队伍不够稳定、公信力不强等问题较为突出，具有专业知识的专职调解人员比例偏低，法官、律师等专业法律人才参与调解的积极性不高，一定程度上影响了"矛调中心"调处化解矛盾纠纷能力和研判分析能力。有的部门对入驻中心后承担的职能没有认真研究梳理，对为什么入驻、入驻后发挥什么作用仍不清晰，特别是除了信访和矛盾调解功能外，如何发挥处置社会事件、研判社会风险的功能作用，思想认识还不够统一，工作准备仍有不足。

第三，信息化建设亟待加快推进。政法委牵头开发的"矛调在线"1.0版本刚投用运行，实现了系统数据对接、协同共享。但调研中也有部门反映，检察机关、信访部门的一些信息涉及对具体人员的举报投诉，公安、法院以及劳动仲裁、市场监管、人民调解的信息系统之中，也有大量涉及个人隐私的内容，信息的公开与共享无疑增大了管理难度，需要注意个人信息保护问题。在数据集成上还不够便捷高效，一体化的社会治理"智慧大脑"作用还不够明显，整体智治水平有待提高。

针对以上突出问题，未来四川天府新区要进一步发挥三级"矛调中心"作用，建立更加安全、更具韧性的公园城市和公园社区，应加强以下制度举措。

第一，大力开展矛调专业素养提能行动，锻造高素质铁军队伍。按照《四川天府新区三级矛调中心提能增效活动方案》，加大矛调队伍建设力度，有效开展提能增效活动，打造一支具备专业知识、专业技能、专业中心工作者队伍。设立"天府新区社会矛盾纠纷调解培训学校"，大力开展队伍培训，推动学员学法用法，掌握各项政策；开展矛调队伍大练兵比武活动，形成创先争优格局；开展金牌矛调员评选活动，建立一支矛调员队伍。加强人民调解员队伍建设，采取多种方式选聘退休法官、检察官、司法辅助人员以及老娘舅、乡贤等进入专职调解员队伍，探索通过"以奖代补""按件计奖"等方式扩大调解工作奖补范围和额度，充分调动调解员队伍的工作积极性。制定出台政策举措，鼓励律师参与调解工作，探索以市场化方式开展律师调解业务等形式，更好地发挥律师调解在化解社会矛盾、促进依法治理中的专业优势和实践优势。

第二，建立机关干部下沉网格制度化，构建网格治理扁平化体制。推行常驻、轮驻、随驻矛调方式。在区级、街道、村（社区）三级"矛调中心"，司法、信访、人力社保、综合执法、新居民事务为常驻窗口，城建、国土、农业、林业、水利等为轮驻窗口，其他涉及条线科室为随叫随到驻窗口。在此基础上，针对群众提出的各类矛盾纠纷、信访诉求和投诉举报事项，分类导入办事程序。简单矛盾纠纷，由中心常驻部门当场处理，或通过人民调解处解决；疑难复杂矛盾纠纷，则启动会商研判机制，集中"会诊"。同时发挥街道各类调解工作室功能作用，促使当事人在平等协商基础上自愿达成调解协议，及时有效地预防化解社会矛盾纠纷，实现"案结事了人和"。建立"周二无会日"制度、领导干部到各级矛调中心坐班调解处置矛盾纠纷工作制度，切实形成无缝对接、协调配合、尽职尽责调处化解问题的强大合力。

第三，加大矛盾纠纷处置问效力度，注重化解后量化考核运用。

根据信访督查职能，将网格工作、矛调中心建设运行、矛盾调处化解"最多跑一地"情况作为年度督查重点进行跟踪问效，对工作责任不落实、问题突出的重点社区和科室，要求限期整改，问题严重的进行通报、追责。制定每月《社会治理双线融合信访突出问题通报》制度，发布"效能指数"，分析接访量、调解量、成功率、回访率、满意率等，找准矛盾解纷多元化解典型案件症结，逐月化解信访遗留问题，并把通报结果纳入社区、科室年度量化考核内容，碰真逗硬化解一批信访遗留问题。健全机制、打造特色，做优无差别受理窗口，推进系统集成一站式服务，创新联合调处、多元化解的矛盾纠纷解决工作运行模式，真正实现群众信访和矛盾纠纷"全链条解决"，避免出现部门间推诿扯皮、群众重复访、越级访、长期访等问题，并在实现群众信访和纠纷化解"最多跑一地"的基础上，再努力探索向"最多跑一次"跨越，树立改革的标杆和样板。

第四，强化智能化联动共治，提升市域社会治理现代化的整体效能。充分发挥区级矛调中心的牵引带动作用，健全完善全科大网格工作体系，把群众信访和矛盾纠纷吸附在当地、解决在当地，真正实现"小事不出村、大事不出镇、矛盾不上交"。全面推进矛盾纠纷预防和调处化解信息化建设，以"矛调在线"的应用为抓手，加强部门间的信息协调沟通共享，全面打通系统壁垒，实现业务协同，进而有效提升社会治理领域的整体智治水平。完善多元化矛盾纠纷解决机制，努力实现区级以下信访问题和矛盾纠纷就地化解率不断提升，信访总量和越级访不断下降，法院新收诉讼案件零增长，重大群体性事件零发生等目标，促进社会矛盾纠纷的实质性化解。

（作者：四川天府新区党工委政法委）

混合型社区动员机制：促进社区居民自治能力的长足性发展

一 社区动员是推进居民参与的关键因素

自 1991 年社区建设运动开展以来，社区居民参与的议题越发受到学界重视。一方面，从社区治理资源的有限性出发，一些学者认为社区行政化①实践引发了社区事务繁重、工作量巨大等问题，从而使得社区居委会的责任被无限放大。但在此情况下，与责任相对应的、能够满足社区居民生活需求的社区治理资源却较为匮乏，尤其是社区居委会的财力、人力及制度资源等。因此，在社区居委会资源极其有限而社区事务庞大又繁杂时，增强社区居民这一社区治理中最为重要的人力资源，参与社区事务的意愿及能力可有效抵御社区资源的有限性问题。另一方面，从政府性能的局限性出发，一些学者认为居民的处境、困难只有居民自己才清楚，而社区外界对此未必有深刻的了解及体会，对此，促进社区参与、培育居民自治可以有效避免政府资源输入的盲目性及无效性，并以此强化政府公共服务的回应性。以上两个方面共同指明了社区居民的广泛参与能有

---

① 向德平：《社区组织行政化：表现、原因及对策分析》，《学海》2006 年第 3 期。

效推进社区建设的这一议题，但反观社区治理实践，近 20 余年的社区建设运动缺乏较大的突破性进展，其根本原因在于"社区共同体色彩"日渐式微，[①] 具体表现为社区居民参与意愿低、[②] 参与率总体偏低、参与明显不均衡、参与效能不高等。[③] 换言之，社区居民参与不足的问题已经成为制约社区治理顺利推进的桎梏与瓶颈。[④] 对此，学界从多个维度对改善社区居民参与不足的问题展开了讨论，其中培育社会资本[⑤]、构建社区公共性[⑥]等议题尤受关注，这些路径都不可避免地涉及个体行动者的认知框架到其行动框架的转化过程。如何转化？有学者认为"从共同意识再到共同行动的转化并不是直接发生的，影响这个过程的变量是动员"[⑦]，也就是说，社区动员作为一种刺激性因素，能诱使社区居民的行为发生某种程度的改变。

追溯至革命战争时期，以毛泽东同志为核心的党中央形成的政治动员理论，激发了广大群众参与革命的热情，是中国革命取得胜利的关键，其强大的影响力在 21 世纪的今天仍然有增无减，并影响着中国特色社会主义建设的方方面面。在王旭宽看来，政治动员、政治参与以及实现治理目标三者之间是一个依次递进的逻辑演绎进程，在这个进程中，动员是基础、参与是桥梁、治理目标的实现是目的。借鉴其研究，我们认为，任何治理主体都有自己的治理目标，为实现这个目标仅仅靠自身的力量是远远不够的，必须采取行之有

① 桂勇、黄荣贵：《城市社区：共同体还是"互不相关的邻里"》，《华中师范大学学报》（人文社会科学版）2006 年第 6 期。

② 李海金：《城市社区治理中的公共参与——以武汉市 W 社区论坛为例》，《中州学刊》2009 年第 4 期。

③ 张大维、陈伟东：《城市社区居民参与的目标模式、现状问题及路径选择》，《中州学刊》2008 年第 2 期。

④ 周永康：《社会控制与社会自主的博弈与互动：论社区参与》，《西南大学学报》（社会科学版）2007 年第 4 期。

⑤ 黄荣贵、桂勇：《集体性社会资本对社区参与的影响——基于多层次数据的分析》，《社会》2011 年第 6 期。

⑥ 周亚越、吴凌芳：《诉求激发公共性：居民参与社区治理的内在逻辑——基于 H 市老旧小区电梯加装案例的调查》，《浙江社会科学》2019 年第 9 期。

⑦ 赵欣：《社区动员何以可能——结构—行动视角下社区动员理论谱系和影响因素研究》，《华东理工大学学报》（社会科学版）2019 年第 2 期。

效的动员手段，以集结社会人力、财力、物力等资源。然而，什么是行之有效的动员手段？这些动员手段又如何影响居民的具体参与行为？其目的是什么？成效又如何？对于此类问题的研究，还有待进一步探究，此即为本文主旨之所在。

二　社区动员的内涵、方式及讨论

目前，学界对社区动员的研究著述颇丰，可聚焦于以下几个方面。

其一，是对社区动员含义的探究。从社会学的观点来看，社区动员往往被置于社会动员之下来探究，两者的关系密不可分。尽管社区动员在规模上有别于社会动员，但社会动员往往强调社区参与，大规模的社区动员在性质上就是一场社会动员。对社会动员的释义，美国学者卡尔·多伊奇的观点颇为经典，他认为社会动员是对一系列旧的、落后的社会经济和心理习惯的瓦解，以及人们逐渐适应现代社会的过程。[①] 在国内，大多数学者倾向于模糊"政治动员"及"社会动员"的界限，并认为社会动员是政党、政府等一系列政治集团为了达到某种目的而借助某些方式对社会各类资源的发动。[②] 在解析社会动员的含义时，以上两种观点代表了某种程度的分野，前者更注重其过程性，是为"过程论"，后者则更注重其工具性，是为"手段论"。由于当前学界对社区动员的含义尚无统一定论，因此，我们在社会动员的概念基础上，将社区动员定义为社区动员主体运用一定的手段，引导、激发动员客体参与社区事务的过程，最终达到动员主体所期望的目的。在这一概念的界定中，厘清社区动员的

---

① Karl W. Deutsch, "Social Mobilization and Political Development", *American Political Science Review*, Vol. 55, 1961, p. 501.

② 李德成、郭常顺：《近十年社会动员问题研究综述》，《华东理工大学学报》（社会科学版）2011 年第 6 期。

主客体尤为重要。例如，甘泉、骆郁廷认为主客体明确是社会动员必备的条件，并进一步指出，国家、政党或社会团体是社会动员的主体，而社会动员的客体则为社会广大成员或某些组织。① 一般而言，社区基层组织即社区动员的主体，而广大社区居民及部分自组织则为社会动员的客体，其中以年龄为区分，学界对社会动员的客体中的青年群体②及老年群体③展开了不同程度的研究。

其二，是对动员方式的探究。社区动员的方式主要是指社区党组织及居委会等动员主体动员客体参与的一系列手段及策略。从广义上来看，可大致分为正式化手段及非正式化手段两大类。前者是对正式组织、命令、制度、行政权威等类型化因素的概括，是权力驱动的结果，其具体化为集体宣传、劝说、示范、公共话语建构、工作安排等行为。这样的方式对满足居民需求、促进社区改革能够显效一时，但就对居民参与的影响而言，除了少部分利益相关的居民，绝大多数居民呈现出的是被动式参与、消极配合与"理性无知"④ 等状态。从长远看，难以激起群众的参与热情和社会活力，不利于居民自治能力的培育。⑤ 关于非正式化方式的研究，主要体现为对社区社会资本这一因素的隐性使用。⑥ 在国内学界的研究视野里，我国的社区情境下的社会资本往往可被分解为人情、面子、关系、信任、认同等多个子因素，掌握的子因素越多，非正式化资源则越多，这意味着动员能力则越强。对普通居民而言，社区组织、关键群体为其生活提供了诸多便利，也在频繁的交往过程中构建了"熟人社会"。因此，在进行非正式化的动员时，基于对某种均衡关系的

---

① 甘泉、骆郁廷：《社会动员的本质探析》，《学术探索》2011 年第 6 期。

② 吴宝红：《城中村发展中的社区动员与青年参与》，《当代青年研究》2019 年第 2 期。

③ 刘景琦：《动员式参与：老旧小区互助养老模式的运作机制》，《兰州学刊》2020 年第 3 期。

④ 陈伟东：《社区行动者逻辑：破解社区治理难题》，《政治学研究》2018 年第 1 期。

⑤ 刘成良：《行政动员与社会动员：基层社会治理的双层动员结构——基于南京市社区治理创新的实证研究》，《南京农业大学学报》（社会科学版）2016 年第 3 期。

⑥ 刘威：《街区邻里政治的动员路径与二重维度——以社区居委会为中心的分析》，《浙江社会科学》2010 年第 4 期。

依赖和破坏这种关系的恐惧心理，普通居民的响应程度会较高。例如，人们常常这样想：我们关系挺好的，我信任他的建议；或者是如果我拒绝了他的要求，他便会和我断绝某种联系。这种方式的动员能力较强，且往往令人难以拒绝，但其仅限于特定圈层。从狭义上来看，社区动员方式还可大体归纳为命令性动员、情感性动员以及激励性动员三类。其中，命令式社会动员又被称为"强制命令型"动员，[①] 这种动员方式的一个重要前提是个体依附于组织，只有依靠这种依附性才能使政权组织在实际的动员过程中对组织、命令、制度、行政权威等因素加以利用，也才能使得个体对这类动员方式无力抗拒。在《新形势下的社会动员模式研究》一文中，费爱华提出了惩戒动员的概念，[②] 这一概念便是"强制命令型"动员的具体表现。情感性动员则是指通过"宣传""鼓动"等方式使人明白道理和激起人的感情，[③] 从而达到动员群众的目的。例如，革命战争年代，党和政府通过开会、培养积极分子、做思想政治工作、宣传运动、树典范以及各种仪式性活动等诸多方法重塑人们的观念领域和精神世界，[④] 激起了广大群众的爱国意识和集体主义精神，从而促进革命斗争和现代化建设的成功。激励性动员则更多地强调通过重新分配财富和重构农村经济制度与社会关系来促进群众的广泛参与，[⑤] 这实际上满足了无产阶级对利益的根本需求。革命时期，党通过土地革命的形式满足群众对生产资料的需求，因而有效激发了群众的参与热情，成为革命取得成功的关键。这启示我们，利益机制是调动人积极性的又一重要杠杆，在社会动员工作中我们要强化对激励

---

① 周颖：《共建共治共享视角下新型社会动员体系的构建——以佛山市南海区为例》，《探求》2019 年第 2 期。

② 费爱华：《新形势下的社会动员模式研究》，《南京社会科学》2009 年第 8 期。

③ 陈月明：《宣传 5W 模式：党的宣传鼓动工作"一般办法"——兼与传播 5W 模式比较》，《新闻界》2012 年第 2 期。

④ 杨敏：《公民参与、群众参与与社区参与》，《社会》2005 年第 5 期。

⑤ Huang, S. M., Chan, A., Madsen, R., et al., "Chen Village Under Mao and Deng", *Journal of Asian Studies*, 1992, Vol. 52, No. 2, p. 435.

性动员方式的利用。

其三，是对动员形式的探究。在梳理社区动员方式的基础之上，有必要延展视角进一步对社区动员形式展开研究。一般而言，不同的动员背景会塑造出不同的动员形式。在单位制背景下，由于单位成员高度依附于基层单位，因而单位组织往往是通过运动式、组织化的高效动员方式动员单位人参与集体行动当中，学界常称其为"指令式动员"。① 在后单位制背景下，国家、社会同时向社区内自组织授权的动员形式也越发流行起来，通过借用社区内部的社会性资源和"正式权力的非正式运作"，② 形成了迥异于单位制时期的基层社区动员策略与技术，其突出特点在于社区基层组织高度依赖社区精英群体，并试图通过这类群体的社会网络与普通居民的日常生活加以勾连。学界对此也各有命名，形如"赋权式动员""授权式动员""媒介式动员"等。这类形式有其必要的优势③：首先，国家授权可以为其提供制度性资源，降低动员风险，同时也将促使国家权力由显性的强硬控制转化为柔性控制与隐形在场。其次，社会授权使其获得了社会合法性，并展现出理性商讨、共意构建等特征，同时也符合后单位社区新公共性重塑的需要。④ 当然，其不足也不容忽视。例如，一些学者认为这类形式的动员活动往往会陷入社区组织"动"而居民不"动"的悖论之中，其直接后果是造成社区动员活动的"虚假繁荣"。对此，王德福等进一步解释道，动员实践中的积极分子悬浮化和社会组织服务消解动员的现象，其实质是社区动员脱嵌于基层社会，从而同时导致了"精英替代"和"社区动员内卷化"的吊诡现象。⑤ 此外，由于自身制度建设的非完整性和组织合

---

① 赵欣：《从指令到赋权：单位社区社会动员的演变逻辑》，《晋阳学刊》2015年第5期。

② 孙立平、郭于华：《"软硬兼施"：正式权力非正式运作的过程分析——华北B镇定购粮收购的个案研究》，载《清华社会学评论：特辑》，鹭江出版社2000年版，第21~46页。

③ 赵欣：《授权式动员：社区自组织的公共性彰显与国家权力的隐形在场》，《华东理工大学学报》（社会科学版）2012年第6期。

④ 刘博、李梦莹：《社区动员与"后单位"社区公共性的重构》，《行政论坛》2019年第2期。

⑤ 王德福、张雪霖：《社区动员中的精英替代及其弊端分析》，《城市问题》2017年第1期。

法性地位制度化不足，"授权式"动员形式也容易导致动员行动的话语选择缺乏、流于自上而下的政府意志以及缺少激发共同情感和集体行动的能量等问题。①

通过对以上相关文献的梳理及归纳，我们大致得出如下总结及思考。

首先，从既有的研究上看，学界对社区动员的释义往往散见于相关文献与著作中，目前尚无统一定论，但将社区党组织、社区居委会等基层组织视为社区内部动员主体以及将社区居民视为动员客体的观点受到了广泛认同，而对社区自组织角色身份的定义尚未清晰。从社区动员的目的来看，大多数文章侧重于强调某一种项目或某一类活动中居民参与的人数及频次，这样的视角仅限于社区动员的暂时效益，忽略了社区动员目的的真正内涵，即社区动员应是以培育居民自治能力为导向的多次过程。

其次，从动员方式上来看，社区动员手段既具有正式化和非正式化的区分，也具有宣传鼓动和激励导向的区分。围绕具体个案探究具体某一类动员方式的方法、目的和效果是学界的常规研究方式，这有利于加深我们对其的理解。但值得注意的是，学界对不同方式的使用场景以及它们之间的结合使用却少有提及，从而导致该类研究成果是分散的和零碎的，也缺乏必要的连贯性和累积性。

最后，从社区动员的形式来看，不少研究者都不同程度地注意到社区大背景对划分社区动员机制的重要意义，并在此基础上，对不同社区动员形式，尤其是"授权式动员"的特征、效益及不足展开了相关探究。同样，这些研究中多数文章倾向于把不同形式割裂开来分析，其忽略了实践中社区动员活动的多样性及复杂性。

综上所述，目前学界对社区动员活动的研究成果，对于理解社区动员的目的、方法、过程、机制、效益等都具有较强的启发性，但这些零散的文献却无法提供一个社区动员活动完整且清晰的图像，

---

① 范斌、赵欣：《结构、组织与话语：社区动员的三维整合》，《学术界》2012 年第 8 期。

更无法揭示社区动员活动中主客体角色、动员方式及层级不停变化的繁杂过程。因此，我们试图以成都市某街道 A 社区为个案，对该社区的动员目的、动员方法、动员层级及动员成效展开细致分析，尝试揭示社区动员活动这一繁杂的过程，希冀对我国社区动员的研究有所补充。

三 成都华阳街道：A 社区的治理探索与实践

我们选取的个案是 A 社区，该社区位于四川天府新区华阳街道，建成于 2015 年 8 月，面积 0.4 平方公里，辖 11 个居民小区，总户数 3347 户，常住人口 1.2 万人，社区构成复杂，主要由自建房、老旧小区和政府安置小区三个部分组成。目前在册党员 146 名，有 7 个党支部，包括小区类型党支部、街区类型党支部、非公企业党支部和社会组织党支部四种类型。该社区成立之前，各小区情况混乱、乱象丛生，是出了名的脏乱差社区。自 A 社区成立以来，该社区党委敏锐捕捉到社区居民需求，围绕"城市有变化、市民有感受、社会有认同、社区有温度、生活有品质"的目标，充分发挥党组织的政治领导力、思想引领力、群众组织力、社会号召力，引领社区居民广泛参与社区发展治理，着力构建便民、惠民、育民、乐民、安民的"五民"社区，使得 A 社区面貌焕然一新，成为远近闻名的优秀示范社区。该社区创造性地提出"五线工作法"，主要是从党建、自治、志愿、社团以及服务五个方面，最大限度地对社区人力资源进行汇集，进而实现社区居民的广泛参与。近几年来，本课题组多次前往该社区现场观察，并进行了 40 余次访谈，访谈对象包括社区干部、社区居民、商户经营者、社会组织负责人、社区志愿者等，形成了大量的访谈资料，能够为本研究提供足够的支撑。

（一）凝聚党员力量，强化党建引领

党员是社区居民中最具代表性的一类骨干群体，其行为具有较强的引领及示范作用，但城市社区中绝大多数党员处于"隐身"状态，[①] 因而不利于党员的角色建构和作用发挥。因此，凝聚社区党员力量、强化党建引领成为 A 社区动员体系中的首要举措，其主要分为以下三个方面：一是优化党组织设置。首先，在街道党工委的直接领导下与社区域外党组织联建联创，促进社区党组织的完善及发展。其次，通过与小区党支部、街区党支部、非公企业党支部、社会组织党支部等域内党组织共建共享，从而完善党组织设置。二是凝聚党员力量。为充分发挥党员在社区治理中的"领头雁"效应，[②] A 社区以组织、活动、工作、群分等四种途径最大限度地将党员会聚起来，形成该社区特有的"四聚党员工作法"，有意促使社区内流动及在册党员从以上四种途径促进社区发展。三是发挥党员作用。A 社区以教育引导、活动吸引、积分激励三种方式和党员积分手册、组织生活手册两种手册共同激发党员身份的骨干、示范及桥梁作用。

（二）发动居民自治，突出居民主体

自"社区建设"概念提出以来，国内社区始终存在着行政及自治的分野。[③] 近年来，随着居民自治意识、自治能力的培育及发展，社区居民自治已然是大势所趋。对此，A 社区大力倡导健全居民自治，充分发挥居民主体的基础性作用，其具体化为：一是层层选拔自治人才。首先是，按照 10 户 1 人的标准公开选拔热心公益、具备较强公共意识及奉献意识的社区居民成为小区（院落）代表，共303 名。其次，从这些小区（院落）代表中公开选拔德才兼备、综

---

① 高同星：《关于发挥城市社区"隐身"党员作用的思考》，《政治学研究》2012 年第 1 期。

② 刘炳香：《党员干部要发挥好"领头雁"作用》，《人民论坛》2018 年第 1 期。

③ 徐勇：《论城市社区建设中的社区居民自治》，《华中师范大学学报》（人文社会科学版）2001 年第 3 期。

合能力和责任感强的人担任楼栋（单元）长，共50名。最后，从中挑选居民小组长、小区（院落）自治组织等主要负责人，甚至晋升为社区"两委"干部。二是健全小区议事机制，楼栋长、小区代表、党员等多方代表通过民主协商的方式共同处理社区事务，实现社区居民自我管理、自我教育、自我服务的目标。三是推动小区分类管理。在物业中心的指导下，实现无物管小区的资源共享和规范自治、非公司物管小区的统一标准和专业管理及物业公司管理小区的绩效考核和组织引领。

（三）促进志愿精神，聚焦供需对接

作为助益社区治理发展、更好满足"生活共同体"之中民众对美好生活向往的城市社区志愿服务，承担着丰富治理资源、提供公共物品、黏合社会交往、增益合作性社区感、提高社区可治理性的积极功能。[①] 鉴于此，A社区着力构建志愿服务体系，聚焦供需对接，从而动员社区内具有较强志愿精神的居民参与社区治理当中。在这一思路中，建立积分兑换机制、搭建志愿互助平台以及营造崇德向善风气是动员志愿者参与的主要激励机制，体现为对社区志愿服务的物质及精神的回馈。例如，利用积分兑换机制可以兑换商品、兑换服务及享受折扣等；利用志愿互助平台可以促进供需对接，实现服务共享；而"小区好人榜""社区楷模榜""志愿榜"等营造崇德向善风气的具体方法则可从精神层面有效激活社区居民的志愿行为，从而构建社区志愿服务的持续化运作机制。[②]

---

① 郭彩琴、张瑾：《"党建引领"型城市社区志愿服务创新探索：理念、逻辑与路径》，《苏州大学学报》（哲学社会科学版）2019年第3期。
② 陈伟东、吴岚波：《困境与治理：社区志愿服务持续化运作机制研究》，《河南大学学报》（社会科学版）2018年第5期。

（四）壮大社团组织，推动多元参与

随着社会现代性的成长，血缘性、姻缘性及业缘性等组织在单一社区内逐渐消失，导致其黏合社会交往的作用随之弱化。相反，随着社区居民的兴趣多样化，社团、俱乐部等趣缘性组织成为当前社区居民的主要联结方式。因此，A 社区大力发展社区组织、推动多元参与，以期有效提升社区居民联结的深度及广度，从而促进社区社会资本存量的持续增长。具体为三个阶段：第一阶段，在社区党委统筹安排下，以发现人才、引进人才及培育人才等方式实现社区趣缘性组织的孵化阶段。第二阶段，在此基础上促进该类组织的规范发展。对此，A 社区提出社区社团发展的"三个一"思路。一是制定一套规范章程。例如，会员缴纳制度、准入准出制度。二是寻求一个活动场地。例如，单位共享、社区提供、小区配套及商业运作等。三是建立一套奖励机制。例如，荣誉奖励、服务奖励等。第三阶段，有意引导社团组织在丰富居民业余生活、黏合社会交往、促进资本存量增加、强化社区认同等方面发挥效应。

（五）扩大服务供给，强化便民高效

推行延伸服务在 A 社区动员体系中具有覆盖性作用。正如该社区干部所言："我们社区工作的根本目的在于对社区内资源，尤其是人力资源做出最大汇聚。前四点基本囊括了所有社区居民，然而仍有少部分人游离于这四点之外。因此，我们转念一想，这部分人虽不具备前四种特征，但至少他们需要服务啊。"在这样的思路引领下，A 社区展开了对延伸服务的探索。首先，构建社区服务基地，打造 15 分钟快速服务平台。在这个服务平台中包含了党群活动、养老、物业、就业、文化、儿童发展等多个维度，力求社区服务的全覆盖。其次，为维持服务机制的长效性发展，创立了社区基金发展模式，这种模式的资金来源于自我"造血"及社会募集等途径，作用于扶危济困和供给服务，其特点是自生性、永久性、共生性及衍

生性。自 A 社区成立以来，这类"根系式"社会组织募集社区资金高达 30 余万元。最后，引导社区居民树立感恩回馈意识，促进社区服务机制的长效性运作。

四　混合型社区动员机制的形成

通常来说，社会学意义上的机制是指某一社会现象、社会运动的构造、功能及相互关系。因而，从表象上看，前文所提的"五线工作法"是 A 社区促进社区居民参与的具体思路及举措。而从深层次看，A 社区"五线工作法"的实践背后呈现的却是社区动员机制的各种核心要素及其相互关系，其具体包括三个部分：一是促进社区居民自治能力长足性发展的动员目的；二是一系列正式及非正式的用以达成动员目的的方法及策略；三是在不同情境下，导致社区动员主客体发生角色变化的动员层级。

（一）动员目的：促进社区居民自治能力的长足性发展

社区动员的目的来源于对社区内各类需求及问题的诊断性分析。在对一系列居民需求、问题的诊断、分析、解决过后，这些问题依旧会不断重复性出现。社区逐渐意识到："绝大多数地方，只要居民反映问题，不管问题合不合理，社区就去处理，久而久之这种机制形成常态化以后，居民的事就变成了社区的事。但居民的需求不一定永远是对的，我们应提倡的事将问题所涉及的居民动员起来，引导他们学会自己解决自己的问题。"对居民自治的重要性形成了深刻认识，A 社区党组织开始着力健全"自治线"，引导社区居民的思维转变。一个较为深刻的例子是：

> 我们辖区因为是老城区，经常性出现下水道堵塞的情况。在社区没管这个事之前，堵两三天，居民没什么意见。自从我

们第一次帮他解决下水道的问题之后，下水道一堵，他都会再给你反映，前面两次，还能当面反映，后面直接打个电话到社区，下水道又堵了，你们是不是得来给我解决了。其中有一次，由于社区有检查，我们接到电话过后，就说第二天再去。结果当天下午，十几个商家就跑到社区来说，下水道堵了，客人没来吃饭，社区得赔偿，原因是社区没有及时清理。这时我们就想这是一个动员居民参与、培育居民自治能力的好契机。于是，我们便叫这十来个商家选出几个代表，两三个也行，一起去城管部门申请、填表、签字和再派人下来清理。一番折腾后，大家都累得够呛。后面来人清理时，我们就要求这十几个商家把所有商家以及楼上居民全叫来，什么时候来就什么时候清理。大部分人来了以后，我们打开井盖发现里面有甲鱼、鸭子各种东西。你是卖甲鱼的、你是卖鸭子的，这时都不需要我们社区，现场的居民、商家就相互教育了。这件事过后，居民、商家都主动给家里加了滤网，因为他知道这个是他们自己的事，而不是政府或社区的。此外，在我们社区的引导下，成立街道小组，形成相互监督、共同商议、共同参与的格局，目的是引导、规范居民自己解决自己的事情。

当前社区治理的一大难题是，政府的行政资源越发单一，而居民自治理念及能力尚显缺位。在这一层面上，促进居民参与、健全居民自治的动员问题便显得尤为重要。但在动员居民参与社区治理的过程中，社区动员的目的仅仅是促进某一活动的开展，抑或是某一社区问题的解决，还是促进社区居民自治能力的长足性发展呢？A社区动员体系中"健全'自治线'，突出居民主体"的实践逻辑就是对这一问题的最好回应。区别于其他社区"包治百病"的功能，A社区形成了促进社区居民自治能力的长足性发展的动员目的，其突出的贡献在于：一是深刻认识到社区动员目的不是即刻的、一次性的动员成效，即社区居民暂时性参与某一活动的数量、规模，而是在不断地社区动员过程中，引导社区居民的思维转变、突出居民的主体地位，从而实现居民自治的长足性发展。二是 A 社区的动员目的中暗含着社区居民参与必然是广度及深度的结合，这种参与结果也必然要求社区动员的方法及层级是混合且多元化的，因而促进社区居民自治能力长足性发展的社区动员目的也为混合型社区动员机制的形成奠定了基调，成为其最为重要的组成部分之一。

（二）动员层级："一级动员"到"二级动员"的逐层推进

社区治理实践中，社区两委和社区居民的联系并不紧密，更多地呈现为事务性联系。基于这种情况，社区"两委"直接动员社区居民参与某种或某类社区活动的行为大多是无效的，因而必须由某类同质性较高的群体充当联结两者的媒介。"关键群体"这一概念是对社区内这类群体的高度性概括，形如党员群体、自组织能人、社区积极分子群体等，因其具有较强的引导力、动员力、感染力，且多数根植于社区普通居民的内部，从而更容易形成其他普通参与者高度依附的高密度精英网络。这意味着社区基层组织（社区"两委"）、"关键群体"、社区普通居民作为社区"多元共治"的三大类主体，其动员方向、动员对象、动员效益等各方面均存在差异，但又相互关联。具体而言，社区基层组织动员社区"关键人群"的效果明显，对社区内绝大多数普通居民的动员却面临严重困境，而"关键人群"的动员效力则有效弥补了社区基层组织的动员缺陷。A 社区深刻认识到三类主体之间的关联，并在"五线工作法"的实践过程中，建构了"一级动员"及"二级动员"的动员层级，确保动员层级在逐层推进的作用下，促成了多个治理项目的成功。例如：

> 潜溪书院作为目前我们社区最大的一个共享图书馆，我们的理念是把社区内的老年人、中年人、青年人和小朋友都凝聚起来，形成社区的综合阵地。这个过程中，要考虑两个方面：首先，书从哪里来？其次，谁来管理？第一个方面，按照传统

模式，政府进行提供图书，那么今年可能能够提供 500 本，明年再提供 500 本，但是更新换代很慢。所以当时我们就动员居民，每提供一本书就可以借一本书，最大限度地实现图书共享的理念。第二个方面，书都是动员居民捐的，社区若是再花钱去请人管，那就失去意义了。从这个角度，我们迅速召集社区在册党员及部分社区活跃分子各抒己见，帮助他们梳理思路，并制定相应规章制度，要求党员在这件事中必须冲在前头、做出示范，最终成立潜溪书院项目组。于是，各个党支部就开始给党员排班，今天是这个党支部派两个人到书院去做，明天是另一个党支部。但由于部分党员有别的工作、年轻党员也需要上班，党员长期做并不现实。因此，我们在党员示范的基础上，发动党员对身边圈子进行再次号召，把他们身边真正喜欢看书、喜欢阅读的这部分人给找出来，把这种需求真正的转变出来，然后让他们来做图书馆的志愿管理，慢慢地实现常态化的志愿服务。这个事做了两三年过后，实践证明这个方向是对的。到现在为止，政府是没有出一分钱去做人工成本补贴的，全靠我们引领性的党员服务和常态化的全民志愿服务。

在这个案例中，社区组织作为社区动员的主体，通过社区各类规章制度要求各党员，即动员客体，在该项目中必须冲在前头、做出示范，是为"一级动员"。党员群体迫于制度压力、组织压力和身份压力被成功动员，融进社区建设之中。可以看出，"一级动员"强调动员过程的组织化和制度化，动员范围较窄，被动员对象往往具有某类公认特性。例如，强调党员身份的示范效应，志愿者身份的服务效应，积极分子的网络效应等。"一级动员"的实现往往只是社区动员的第一个阶段，最终目的是促进居民参与的长足性发展，因此需要"一级动员"过程中的客体承担"二次动员"的主体角色，实现再次动员。正如以上案例所提，党员通过其自身资源对身边圈子进行再次号召，寻找出真正喜欢阅读的人做书院的志愿服务，实现普通居民自身需求与社区公共性事务管理的对接，是为"二级动员"。可以预想的是，通过真正喜欢阅读的人再次对其身边圈子动员，动员层级能推进至三级甚至四级等。在这个过程中，"关键群体"是为"一级动员"过程的客体，而在"二级动员"过程中成为主体，在普通居民的"三级动员"过程中，则又有可能成为客体。因而，社区动员的主客体并非一成不变，而是会随着动员情景的变化而改变。A 社区中，潜溪书院的成功打造仅仅是众多案例中的其中之一，由于篇幅有限，在此便不再一一列举。但这些成功案例的相似之处在于两点：一是认识到社区基层组织、社区"关键群体"及社区普通居民在动员过程中的关联性，尤其是对"关键群体"的媒介式作用的认识。二是在此基础上，构建了多层级动员体系，从而实现社区动员效力由点到面的全覆盖过程。

（三）动员方法：多种动员手段的混合使用

在我国社区建设运动的开展过程中，社区动员方法对社区居民参与的重要性或显性或隐性地存在于其中，社区动员方法的成败某种程度上与社区建设的成败存在显著相关性。因此，要想使社区动员更具生命力，社区动员的话语及方法的选择既要有正式化的政治、行政力量的帮扶，促进其法理上的合法性，同时也需要回归社区共同体意涵，从地方性知识、社区社会资本等非正式的规范中寻求地方性认同。A 社区的"五线工作法"虽不是明确意义上的社区动员方法，但具体到每一条线的实践过程中，却处处透露出 A 社区动员方法的混合性。

> 我们社区打算开展某种工作时，首先是组织党员、楼栋长这类人开会，并进行宣传等……社区的各种安排基本都能得到他们的认可，这主要还是因为他们本身角色的特殊性吧，作为党员你不听党支部的、社区党组织的，那你听谁的？作为楼栋长，有可能晋升为社区居委会干部，基本上也不会和社区对着

干……但也免不了有个别特殊情况，这时社区基本上会借助其他人对这些个别人进行说服、劝导……对于我们普通的社区工作人员来说，我们也挺想在领导面前做出成绩的，因此，命令下达后，我们都会全身心地号召社区居民参与某个项目当中，由于我们经常入户，帮助居民解决过实际困难，所以我们还算和居民挺熟的。因此我们入户进行动员时，我们一般会强调这个事情对他们、对社区的重要性，也会以"我们有任务要求""给个面子""帮个忙啦"等尽可能地动员他们。但总有那么些人是不会买账的，因此，我们社区又在激励机制这块做出努力，具体是物质及精神相结合的激励机制。物质上，主要是志愿积分银行的建立，每个为社区做过义务劳动的人都有对应的志愿积分额，积分达到一定额度便可以在社区内兑换各类商品及服务，例如，在平价超市兑换蔬菜、换取参加华西专家讲座的机会以及兑换幼托、养老服务等。精神上，很多人并不是单一的追求物质，相反他们更需要得到认可。因此，我们为志愿者评定星级，并增设很多"榜刊"等。

在这个"一级动员"到"二级动员"逐层推进的过程中，A社区动员方法的混合性较为明显，其主要表现为两个方面：

其一，是不同动员层级中正式化及非正式化方法的混合使用。前者主要体现为身处某一类组织时，这类组织内具有某种正式的（显性的、隐形的）对组织内成员的一种制度性约束力，这种力量是组织化、结构化的结果，我们可以从组织、命令、服从、要求等类型化概念中抽象得出。例如，由于党员、楼栋长等群体的身份较为特殊，且身处社区"两委"的架构中，因此，社区极易以正式的制度化动员方式整合该类人群。后者则体现为建构了关键群体与普通居民之间的信任机制。在实际的交往过程中，关键群体与居民之间的互动较多，联系也更为紧密。对普通居民而言，关键群体是他们联系社区组织的主要中间媒介，有着为普通居民提供信息、提供服务等重要作用，某种程度上是普通居民，尤其是弱势居民在社区生活中的一个依靠。此外，通过较长时间的沟通交流、互帮互助，社区普通居民和关键群体之间的联系则愈加紧密，会建立起诸多私人关系，信任机制得以建构。因而，当关键群体在进行"二次动员"时，他们的动员方式慢慢地转化为对地方性知识、社区社会资本、隐形关系等非正式化的因素的运用，具体为"给个面子""都是为了社区好""帮个忙"等话语的选择。在信任机制的加持下，"二次动员"有效实现。

其二，是同一动员层级中宣传鼓动、激励导向等动员手段的混合使用。以"二次动员"为例，关键群体会通过"宣传""鼓动"等方式对普通居民进行情感性动员，从而使人明白道理和激起人的感情。例如，采用开展坝坝会、宣传运动、喇叭车、宣传栏、横幅、一封信以及各种仪式性活动等。这种动员手段十分容易激起普通居民的爱家意识以及集体主义精神，更容易自我参与社区建设过程中。另外，作为社区动员方法的重要组成部分，激励机制的建构使得部分归属感不高的居民参与度也能随之提升。例如，构建志愿积分银行，以志愿积分能够兑换商品、兑换服务的功能吸引部分物质追求者。以"榜刊""奖状"的形式吸引精神追求者，从而帮助他们实现社会认同和自我认同。

五 全要素社区动员框架的提出及展望

从某种程度上讲，当前国内的社区建设仍是以行政性力量的引导为主，缺乏社会性参与的推动。若想要使社区治理主体多元化、居民治理参与扩大化以及社区成员的社会化联系和组织化程度不断提高，从而实现社区居民的自我管理、自我服务、自我教育、自我监督的自治格局，就必须坚持对社区动员这一路径展开积极探索。在对社区动员的研究中，学界缺乏对动员目的、动员层级、动员方式等核心要素的深入挖掘和关联性探讨，因而具体到某个社区的实践中时，社区动员机制就陷入了单一且缺乏整体性的困境之中。通过对成都华阳街道 A 社区工作的观察，我们认为其"五线工作法"的实践及推广正好弥合了以上困境，并形成了特色的以促进社区居民自治能力长足性发展为目的的混合型社区动员机制，如图 1 所示。

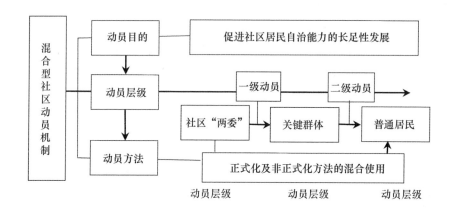

图 1 A 社区的动员机制

A 社区的混合型社区动员机制主要由动员目的、动员层级、动员方法三个核心要素组成。其中，区别于其他社区的动员实践，A 社区动员目的的特征在于：以"五线工作法"的特色实践实现了对社区人力资源及其附带资源的全覆盖，并在此基础上培育、引导居民自治能力的长足性发展。高屋建瓴的社区动员目的也必然要求社区动员层级随着动员情景的变化而逐层推进，因此，在社区"两委"对关键群体的动员阶段形成了"一级动员"过程，在关键群体对普通居民的动员阶段形成"二级动员"过程，并且很有可能继续向外扩展。值得注意的是，在这一过程中，动员层级的变化意味着社区动员的主客体也会随之改变，因而受不同人群主客体角色的变化，正式化及非正式化方法的混合使用则孕育而生。

从某种意义上讲，A 社区颇具特色的混合型社区动员机制的形成正是对当前"共同体色彩"日渐式微、社区居民"弱参与"等困境的最佳回应，居民的有效参与促成了 A 社区从"脏乱差"到"示范社区"的华丽转变。但事实上，A 社区的成功仍属于个案，是否可持续仍有待进一步观察，学界也存在对"量"与"质"，投入与产出的争论。因此，在下一阶段的研究中，我们将扩大样本并持续观察，期待波澜壮阔的社区治理实践能给我们带来更丰富的创新性成果。

（作者：西南交通大学公共管理学院教授杨娟、雷叙川）

城市社区治理体系：理论基础与实践创新

　　社区治理是社会治理的基础性工程，城市社区则是社区治理的重点和难点所在。国家统计局的数据显示，2020 年末我国常住人口城镇化率超过 60%。① 一线城市、新一线城市的城镇化率明显高于这一数据。比如说，即便是从户籍人口的角度来看，四川省成都市的城镇化率也达到了 66.83%。② 这些都意味着我国多数人口已经进入城市的各类社区中。由于经济收入、从事职业、社会地位乃至思想观念等的不同，社区居民的庞大体量背后必然蕴含着多样性、差异化的利益诉求，对于各自生活的社区在安全宜居、文明和谐、民主公平等方面都有着不同的理解和期待，城市社区必须与时俱进地提升治理能力和水平，不断回应居民对社区美好生活的向往。为此，中央从推进国家治理体系和治理能力现代化的战略考量出发，不断创新社会治理理念，反复强调社区治理在社会治理中的基础性地位和作用，始终着力于全面提升社区治理的总体效能。习近平总书记深刻指出，社会治理的重心必须落到城乡社区，社区服务和管理能

---

① 《中华人民共和国 2020 年国民经济和社会发展统计公报》，国家统计局网站，http://www.stats.gov.cn/tjsj/zxfb/202102/t20210227_1814154.html，2021 年 2 月 28 日。

② 中国社会科学院政治学研究所"国家治理体系和治理能力现代化"创新组编：《四川天府新区调研资料汇编》（上册·综合材料），2021 年 4 月，第 141 页。

力强了，社会治理的基础就实了。① 党的十九大报告进一步提出，要加强社区治理体系建设，推动社会治理重心向基层下移，发挥社会组织作用，实现政府治理和社会调节、居民自治良性互动。② 有关社区治理的重要论述和系列要求，既阐明了新时代我国推进社区治理体系建设的重大意义，也为城市社区治理体系走向现代化指明了行动方向。只有完成了治理体系的现代化建设任务，城市社区治理能力的现代化才会有坚实有力的保障。因此，我们尝试围绕城市社区治理体系的现代化主题，以社区概念演变为切入口，从理论基础、现实困难以及走向治理现代化的新思路新任务等角度做一番多维度考察，力求与学界同人、基层干部一道推动关于社区治理体系的理性认识和实践探索不断走向深入。

一　社区概念演变及社区治理体系现代化研究的理论基础

对于"社区"概念的产生，学界公认是由德国社会学家滕尼斯最早提出的。自那以来，社区概念经历了百余年的发展历程，基本内涵和侧重点都发生了很大的变化。从中国语境来说，社区概念的演变史大致可划分为三个阶段。

第一个阶段：社区即传统共同体。社区概念源自19世纪末社会思想家对现代性社会意义的关注，它指的是与现代社会相对应的一种人际结合形式。滕尼斯在1887年出版的《社区与社会》（又译作《共同体与社会》）中就提出，社区属于一种关系性范畴，是人们在本质意志指引下基于一定血缘、地缘或精神而形成的结合，并且构

---

① 《习近平在参加上海代表团审议时强调　推进中国上海自由贸易试验区建设　加强和创新特大城市社会治理》，《人民日报》2014年3月6日。
② 习近平：《决胜全面建成小康社会　夺取新时代中国特色社会主义伟大胜利——在中国共产党第十九次全国代表大会上的报告》，人民出版社2017年版，第49页。

成了与现代社会相对应的传统共同体。[①]

第二个阶段：社区是透视现代社会的代表性单位。社区概念提出后，伴随着欧美国家工业化、城市化的不断发展，现代社会的种种弊端和问题开始显现出来，社区概念逐渐引起了社会学家的重视。受社会人类学领域社区研究法的影响，社区概念中地域性特征的重要性逐渐凸显，演化成必不可缺的组成要素之一。20世纪20年代起尤其是30年代以后，社区研究的功能方法从原始社会推广到文明社会，社区开始作为复杂社会的缩影和代表，成为透视现代社会的方法论和认识论单位。[②] 费孝通就认为，要研究全盘社会结构，必须从具体的社区起步，也就是"在一定时空坐标中去描画出一地方人民所赖以生活的社会结构"，"因为联系着各个社会制度的是人们的生活，人们的生活有时空的坐落，这就是社区"。[③] 社区概念就是在这个阶段引入我国的。1933年费孝通等从英文"community"转译出社区后，它成为少数社会学研究者熟悉的重要学术概念，指称大小不一的地域生活共同体，而由众多的类似社区一起构成了通常意义上的社会。

第三个阶段：社区是城市基层管理的单元。在我国，社区成为普通民众熟悉的日常话语，是与20世纪80年代中期开始的社区服务以及90年代以来兴起的社区建设运动分不开的。[④] 随着改革开放步伐的加快，农村的大量流动人口持续涌入城市，这就加大了城市社会管理的难度和复杂性。1986年，国家民政部为争取社会力量参与兴办社会福利事业，援引了"社区服务"概念，1991年又进一步提出"社区建设"任务，[⑤] 这成为国家应对城市激增的流动人口、

---

① ［德］斐迪南·滕尼斯：《共同体与社会——纯粹社会学的基本概念》，林荣远译，商务印书馆1999年版，第52、65页。

② 王铭铭：《小地方与大社会——中国社会的社区观察》，《社会学研究》1997年第1期。

③ 费孝通：《乡土中国》，人民出版社2015年版，第116—117页。

④ 夏建中：《从社区服务到社区建设、再到社区治理——我国社区发展的三个阶段》，《甘肃社会科学》2019年第6期。

⑤ 赵寿星：《论"社区"的多样性与中国的"社区建设"》，《国外理论动态》2014年第9期。

解决社会整合和控制问题的新方案。正是在此过程中，社区作为再度移植的一种符号资源，被改造为自上而下建构出来的城市基层管理单元。

社区治理体系现代化研究除了以社区概念为核心的社区理论外，至少还需要现代化理论、国家—社会理论、治理理论以及社会资本理论的交叉观照。

一是现代化理论。现代化与"现代"这一时代性概念密切相关，指涉中世纪结束以来延续至今的长时段历程，内含着区别于中世纪的新的时代精神与特征。[①] 现代化研究自 20 世纪 50 年代以来在西方逐渐发展为一门涉及诸多领域的独立学科，不同领域的学者往往强调它的不同面向。比如，经济史学界强调，现代化进程是从传统的农业社会向现代工业社会转变的历史过程；历史学界、社会学界认为，现代化是涉及人类方方面面的深刻变化，工业化只是诸多发展过程的一个面向；社会心理学、文化人类学的学者更看重现代化过程中个体心理、思想和行为的转变。我国对现代化的认识和理解，是与近代以来现代化转型的艰难历程紧密相连的，走过了一个内涵逐步深化、领域逐渐拓宽的过程。在很长的一段时间里，我国所理解的现代化基本上等同于工业化，也就是从传统农业社会向现代工业社会的转变过程。比如，新中国成立后，我国曾将现代化限定为"电灯电话、楼上楼下"的工业化，之后又发展为包括工业、农业、国防和科学技术在内的四个现代化，再进一步拓宽到党的十八届三中全会正式提出的国家治理体系和治理能力现代化以及党的十九大报告指出的社会主义现代化强国的"富强民主文明和谐美丽"特征。[②] 由此可以看出，现代化建设越来越被视为一个综合性概念，指向一种涵盖了经济、政治、文化、社会、生态诸领域全面发展的过程。社区治理体系的现代化从属于国家治理现代化，是国家治理体

---

① 罗荣渠：《现代化理论与历史研究》，《历史研究》1986 年第 8 期。
② 张君：《新时代现代化建设的突出特征》，《中国社会科学报》2018 年 3 月 13 日。

系现代化的重要方面和基础环节，同时蕴含了工具性和目的性成分。社区治理体系必须以现代化为依归，这是提高社区治理能力和治理效能的基础性保障。从结构角度来理解，现代化的社区治理体系是一种更加民主、更具效率的社区治理架构；从制度角度来理解，它是一套更加成熟、更加定型并不断发展的关于社区治理的系统性制度安排。

二是国家—社会理论。国家—社会关系是西方社会政治思想的一个重要组成部分。在国家—社会分析框架中，国家与社会都被视作一种独立的实体，二者之间是相互对立、相互约束的。在国家—社会的权力格局中，如果国家占据了绝对主导地位，垄断了一切权力和资源，社会领域就缺乏必要的权威和重心，社会发育的情况也不会很理想。应该说，这一分析框架受到过多学科研究者的青睐，在很长一段时间里都是解释中国社会变迁的主导性视角。从这一分析框架出发，城市基层管理意义上的社区，受到新中国成立70多年来国家与社会关系的深刻影响。新中国成立后，我国确立起现代发展导向的强有力国家权威，完成了国家重建的历史性任务，建构起总体性社会组织模式。国家与社会关系发生根本性重组，国家几乎垄断了一切重要资源，对全部社会生活实行着严格而又全面的控制，在城市基层管理中突出表现为单位制和街居制的建立。改革开放以来，国家依然占据主导地位，只不过控制范围在收缩、力度在减弱、手段趋于规范化，由此逐步形成了一个相对具有自主性的社会。[①] 在这期间，国家的总体性支配权力被一种技术化的治理权力替代，这种行政科层化的技术治理将各级政府行为纳入法治化、规范化的轨道中，同时依靠行政吸纳政治的逻辑来推进社会建设。[②] 强国家、弱社会模式的持续，可以说是城市社区治理体系建设的总体性背景。

---

① 孙立平、王汉生、王思斌、林彬、杨善华：《改革以来中国社会结构的变迁》，《中国社会科学》1994年第2期。

② 渠敬东、周飞舟、应星：《从总体支配到技术治理——基于中国30年改革经验的社会学分析》，《中国社会科学》2009年第6期。

　　三是治理理论。从活动类型来看，治理是人类社会处置集体性事务的一种组织活动。① 人类社会形成后，治理需求就随之产生，治理活动也必然同时存在。从概念角度来看，治理是指"政府组织和（或）民间组织在一个既定范围内运用公共权威管理社会政治事务，维护社会公共秩序，满足公众需要"②。治理不同于统治，也不同于管理，带有更为明显的多元主体、协商运作以及广泛覆盖的特征。治理既涉及公共部门，也涉及私人部门，它不是指一套正式的制度或者规则，而是一个持续互动的过程。这一互动的过程不是为了控制什么，而是致力于通过协调各相关方来寻求公共利益的最大化，也就是达成善治的理想状态。从城市治理的角度看，治理理论总体上经历了从公共管理到社会治理的发展变化，涉及了 20 世纪 70 年代的新公共管理理论、80 年代的新公共服务理论、90 年代的多中心治理理论以及 21 世纪初的善治理论。理论的阶段性发展启示我们，现代治理带有主体更加多元、注重民主法治以及公共服务市场化等突出特征。③ 就社区治理而言，主体多元性、协商持续性以及广泛参与性都是必不可少的题中之义。因此，建构现代化的社区治理体系，就必须瞄准发挥多元主体作用，将社区内部的各类事务通过制度化的形式纳入广泛、持续、深入的协商过程之中。

　　四是社会资本理论。社会资本是社会网络学派从人际关系的网络结构出发来分析解释社会现象的重要概念，其核心指向是认为社会网络具有价值，可以帮助人们获取社会资源和社会地位。④ 普特南最早从宏观层面使用社会资本概念，将其应用在民主制度绩效研究中。⑤ 在他看来，"社会资本指的是社会上个人之间的相互联系——

① 许耀桐：《从五个角度理解"国家治理"》，《国家治理》2014 年第 9 期。
② 俞可平等：《中国的治理变迁（1978—2018）》，社会科学文献出版社 2018 年版，第 2 页。
③ 中国社会科学院政治学研究所"国家治理体系和治理能力现代化"创新组编：《四川天府新区调研资料汇编》（上册·综合材料），2021 年 4 月，第 168—169 页。
④ 周雪光：《组织社会学十讲》，社会科学文献出版社 2003 年版，第 113—119 页。
⑤ 参见赵延东《社会资本理论的新进展》，《国外社会科学》2003 年第 3 期。

社会关系网络和由此产生的互利互惠和互相信赖的规范"①。因此，社会资本包括了信任、互惠规范以及参与网络等，它能够促进更多的自愿合作，并通过促进合作行为来提高社会运作的效率、增进共同的利益。② 从这一理论出发，在密集社会网络嵌入的情况下，每个人的行为都会受到互惠规则及信任规范的约束，投机性行为自然会损害个体在共同体内的名声，导致其在后续社会交往中的成本增加，甚至有被放逐出去的危险。无论是对于传统的共同体还是现代的社区来说，社会资本的丰富程度都是实现集体行动的关键变量。在陌生人构成的城市社区里，社区治理体系应该着眼于培育社会资本，推动居民之间的再熟人化，促进彼此之间的横向频繁互动，形成有利于社区安全和谐的信任机制。

二 推进城市社区治理体系
现代化的困难和问题

党的十九大以来，我国城市社区治理在推进主体多元化、组织网格化、制度规范化、技术信息化等方面做出了很大的努力，取得了一些不错的成效，涌现出一大批体制机制创新性成果。四川省成都市的党建引领社区发展治理就是其中的创新亮点之一。近年来，成都市在全国率先设立了城乡社区发展治理委员会，构建起从市级到村（社区）四级党组织纵向联动体系，建立健全了在基层党组织引领下自治组织、社会组织、驻区单位横向互联互动体系，整合推动全市党建资源、行政资源、社会资源下沉城乡社区一线，实现了

---

① ［美］罗伯特·D. 帕特南：《独自打保龄：美国社区的衰落与复兴》，刘波等译，中国政法大学出版社 2018 年版，第 7 页。

② ［美］罗伯特·D. 帕特南：《使民主运转起来：现代意大利的公民传统》，王列、赖海榕译，中国人民大学出版社 2015 年版，第 197—207 页。

党领导基层治理、依靠群众加强基层治理的目的。① 不过，在四川天府新区等地的调研中发现，有的城市社区在治理过程中仍然出现了一些新的问题或者说新的表现形式。这些问题，真实反映着城市社区推进治理体系现代化过程中遭遇的困境，不仅明显地制约着城市社区服务居民的能力和水平，也深深影响着城市社区迈向治理体系现代化的总体进程。

一是主体多元化遭遇圈层意识、级别意识的抵制。城市社区长期受到国家权力体系的强有力渗透，社区自治属性受到侵蚀是一个不争的事实，社区权威空场成为社区治理中的普遍现象。② 作为居民自治单位，社区的权威空场突出表现在居委会的权威性和合法性不足上。事实上，居委会长期悬浮于城市社区之上，得不到驻区单位和社区居民的积极认可与充分支持，缺乏实施横向协同治理的正当性基础和合法性资源。如今，城市社区想要实现多元协同治理，不同程度地遭遇到圈层意识、级别意识的抵制，出现进不了门、说不上话的怪现象。一方面，有些中高档小区的居民有着学历层次和社会地位双高的显著特征，他们具有较为强烈的圈层意识甚至特权意识，习惯于群体内部自娱自乐，不愿参加社区组织的各类活动。某社区党组织负责人就谈到，该社区80%以上居民拥有本科以上学历，并且外来人口居多。他们有着强烈的圈层意识、特权意识，面对社区工作人员，有些人要么请律师和你见面，要么就录个音，导致社区工作人员不敢轻易说话，怕遭遇"法庭见"的后果。③ 另一方面，不少驻区单位都有一定的行政级别，也有自身较为完善的党组织体系，面对社区提出的联合党建行动并不积极。有的社区干部提到，社区范围内有大型的央企

---

① 周洪双、李晓东、朱小路：《城乡有变化、群众有感受、社会有认同——四川成都以党建引领社区发展治理新实践》，《光明日报》2021年4月1日。

② 韩兴雨、孙其昂：《现代化语境中城市社区治理转型之路》，《江苏社会科学》2012年第1期。

③ 依据2020年10月20日与四川天府新区万安街道基层干部的专题座谈记录。

国企，这些企业对于社区推动的区域化党建工作缺乏热情，认为自身内部有着完善的党组织体系，没必要再搞区域化党建，甚至在交涉之初社区工作人员都进不了这些大型央企国企的办公楼。① 还有街道干部谈到，如果与物业关系不好，社区居委会人员有时连商品房小区都进不去。②

二是组织网格化交叉重叠，却又"格""格"不入。在我国城市范围内，街道办事处是区（县、市）一级政权组织的派出机构，是国家权力体系的最末端。近年来，随着区（县、市）级职能部门各类职责的下沉，街道办事处的日常运行越来越像一级政权组织。面对日益增多的下沉职责，街道办事处对上缺乏讨价还价的博弈能力，只能将压力顺势传导到社区层面，通过各社区的行政化来完成各类交办事务。面对街道的压力传导，社区根本无法阻挡国家权力体系的纵向渗透，在行政吸纳社会机制下变成国家权力体系的延伸组成部分，呈现出高度政治化、行政化的威权式治理特征。③ 至少在一定程度上，城市社区已经替代了街道的部分功能，成为国家与社会交汇的新前沿。社区目标绩效考评体系就是一个很好的观察窗口。比如说，在某街道对所辖社区的考评中，仅基础目标中就涵盖了诸如规划建设、网络理政、食品药品监管、知识产权工作、安全生产监管、国际化营商环境建设等大量的下沉任务。④ 当前，由基层政府主导的社区治理运用的最熟练、最有效举措是建立网格制，呈现出"无网格、不治理"的发展趋势。⑤ 也就是说，在行政化基础上，社区变成了街道辖区的一个大网格，并被继续细分为若干类小微网格。每个网格都配备了若干专兼职工作人员，通过发挥网格员的移动探

① 依据 2020 年 10 月 21 日在四川天府新区正兴街道的实地走访记录。
② 依据 2020 年 10 月 22 日与四川天府新区兴隆街道基层干部的专题座谈记录。
③ 周庆智：《论中国社区治理——从威权式治理到参与式治理的转型》，《学习与探索》2016年第 6 期。
④ 参见《华阳街道 2020 年度社区综合目标考核办法》。
⑤ 陈荣卓、肖丹丹：《从网格化管理到网络化治理——城市社区网格化管理的实践、发展与走向》，《社会主义研究》2015 年第 4 期。

头和一线哨兵作用，再加上必要的后台信息系统支持，达到"人在格中走，事在格中办"的目的。不过，在一些社区内部，基层政府的各条线都建立了自己的工作网格。这些网格都是基于条线的自身工作需要而设立，并非着眼于改善社区的治理和服务。同时，各类网格的大小和作用不同，必然会有不少交叉重叠乃至抵牾之处，甚至有时出现"格""格"不入的现象。这样的网格化治理是通过大量堆积网格员来实现的，这就极大地推高了社区治理的成本，长远看势必难以为继。

三是制度规范化旨在应付考核，重在材料留痕。从法律上看，社区居委会的职能非常清楚，是以办理社区事务为主、协助做好行政事务为辅。但实际运作与制度文本之间存在明显差距，"权力无限小，责任无限大"堪称社区治理困境的最真实写照。现实中，社区办理的行政事务和社区事务主次颠倒，城市社区长期承担基层政府层层下卸而来的上百项行政事务，俨然街道办事处的"腿"，计生、交通、民政、社保、劳保等各条线都会向社区下派任务。除了工作内容超出职责界限外，社区的负载过重还体现在运作机制的行政化趋向上，社区工作人员的时间、精力被深度套牢，自治属性和服务功能受到明显抑制。通常来说，从年初开始，社区要和街道签订各种责任状，包括党建、民政、综治、计生、爱卫、劳保、安全生产、信访、便民服务代理等，就此成了各类行政事务的责任主体。之后，社区在缺乏相应资源和专业能力的情况下只能搞形式，通过在材料、表格上做文章来应付各类检查评比。年终时，社区要接受街道和上级有关部门的考核检查，有些考核检查的排名还会与工作经费的拨付直接挂钩，这进一步强化了基层政府及其派出机构对社区实际存在的领导关系；① 有些考核检查则属于"软考核"，虽然不扣工资和绩效奖金，但是所在社区老排在后面也会不好看。② 以某市社区

① 晏国政、潘林青、李钧德、刘元旭：《社区"芝麻官"酸甜苦辣》，《瞭望》2012 年第 2 期。
② 依据 2020 年 10 月 20 日与四川天府新区万安街道基层干部的专题座谈记录。

为例，每年 11 月底 12 月初都要接受组织、纪检、宣传、城管、卫生等各条线的年终考核，计分考核内容多达 160 项，并且还有"一票否决"评先进资格的若干考核项目。① 对于这些应接不暇的考核事项，有些社区就把有限的时间、精力投入材料美化上。因此，从留痕情况看，社区的确开展了一些规范化的制度建设，但是其中有些仅仅停留在纸上写写、墙上挂挂，并没有制度化地落实下去。

四是技术信息化见物容易见人难，忙来忙去还靠"脚底板"。在我国，城市社区的常见特点是建筑面积大、人口众多、居民构成复杂，一、二线城市更是如此，以高层建筑为主的大社区通常都有几千户、上万人，人手不足是社区治理中普遍存在的问题。民政部数据显示，我国 65 万个城乡社区有近 400 万名社区工作者，每个社区平均有 6 名，人均服务 350 名群众。② 一、二线城市社区的人手不足情况远甚于此，以北京市昌平区某社区为例，该社区共约 5800 户 1.5 万多人，但党支部、居委会工作人员仅 9 人，人均需服务 600 多户 1700 多人，远远高于全国平均水平。这几年，基层治理开始花很大代价做智能化应用、搞信息化的系统集成工作。不过，每个社区的人手有限，搞到最后就变成了"大数据 + 铁脚板"，社区的工作人员更忙了。③ 与设备技术的更新换代相比，社区人员的素质提升要难得多。在很多地方，社区工作人员的地位和待遇仍然难以满足相对体面的职业标准，网格员的待遇更是低得多，这就造成了难以吸引和留用高素质的人才。现实中，很多社区工作人员缺乏信息化办公的有关知识，尤其是年龄稍大的人员连计算机基础知识都未掌握，社区的信息化建设无从推进。有的基层干部就感叹到，治理要开展得好，人是最重要的。现在

---

① 《形式主义官僚主义典型案例剖析》，中国方正出版社 2018 年版，第 169 页。

② 彭训文：《迎大考，中国社区动起来》，《人民日报》（海外版）2020 年 2 月 17 日。

③ 樊鹏：《政府智能化系统搞了半天，下面还是那几个人，反而更忙了》，澎湃新闻，2020 年 10 月 5 日，https：//www.thepaper.cn/newsDetail_ forward_ 9465557。

社区范围内人才少，年轻人尤其是男性留不住，不能光是大爷大妈了。①

三　城市社区治理体系走向现代化的新思路和新任务

城市社区是我国基层社会的重要组成单元，是 8 亿多人的生活家园。城市社区的治理状况，直接影响着社区层面服务居民能力和水平的提升，同样直接关系到相关民众的幸福感和满意度。习近平总书记强调，城市治理的"最后一公里"就在社区。社区是党委和政府联系群众、服务群众的神经末梢，要及时感知社区居民的操心事、烦心事、揪心事，一件一件加以解决。② 今后，要解决好社区治理体系现代化建设中出现的新问题，就必须进一步理清城市社区治理的总体发展思路，积极回应治理体系走向现代化所必然面临的新任务，加快构建起现代化导向鲜明的城市社区治理体系。在这些方面，四川省成都市做出了很多创新性探索，为我们厘清发展思路、推进城市社区治理现代化提供了有益参考。

在城市社区治理体系走向现代化的总体思路上，我们认为需要从调整国家—社会关系、构建多元共治格局以及提升治理体系的科学化、专业化水平这三大方面去努力。

一是建构上通下达、双管兼备的治理管道。要想保持一种健全而又持久的治理状态，国家与社会之间理应是上通下达、双管兼备的，也就是说，既要有自上而下的管道执行政府命令，也要有自下而上的管道反映民意诉求。这样，国家与社会之间的关系才

---

① 依据 2020 年 10 月 19 日对四川天府新区华阳街道办主要负责人的专题访谈记录。

② 刘亮：《习近平上海考察的这些细节，温暖，感人》，中国青年网，2018 年 11 月 8 日，http://news.youth.cn/sz/201811/t20181108_11780027.htm。

能保持必要的弹性和适应力，二者的互动治理才不会走向僵化。①作为国家与社会互动的微缩体现，社区层面的治理状况也应保持双管兼备状态。在国家权力纵向渗透的同时，最关键的是促进社区自主性的成长发育。这两条管道功能不同，没必要陷入非此即彼的零和博弈状态，完全可以谋求彼此共赢的发展局面。在四川天府新区，华阳街道的麓湖公园社区就注意完善社区议事会组织体系，建立了社区党组织社情调研和诉求收集机制，推动新阶层人群积极参与公园社区治理工作。

二是织密共建共治共享的社区参与网络。社区治理理应是基层政府、社区组织、社区居民等对社区内部公共事务的协同治理，治理主体的多元化是城市社区发展的必由之路。因此，必须致力于构建多元共治的社区治理格局，多途径地吸收各类驻区单位共同参与社区治理，多手段地吸引普通居民参与社区活动，完善共建共治共享的社区参与网络，打造户户参与、人人奉献的地域生活共同体。四川天府新区党工委管委会坚持党建引领、政府主导、社会协同、公众参与的工作路径，努力营造共建共治共享的良好氛围，进一步提升了社区各类主体的认同感、责任感和参与度、满意度，让全域国际化社区建设成为全员自愿参与、主动推进的工作。

三是提高社区治理体系的科学性和专业性。社区治理体系的现代化导向，必然内在地要求民主、高效的社区治理。因此，社区治理体系需要在政治性、民主性之外，还要强化其科学性、专业性特征。这就要求我们同时抓好人与物两方面的科学化、专业化。一方面，继续在社区层面推广智能化应用，加快信息化的系统集成工作；另一方面，还要吸引凝聚一批较高素质的专业化人才，驾驭好社区治理的智能化进程，同时提高社区与驻区单位、居民的沟通对话能力。四川天府新区党工委管委会就非常重视选优配

---

① 费孝通：《乡土中国　生育制度　乡土重建》，商务印书馆2011年版，第377—397页。

强社区干部队伍，实行社区党组织书记职业化、专职化管理，注重年轻干部治理能力的培养。

城市社区在走向现代化的过程中，必然需要打造多维度的复合治理体系，这就要求切实解决好当前面临的以下三项艰巨任务。

首先是怎么改变用自治机构去完成行政化任务的现状。从法律上看，城市社区是居民自治机构，但实际上已经行政化了，包括所承担的任务以及具体的运作机制。这样就造成了一个尴尬的事实：社区层面是用自治机构来完成基层政府下派的各项行政化任务。自治只是治理的手段之一，不可能单靠自治这一招就能完成各类社区治理任务。因此，下一步应根据新时代经济社会形势变化，从法律层面重新对社区进行顶层设计，大幅度修订《中华人民共和国城市居民委员会组织法》的条文规定。一方面，从政治性和便民性的考量出发，保留现有的自上而下管道，鼓励基层政府推行扁平化治理，要求相关职能部门对下沉社区办理的行政事项，同步匹配相应的人力、管理和服务资源，推进社区层面彻底的"居站分离"，让专职社区工作者集中办理下派的行政事务，将社区居委会人员解放出来。另一方面，从民主性和参与性的考量出发，重建自下而上的管道，让社区居委会回归自治职能，更有效地实现群体代表和社会整合功能，专心做好基层民意的传声筒和代理人，主要精力用于便民利民的社区公益事业，不断提升为居民服务的能力和水平。

其次是怎么克服城市社区资源的有限性，更好地团结凝聚驻区单位和居民。城市社区在法理上属于居民自治单位，手里没有什么资源，缺乏调动各方力量的能力和权威性。这些都是普遍的事实。那么，要完成有效的社区治理，城市社区应该靠什么来团结凝聚驻区单位和居民呢？习近平总书记指出，提高社区治理效能，关键是加强党的领导。[①] 具体到城市社区来说，需要强化街道社区

[①] 《习近平谈社区治理：提高社区效能的关键是加强党的领导》，新华网，http：//www.xinhuanet.com/politics/leaders/2020-07/24/c_1126279898.htm，2020年7月24日。

党组织的引领带动作用，打造社区内部的党建联合体，通过联合党建的形式整合共享各类资源，研究解决各自工作中存在的问题，让社区各方都能从参与党建活动中获得发展和好处。可考虑借鉴四川成都等地的区域化党建经验，建立社区党组织与驻区单位党组织联席会议制度，加强社区单位之间的有效联动，整合优化各类资源，提高协同作战的组织化水平，完善共建共治共享的社区治理格局。此外，社区必须坚决同个人主义、圈层意识作斗争。当前，多数社区的居民群体分属于不同的阶层，从事着不同的职业，除了住房外没有其他的共同利益。对此，应积极支持社区内部的横向参与网络，尤其是要大力发展文化体育类、公益服务类、职业发展类社会组织，提高社区居民的组织化程度，织密横向社会网络，推动包括业主、租户在内的居民"再熟人化"，通过社会资本的积累来大幅降低社区治理成本。同时，对于一些中高档小区，社区要勇于打破各种圈层，四川天府新区万安街道的社区干部就主动把所在社区中的一些带头人"圈粉"，让他们支持党组织引领下的社区治理。

最后是怎么利用好网格而又不为网格所累。近十多年来，基层政府开始大力推行网格化管理和服务，各条线都建立了自己的大小网格，收到了显著的治理成效。正是借助网格制，国家权力体系的纵向渗透能力明显加强，行政权力将影响力直接投射到社区内部，甚至是抵达每一楼栋、每一户。然而，网格的泛化和重叠又引发了一些新的问题，各条线的资金和经费难以统筹使用，这在一定程度上限制了所聘用人员的能力素质，进而影响到城市社区治理的整体效能水平。对此，应优化重组各层级各类别网格的设置，统筹使用好各条线的资金和经费，通过减少聘用数量、提高人员待遇的方式，吸引更高素质的社区人才进入网格员队伍中，推动城市社区治理的科学化、专业化。此外，网格制是推进社区智能化治理的基础，而社区是网格制发挥作用的关键场域。在智能化应用和信息化数据集成方面，社区包括各网格在内不能局限于仅仅充当信息搜集员、上传员的角色，基层政府应该主动向社区赋权，打通各类数据之间的壁垒，在减轻社区数据搜集负担的同时，赋予其利用智能化系统开展社区治理的合法权限。

（作者：中国社会科学院政治学研究所副研究员张君）

国家级新区管委会体制下的
基层治理：困境与路径

一　国家级新区的治理效能与管理模式

（一）国家级新区的"治理效能"拷问

国家级新区（以下简称"新区"）是经国务院批准设立，以相关行政区、特殊功能区为基础，承担国家重大发展和改革开放战略任务的综合功能区。[①] 1992 年 10 月设立的上海浦东新区是我国第一个国家级新区。2017 年 4 月，中共中央、国务院发文设立河北雄安新区，至此，我国国家级新区数量达到并一直稳定在 19 个，其中，东部地区 8 个，中部地区 2 个，西部地区 6 个，东北地区 3 个。与其他的新区、开发区、高新区一样，国家级新区是为了激活区域经济发展的质量和规模，以辐射带动区域经济发展的重要增长极的身份享受特殊政策窗口的综合性功能区。但是与其他级别功能区不同的是，国家级新区由国务院以国函形式发文批复，具有更明显的政策优势地位，因此全国各地一度兴起"国家级新

---

① 国家发展和改革委员会编：《国家级新区发展报告 2020》，中国计划出版社 2020 年版，第 1 页。

区热"。地方政府纷纷申请成立国家级新区，试图把自身发展纳入国家总体发展战略中，从而获得中央项目和资金"硬"支持以及背后的配套政策和战略"软"支持，地方政府希望借助"国家级新区"名号的重大影响力，向金融资本和产业资本发出"信号"，吸引资本和产业聚集。①

国家级新区在设立之初，被赋予很强的体制机制创新、带动区域经济发展的期待，但是在实际发展中，各新区的发展情况参差不齐，内部的管理体制机制建设以及对当地经济发展的带动情况也各不相同。一方面，国家级新区作为一种创新性的地区经济发展带动机制确实发挥了重大的积极作用，国际上有研究指出，中国成为世界上的主要新兴经济体，开发区在其中扮演了关键角色。没有任何其他国家的开发区能像中国的开发区一样在国内和国际上具有同样的影响力。② 另一方面，也有研究指出国家级新区当前的发展状况还存在不少问题，获批的国家级新区的发展实际与主要发展目标存在着一定的背离，并且随着国家级新区数量不断增多，这一问题呈现愈演愈烈的趋势。③ 2020 年 1 月 17 日发布的《国务院办公厅关于支持国家级新区深化改革创新加快推动高质量发展的指导意见》（国办发〔2019〕58 号）中也指出，国家级新区建设不同程度地面临规划建设不够集约节约、主导产业优势不够突出、管理体制机制不够健全、改革创新和全方位开放不够深化等问题。④ 国家级新区的发展实际与预期目标之间的差距反映了新区内部治理效能的不足，其中一个重要的制约因素是管理体制。

---

① 薄文广、殷广卫：《国家级新区发展困境分析与可持续发展思考》，《南京社会科学》2017 年第 11 期。

② ［英］托马斯·法罗尔：《开发区和工业化：历史、近期发展和未来挑战》，《国际城市规划》2018 年第 2 期。

③ 刘继华、荀春兵：《国家级新区：实践与目标的偏差及政策反思》，《城市发展研究》2017 年第 1 期。

④ 参见国务院官网，http://www.gov.cn/zhengce/content/2020 – 01/17/content_ 5470203. htm，最后访问时间：2021 年 6 月 10 日。

管理体制直接影响管理的效率和效能，决定着区域发展方向和发展效益。[①]

（二）国家级新区的不同管理体制及治理特征

在国家级新区获得批复后，构建适合本区域发展的管理体制是保障新区发展潜力的重要制度基础。当前，国家级新区的管理体制主要有三种类型：（1）政府型。即新区的主要管理职能机构采用完整的一级地方政府建制，而且有同级人大和法院，具备独立的行政主体地位，如浦东新区、滨海新区。（2）"政府＋管委会"型。即在原来行政区划的基础上，在新区辖区内保留原有的地方政府建制，加挂党工委、管委会的牌子，党工委和管委会负责统一指导和协调新区范围内的经济和社会发展等事务，如舟山群岛新区、青岛西海岸新区。（3）管委会型。即在划定的新区范围内，上级政府通过成立新的党工委和管委会，并通常采用"两块牌子、一套人马"的方式，由党工委和管委会协同统筹新区的经济发展和社会治理等综合性事务。[②]

上述三种类型体制的区别在于是否采用一级政府的行政建制，即分别在传统的行政区管理模式和功能区管理模式这两个端点之间选取不同位置，各有侧重。值得注意的是，无论三种管理模式分别侧重于哪一端，均设有管委会，例如上海浦东新区虽然采用一级政府建制，仍在本级政府内部设置管委会，分管度假区、自贸区、保税区等。因此，总体来看我国现有的国家级新区都设有管委会。但是，根据管委会所发挥的作用不同，有学者将三种类型管理体制的

---

① 王佳宁、罗重谱：《国家级新区管理体制与功能区实态及其战略取向》，《改革》2012 年第 3 期。

② 薄文广、殷广卫：《国家级新区发展困境分析与可持续发展思考》，《南京社会科学》2017 年第 11 期；郝寿义、曹清峰：《论国家级新区》，《贵州社会科学》2016 年第 2 期；吴晓林：《模糊行政：国家级新区管理体制的一种解释》，《公共管理学报》2017 年第 4 期。

治理特征分别概括为：管委会协调型、管委会主治型和管委会全治型。① 第一，管委会协调型，意味着开发区所在区域以一级政府建制的管理方式为主，管委会的主要职能是协调相关职能部门之间的关系，其本身不直接参与新区的日常行政管理，具体行政管理事项的管理权限仍主要掌握在新区政府各职能部门手中。在这种治理模式中，管委会的权限要小得多。第二，管委会主治型，意味着地方党委和政府与管委会分工合作，管委会负责对新区的规划建设、招商引资、产业发展等经济事务进行全面管理，而属地政府主要负责征地拆迁和民政社保、文教卫体等社会事务。而且，通常管委会或其领导的行政级别都会高配，在地区发展中发挥主导作用。第三，管委会全治型，意味着开发区管委会对开发区内的经济、社会事务进行统一管理，管委会的职能类似于一级政府，全面管理开发区内的经济社会等各项事务。②

根据公共行政组织理论，采取什么样的行政组织取决于其所要服务的公共职能。因此，对某个具体的新区来说，不同发展阶段可能会在"管委会型"和"政府型"两个端点之间的不同位置上游走。例如，当一个地区由以增量型区域开发职能为主转变为以存量型管理服务职能为主，与之相匹配的组织结构则需要由项目型组织向行政区政府组织结构转变。在现实中，随着新开发区逐渐向多功能的城市新区发展，开发区开始向行政区靠拢或转变。例如，某些"管委会全治"型的新区会逐渐向一级政府演化，虽尚未设立人大和政协，但已设立了人民法院和检察院。③ 当前，除了浦东新区、滨海新区等建立较早且已经较为成熟的城市综合功能区之外，我国的国家级新区大部分仍主要处于增量型区域开发阶段，各新区中管委会

① 吴金群：《网络抑或统合：开发区管委会体制下的府际关系研究》，《政治学研究》2019年第5期。

② 吴金群：《网络抑或统合：开发区管委会体制下的府际关系研究》，《政治学研究》2019年第5期。

③ 翟磊：《开发区管委会职能与组织的动态平衡研究——以天津经济技术开发区为例》，《南开学报》（哲学社会科学版）2015年第6期。

主治型和管委会全治型占多数，因此管委会体制是国家级新区治理模式的主要分析对象，也就是说，管委会体制仍是国家级新区治理的主流模式。

但是总体来看，我国当前的管委会体制在制度和机制建设方面仍不完善，存在诸多问题。包括管委会自身的法律地位、独立的行政主体资格及诉讼资格、管委会机构及职责配置等一系列制度问题充满了争议。上述诸多争议的根源还是在于管委会本身的定性问题，其中，就基层治理而言，由于行政区和功能区两种功能之间的重叠和管理上的冲突，导致管委会体制下国家级新区在基层治理时面临很多普通行政区划所没有的独特困境。

二　管委会体制下的基层治理困境

（一）管委会与基层政府之间隶属关系模糊

理顺关系是中国体制改革的"场景呈现"，构成了改革和转型的一张一弛。不理解关系及关系的理顺，就无法理解中国的国家治理。[①] 在新区管委会体制下，存在着与普通行政区管理体制不同的政府间关系网络。新区的建设往往是在原有行政区划基础上重新调整区域空间，产生一个以产业发展、招商引资为主要职能的经济功能区，新区并非一个新的行政区划，因此其与原有行政区划的属地政府、上级政府及下级政府之间的权责关系均存在重叠交叉情况，府际关系网络较为复杂。而且，新区定位为行政区管理模式为主还是功能区管理模式为主，也影响着新区管委会与上下级政府及属地政府的关系。有学者指出，开发区本身并不是行政区划，而是在原行政区划的基础上进行了尺度重组与地域重构，是一种柔性的行政区

---

① 何艳玲：《理顺关系与国家治理结构的塑造》，《中国社会科学》2018 年第 2 期。

划改革。① 这种柔性的行政区划改革就必然带来新区管辖的功能区域与原有属地政府管辖的行政区域之间的结构性冲突问题。研究表明，这种多元化的行政主体结构降低了国家级新区的管理绩效。②

新区面临的复杂的府际关系网络体现在不同层面，新区管委会与上级政府及其职能部门之间的关系不是本文关注的重点，在此不进行过多讨论，仅就新区管委会与属地政府及下级政府之间的关系而言，其复杂性也不言而喻。例如，有研究指出，新区辖区内被托管的乡镇、街道、区政府等，发生了"所有权"与"经营权"的分离。所有权依然属于行政区，但经营权交给了新区。③ 新区管委会与辖区内的基层政府是一种类似于上下级政府之间的关系。不过，因为新区不是一级政府（上述浦东新区等"政府型"治理模式的除外），没有人大和政协，有些新区也没有法院和检察院，所以这种领导与被领导关系在结构上有残缺，法理上也不通顺。新区与行政区划仅仅在地域上有包含与被包含的关系，但两者在行政管理体制中没有严格意义上的领导与被领导的关系，而主要是合作与协同关系。新区管委会并不是乡镇政府直接隶属的上级政府，相对来说，由于管委会领导职数和职位的高配，行政区划中的属地政府更多是出于一种尊重配合心态，支持开发区的建设和发展。④

另外，新区管委会与周边地方政府之间的关系也很微妙。新区本身不设人大、政协等机关，所以其居民在参与人大、政协等政治生活时，往往还需要回到原行政区。有些原行政区处于开发区范围之内，但有些原行政区是在"隔壁"。比如，有研究发现，杭州经济

---

① 吴金群、廖超超等：《尺度重组与地域重构：中国城市行政区划调整40年》，上海交通大学出版社2018年版，第344页。

② 晁恒、满燕云等：《国家级新区设立对城市经济增长的影响分析》，《经济地理》2018年第6期。

③ 庞明礼、徐干：《开发区扩张、行政托管与治权调适——以H市经济技术开发区为例》，《郑州大学学报》（哲学社会科学版）2015年第2期。

④ 吴金群：《网络抑或整合：开发区管委会体制下的府际关系研究》，《政治学研究》2019年第5期。

技术开发区托管了下沙和白杨两个街道，但其居民在选举人大代表时，还是需要回到位于开发区"隔壁"的杭州市江干区。也就是说，在政治上开发区与周边地区还是"藕断丝连"，只不过，实际运行很尴尬。开发区的人大代表在江干区人大开会时提出了改进开发区工作的议案或建议，但江干区人大、政府对开发区几乎没有任何权限。[①]

管委会体制仅具有准政府特点，而且作为我国经济改革制度创新的重要试验性管理体制是史无前例的制度创设，一切相关制度配套都在摸索中前进。所以，新区的府际关系网络，在总体上也不是顶层设计的结果，而是地方政府充分发挥其自主性，进行多元化探索的产物。也正因为缺乏统一的规范，有学者评价，管委会体制下的府际关系，长期处于"迷雾"状态，"镶嵌"在行政区的开发区管委会，似乎成了"漂浮型"组织。[②] 在如此复杂且不清晰的府际关系网络中，管委会要如何调动属地基层政府的执行力和积极性，成为其在新区范围内推进基层治理的普遍性难题之一。

（二）管委会特有的"精简行政"的组织形式造成其基层治理手段不足

国家级新区的定位首先是以经济开发、招商引资等城市开拓发展功能为主导的，因此为了突出效率导向，往往采取精简行政的组织形式。尽管管理的地域范围广大，人口可能也不少，但却不像普通的一级政府那样设立管理一个区域所需的所有职能部门。这就造成基层治理中所需的公共卫生、市场监督、环境保护等很多传统行政职能并不在管委会本身的职权范围中，而管委会的内设机构在管理属地区域时如果必须用到这些职权则只能依靠委托、授权等变通

---

① 吴金群：《网络抑或统合：开发区管委会体制下的府际关系研究》，《政治学研究》2019年第 5 期。

② 吴金群：《网络抑或统合：开发区管委会体制下的府际关系研究》，《政治学研究》2019年第 5 期。

形式。有学者认为这事实上形成了一种"模糊行政"体制，模糊行政特指新区行政组织在执行权力的过程中，行政权限不明、行政职能界限不清的现象，并指出这是国家试验下的任务性组织、法律地位模糊的非正式组织、快速发展的绩效型目标、单兵突进的错位改革思维共同作用的结果。[①] 还有学者进一步指出，对中国大多数开发区而言，模糊行政进而还形成了模糊的府际关系。同时，模糊行政与模糊府际关系在实践中相互映衬，互为表里。管委会与上级政府及其职能部门之间的关系长期得不到明确规定，既反映了管委会的职责权限不明、法律地位不清，又反映了开发区府际关系领域的制度化水平较低。[②]

在改革初期，模糊可以降低管理过程的交易费用，留足体制创新的回旋余地，给管委会提供诸多操作上的便利。但在开发区发展的转型升级阶段，以及中央强调"凡属重大改革都要于法有据"[③]的背景下，模糊的府际关系必将带来越来越多的治理障碍和廉政风险。因此，出台规范开发区治理的相关法律法规、明确管委会的职责权限、理顺管委会与上级政府以及属地政府之间的关系、强化管委会与周边政府之间的协调合作，完善管委会与其他治理主体之间的关系，应成为开发区下一步的治理实践和研究重点。[④]

（三）"行政派出机构"身份造成管委会在基层治理中的权威性不足

在现有的 19 个国家级新区中，除了浦东新区、滨海新区成立一级政府建制以外，其他国家级新区大多成立了省级层面的新区规划

---

①　吴晓林：《模糊行政：国家级新区管理体制的一种解释》，《公共管理学报》2017 年第 4 期。

②　吴金群：《网络抑或统合：开发区管委会体制下的府际关系研究》，《政治学研究》2019年第 5 期。

③　习近平：《把抓落实作为推进改革工作的重点，真抓实干蹄疾步稳求实效》，《人民日报》2014 年 3 月 1 日。

④　吴金群：《网络抑或统合：开发区管委会体制下的府际关系研究》，《政治学研究》2019 年第 5 期。

建设领导小组，新区党工委和管委会为其派出机构，被赋予了省级或市级管理权限。新区管委会作为上级政府的派出机构，被认为应该更加聚焦于对特定区域经济发展事务的管理，尽可能少地从事传统的行政管理事务、政治事务。因此，管委会主要有引导产业发展、协助企业与上级政府的沟通、加强对外联系和招商引资、承担部分社会职能等功能。从行政效率角度来看，管委会作为上级行政机关的派出机构，被赋予新区开发的管理权限，立足于充分发挥开发区的功能特色，有效统筹各类行政资源和社会资源，例如协助上级政府引导开发区内的主要产业快速发展、加强对外联系和招商引资、充当企业与上级政府沟通的桥梁、扩大开发区的影响力等。从系统管理角度来看，开发区管委会不等同于相应级别的政府，缺乏一些必要的立法与司法保障，相关职权的法律规范依据不足，权威性不足，许多工作开展起来面临诸多困难。[1]

另外，从治理绩效的角度看，新区在开发前期主要通过土地运作获得充裕资金，通过招商引资和项目建设推进带动经济增速迅猛，带动地区经济总体上升，群众满意度较高。但是在后期，往往会面临经济发展后劲不足的情况。土地指标日益趋紧，招商引资质效不高，引进的项目中鱼龙混杂，技术含量高的龙头带动型项目偏少，加上失地农民再就业存在困难，新老拆迁补偿政策存在差异等一系列问题，会造成属地范围内群众满意度下降，信访上访事件频发，甚至给新区社会稳定带来巨大压力。新拆迁群众在老上访户的带动下，觉得信访上访才能解决安置问题，社会综治办、政法委成为新区管委会和党工委的重要部门。另外，新区作为产业发展功能区，往往会表现出政府和企业的高度统合，政绩依赖、权力的统合性以及民主监督的限度也会引发高廉政风险。[2] 高廉政风险的存在，进一

---

① 阙政：《从一块地，到一座城　上海陆家嘴金融城华丽转身记》，《新民周刊》2016 年第 39 期。

② 陈国权、陈永杰：《第三区域的集权治理及其廉政风险研究》，《经济社会体制比较》2017 年第 1 期。

步磨损了新区管委会在群众心目中的权威。

三　突破管委会体制基层治理困境的一种可能性尝试

综上所述，在国家级新区管委会体制下，管委会面临基层治理困境的主要原因是：与上下级政府及属地政府间的复杂关系；精简的办事机构不利于与基层政府的具体职能部门进行对口对接；行政派出机构的身份造成诸多涉及基层治理的职权缺乏足够的法律依据和权威性。针对上述难题，目前尚未形成国家层面统一的顶层设计，也未建立全国统一的针对性解决方案，但是各新区在实践中都在摸索一套能够应对实际需要的具体工作方式。我们在调研中发现，四川天府新区在实践中探索出一套独特的解决方案，尝试化解新区管委会在基层治理中的不利地位，使得管委会层面的决策和工作决定能有效贯彻到基层乡镇街道，甚至村（居）社区层面。

四川天府新区是 2014 年 10 月获批的第 11 个国家级新区，是习近平总书记亲自视察、亲自指导、高度关注的国家级新区，天府新区当前建设的主导方向是突出公园城市特点，建设具有良好生态价值的新型城市区域。天府新区采取的管理模式是上述国家级新区三种管理模式中的第三种——管委会型，即在划定的新区范围内，上级政府通过成立新的党工委和管委会，并采用"两块牌子、一套人马"的方式，由党工委和管委会协同统筹新区的经济发展和社会治理等综合性事务。也就是说，天府新区没有设置一级政府建制，由新区管委会对新区内的经济、社会事务进行统一管理，同时全面管理新区内的乡镇街道及村居社区的各项基层治理事项。这也就意味着，全国各地其他采用管委会体制的国家级新区面临的"与区域内基层政府隶属关系不明确""机构设置精简""权威性不足"等基层治理难题，天府新区同样会面临。就天府新区的具体情况而言，由于管委会的非政府建制性质，当地面临的共识性问题是为发展和治理"两张皮"，功能区经济发展了，但是社会治理跟不上，导致城市有发展市民没感受，经济越发展矛盾越滋生。但是我们在调研中发现，近三年来，针对上述问题，天府新区探索出一条通过"双线融合"机制，由各级党组织和管委会共同推进基层治理与社会治理深度融合的新路。并且主要依托新区党工委的引领作用，把加强基层党建作为推进城乡社区发展治理的主要抓手，发挥基层党组织的领导核心作用，依托党建力量统筹推进城乡社区发展质量和高品质和谐宜居生活社区建设。具体做法包括以下几个方面。

（一）构建新型组织架构，理顺上下级工作关系

天府新区近年来自上而下构建了新区内部的新型组织架构，健全了新区、镇街、村（居）社区纵向贯通的组织领导体系，将新区、镇街、村（居）社区三级党组织建设为动力主轴，充分发挥基层党组织领导核心和战斗堡垒作用，联动驻区单位、社区企业、社会组织等党组织，把各种组织、各类群体、各方力量团结在党的周围，形成党建引领基层治理的新格局。

在新区层面，设立中共四川天府新区工作委员会、四川天府新区管理委员会（简称"四川天府新区党工委管委会"），性质为省委、省政府的派出机构，实行合署办公，规格为正厅级，委托成都市管理。新区党工委管委会按规定负责四川天府新区规划，履行四川天府新区成都直管区经济、政治、社会、文化、生态文明建设和党的建设等各项职能，受委托行使省级市级经济社会管理权限，管理区域内镇（街道）。新区党工委管委会下设四川天府新区社区发展治理和社会事业局（简称"社区治理和社事局"），级别为副局级。同时设立"统筹推进新时代公园城市发展治理工作领导小组"，负责新区发展治理顶层设计、统筹协调、督促落实等职责，由党工委书记任组长，分管委领导任副组长。领导小组下设办公室，办公室设在社区治理和社事局。在新区层面，党工委书记为第一责任人，推

进新区城乡基层治理的工作格局。

在乡镇街道层面，明确街道党工委（乡镇党委）是区域内社会发展治理的领导核心，负责统筹领导区域内政治、经济、文化、社会、生态文明建设和党的建设等；街道办事处（乡镇政府）依据相关法律法规履行政府职能。明确乡镇街道党组织书记为第一责任人职责，落实乡镇街道党工委副书记专管职责，把新时代公园城市发展治理体系和治理能力建设工作纳入各乡镇街道年度目标绩效综合考评，纳入党政领导班子和领导干部政绩考核，纳入乡镇街道党工委书记抓基层党建工作述职评议考核。同时健全街道党工委对辖区社会治理重大工作的领导体制机制，赋予街道党工委权限，上级职能部门派驻街道的执法机构和队伍，由街道党工委统一指挥调度。

在村（社区）层面，完善党组织领导村（社区）发展治理一体化机制。在村里，村集体经济组织与村民委员会在村党组织领导下各司其职，协调配合开展工作。村级重要事项、重大问题由村党组织研究决定，全面落实"四议两公开"制度。在城市，构建"街道党组织—社区党组织—小区党组织"三级架构，形成"小区党组织＋业主委员会＋物业服务企业"三方联动格局，同时推进楼宇党建、商圈党建、产业党建等"两新"党建工作。完善新区、街道、社区、小区党组织四级联动机制，实现小区党的组织和工作全覆盖。在集中居住区、散居林盘院落、农村新型经营主体全覆盖建立党的组织，确保设置规范、运转有效。

（二）树立干部选任新导向，从党的干部中优选基层治理带头人新队伍

在新区层面，在党委序列独立设置"城乡社区发展治理委员会"，由党委常委、组织部部长兼任主任，统筹基层党建和基层治理工作，具体履行城乡基层治理"顶层设计、统筹协调、整合资源、重点突破、督促落实"职能，破解基层治理九龙治水体制弊端。

在乡镇街道层面，加大从优秀农民工、退役军人、农村致富能手、网格管理员、返乡大学生、社会组织等群体的党员中选拔党组织书记力度。成立天府新区公园城市党校，落实党组织书记集中轮训制度，加强年轻干部治理能力培养，充分发挥党员在社区发展治理中的先锋模范作用。

在村（社区）层面，全面推行村（社区）党组织书记通过法定程序实现"一肩挑"。在城镇社区，全面推进社区书记、居委会主任"一肩挑"。在乡村社区，实现党组织书记主任一肩挑，积极推行党组织书记、班子成员兼任集体经济组织负责人。村（社区）务监督委员会和村（社区）民议事会主任由党员担任。

（三）依据"党建引领治理"的基本原则，建立党组织领导基层治理的若干具体工作机制

第一，创设党委统领基层治理的协同联动机制。在乡镇街道和村（社区）层面统筹政法、社治、城管等力量资源，形成"一支队伍统管、一张网格统揽、一个平台统调、一套机制统筹"协同机制，推动城市治理格局由条块分割向统筹联动转变。在各级党组织领导下，整合人员力量，将部门综合执法、综治网格、劳动协管等人员和便民服务、城市管理、治安寻访等权限下沉社区，将城管、综治、防疫等网格集合成一张网，最终实现党委领导下的区域化网格统管体系。以天府新区的疫情防控工作为例，基于上述协同联动机制，党委党组迅速组织机关单位党员干部到村（社区）报到入列，综治、城管、疾控等专业力量下沉村（社区），在村（社区）党组织统一组织领导下与基层党员干部混岗编组开展地毯式拉网排查，13.8万名党员冲锋在前，组织带动49万基层力量织密社区疫情防控网，党旗在疫情防控第一线高高飘扬。

第二，创设"三统一"工作机制。打破原有支部、党小组、村民小组边界，以产业、治理、服务等功能来重新划分支部，创新社区治理、村"两委"、村集体经济组织"三统一"工作机制。以煎

茶街道为例，为了盘活农村集体经营性建设用地，煎茶街道成立了农村集体经济组织——成都天府新区煎茶智慧绿道投资有限责任公司，董事会成员中有4名由村（社区）党委书记担任（分别来自茶林、青松、鸿湘、老龙四个村），通过党组织之间的高效协作，盘活集体土地，发展集体经济。通过这种"三统一"的方式，基层党组织统合了村"两委"和村集体经济，以协同统管的方式强化了乡村治理效能。

第三，创设"支部项目化、项目支部化"工作机制。在基层党组织的工作中，党支部工作围绕项目展开，项目推进落实到支部日常工作每个环节。以南新村为例，具体做法是建立支部项目清单，搭建村党委领导下的"4＋4＋N"组织构架（4支部：党员先锋党支部、民事民办党支部、产业发展党支部、智慧服务党支部；4个工作部：文化传承工作部、现代农业工作部、生态建设工作部、亲民定制工作部；N个企业或项目）。项目以集体经营性建设用地流转入市为切入点，通过集约、节约利用集体建设用地，以节余土地保障要素供给，促进乡村生产资源重新配置，破解乡村振兴资源、资金要素制约，盘活存量集体建设用地，保障产业项目落地。

综上所述，天府新区创新的党建引领基层治理机制，切实发挥了党组织在各层级的领导核心作用，建成一套统一领导、上下联动、运转高效的城乡基层治理新架构。其中极具特色的做法包括以下几点。

第一，采用党内上下级的委托机制，由省党委委托授权天府新区党工委领导天府新区各级基层党组织，因为新区党工委的性质属于四川省党委的派出机构，与街道党组织等没有直接的上下级关系，但是省党委通过党内委托机制，赋予新区党工委领导天府新区各级基层党组织的权限，对基层党组织实行归口委托领导，明确了新区内党这条线上的上传下达和指挥畅通无阻。

第二，全面推行党组织书记"一肩挑"。在城镇社区，推行社区书记、居委会主任"一肩挑";在乡村社区,积极推行党组织书记、班子成员兼任集体经济组织负责人。"一肩双挑"的做法近几年在全国各地并不少见,但党组织书记兼任集体经济组织负责人这种"一肩三挑"的做法却不多见。这也体现了天府新区作为综合功能区必须把经济开发、土地盘活作为重要工作内容来抓的需求,通过上述党组织书记兼任村委会主任和集体经济组织负责人"一肩三挑"的机制,实现了党建统领基层治理的高效治理局面。

第三,健全街道党工委对辖区社会治理重大工作的领导体制机制,赋予街道党工委以下权限,即上级职能部门派驻街道的执法机构和队伍,由街道党工委统一指挥调度。在街道党工委的统合治理下,涌现出安公社区、麓湖公园社区等一批在全国具有示范意义的基层治理创新典型案例,形成党建引领公园社区发展治理共建共治共享新格局。总之,天府新区的基层治理实践体现了"中国特色社会主义最本质的特征是中国共产党领导,中国特色社会主义制度的最大优势是中国共产党领导"这一重大论断,通过发挥党委统揽全局、协调各方作用,走出了一条党领导城乡基层治理的新路,可谓以党建"一颗子"激活了基层治理"一盘棋"。

公园城市是天府新区作为国家级新区目前发展的主攻方向。与其他类型的产业园区、高新技术园区不同,公园城市建设涉及广大的地域和人口范围,需要对属地的全部城市和乡村地区进行重新规划发展,并不仅仅是若干产业的招商引资、政企对接那么简单。因此,天府新区与其他类型的新区相比,必须面对复杂的基层治理问题:如何在不具备一级政府建制的纯管委会体制下使得新区层面的政策和管理措施可以畅通无阻下达到最基层的社区,成为一个具有挑战性的治理难题。综上所述,天府新区从组织架构重建、干部选任、创设党建引领的具体工作机制三个方面,加强了党组织在新区建设事务上的领导权和话语权,新区层面党工委和管委会合署办公,同时凭借执政党系统内上下级之间既有的、稳固的权威秩序,依托党组织完整的上下级关系,实现"新区—镇街—村(居)社区"三级之间政令的畅通无阻，克服了管委会体制下固有的基层治理权威性不足、治理手段匮乏以及法律地位的模糊等弊端，一定程度上回应了全国国家级新区普遍面临的管委会体制下的基层治理困境，为管委会体制制度机制创新提供了新思路。

（作者：中国社会科学院政治学研究所副研究员付宇程）

乡村治理现代化：演进趋势
与内在逻辑

进入新时代以来，推进国家治理体系与治理能力现代化成为国家战略，被称为"第五个现代化"。相对而言，从中央到地方的党和国家机构改革、城市的治理等领域有着较为明晰的发展方向和路径，而乡村基层治理却有很大的不同。乡村社会在现代化过程中发生了远较国家政权与城市社会更为剧烈的变迁，在传统与现代之间折射出更为多样和复杂的社会形态光谱。相应地，乡村治理实践中也必然会出现不同的尝试与主张。反映在学术界，就是对于乡村治理现代化的发展方向和路径有着明显的分歧和争论。这集中体现在对于村民自治、选举民主与党的领导、国家公共行政一体化两种模式的价值评价与取舍上。

一 乡村社会变迁与乡村治理的限定条件

乡村治理的模式选择必须建立在对乡村社会结构变迁趋势的准确理解之上。总体而言，在工业化、城市化、市场化的冲击和影响下，农村人口大量迁移和流动，乡村经济部门逐渐转型，人地关系也相应地发生改变。这些都导致农村社会结构呈现出新的特征，并在可见的未来继续强化。

（一）村庄整体：经济职能与社会职能的分离

中国的发展已经进入工业反哺农业、城市反哺农村的阶段。一方面是国家通过财政转移支付向乡村投入大量资源，建设基础设施、提供公共服务。另一方面，对于乡村社会变迁影响更大的是城乡互动模式自发的变化。由于政策的调整与保障和地方政府的鼓励与引导，同时由于释放农村资源潜力的客观需要和获取投资回报的现实可能，近年来，越来越多的城市工商业资本流向农村地区，被称为"资本下乡"。资本下乡的同时也带来了新的现代经营模式，而不同于农村集体经济与地域和户籍身份严格绑定的旧有模式。比如，有的地方出现了"村企合一"或村庄的"公司化"运作现象，村庄的集体土地由外来的公司统一经营，村集体组织（"两委"、农民专业合作社等）变成了公司的二级下属机构。农民除了收取土地租金之外，与企业之间只是市场化的劳动力雇佣关系。[①] 在这个新的结构中，农村的非经济的社会治理与公共服务职能并不被包含在内。虽然外来的企业和村庄的集体资源（主要是土地）结合在了一起，但无论是从法律规范的角度还是从市场经济客观规律的角度，都不可能也不应该指望下乡的资本或市场化的企业像过去的村集体那样继续承担村民的公共治理和服务职能。这就使原先农村集体中混在一起的经济发展或生产职能与社会治理或公共服务职能出现了分离。

与上述变迁同时发生的是集体经济的逐渐式微。集体经济或集体性生产活动是农村经济职能与社会职能合一的基础。集体的式微不仅是指改革开放初期人民公社体制的解体，也包括之后农村经济模式的持续变迁。相对于人民公社时代的集体化，家庭承包经营制固然有更多的"小农"制色彩，但只要土地集体所有制与传统的农

---

① 焦长权、周飞舟：《"资本下乡"与村庄的再造》，《中国社会科学》2016 年第 1 期。

业生产方式相结合的状况持续，农民的生产活动就必然需要一定的公共物品（比如水利设施），并且只能依赖集体供给。那么，一定程度的集体性就仍然存在。但是，当农民脱离小农制农业生产，同时更大规模的，尤其是外来的新型经营主体取代小农户时，农村的集体性就更加消退了。农村作为一个经济组织与作为一个社会组织的分离就发生了。比如，很多村庄的集体经济不再进行直接的经营活动，而是转变成了另一种形态，与新生的现代产业经营模式、多元化与流动性的农村生产生活方式相适应。温铁军将这种新型集体经济称为"收租经济"。① 其实，农户也逐渐通过土地经营权的流转而脱离了农业生产活动，家庭承包经营制也变成了所谓的"收租经济"。于是，对于村庄整体而言，经济或生产经营的属性被逐渐剥离，乡村成为单纯承担社会生活功能的社区。

分离之后的乡村社会治理职能需要建立在新的基础之上，包括财政基础、公共组织基础等。这恰恰是乡村治理现代化转型的契机。如果不能及时地推进乡村治理结构的转型升级，上述"以厂带村""公司办村"或"公司型村庄"的治理结构就将产生诸多问题。这些问题的本质，与其说是"公司替代村庄，成为一个横亘在国家与农民之间的政治经济实体。……阻塞国家与农民之间的制度性联通渠道"②，不如说是在新形势下，国家与农民之间缺少直接而有效的治理结构。

（二）村民个体：从土著性到流动性、从集体性到个体性

蔡昉指出，农村人口的跨区域流动是近年来中国农村地区社会结构变革最显著的特征。③ 随着农村大量劳动力向非农产业部门和城镇的转移，农民日益与村庄"脱嵌"。土地对于农民生产、生活的影

① 温铁军：《今天的集体经济主要不是搞生产，而是学会吃租》，观察者网，https://www.guancha.cn/WenTieJun/2020_10_19_568491_s.shtml，2020年10月19日。

② 焦长权、周飞舟：《"资本下乡"与村庄的再造》，《中国社会科学》2016年第1期。

③ 蔡昉：《人口转变、人口红利与刘易斯转折点》，《经济研究》2010年第4期。

响越来越削弱，农民对于土地的依赖和依恋程度、村集体在经济和社会保障上的重要性都大大降低了。

具体而言，交通的改善、信息化的进步与"互联网＋"的发展，促进了生产要素和信息的流动，降低了交易成本，使得经济和社会活动打破了地域的限制。城乡之间、不同地域之间的经济和社会联系越来越多。身处农村的人口，相比于本乡本土，完全可能与外界形成更紧密的经济或社会关系。并且这种关系始终处在流动之中。农村人口可以在远超乡土的更大范围内参与整体性的经济和社会交往，自由选择交往对象。本质上，这是在技术进步的推动下，市场化深入并改造乡村社会的表现。农民从依附于土地和集体的小生产者，转变为融入工业化社会大分工的劳动者。这是农民"市民化"和农村"城镇化"的基本前提，也是在国家与农民之间建立现代国家治理结构的客观条件和推动力。在这种情况下，农村将会逐渐变成纯粹的居住生活区域，不再附着于土地，居住者自由流动，从而越来越接近城市社区的性质，这也就是农村的"社区化"。农民也越来越成为单纯的"村域空间"的居住者，如同作为城市区域空间居住者的市民。

因此，虽然农民与土地的关系并没有被彻底隔断，农民对于承包土地和宅基地的权益，即农民作为农村土地集体权益所有者和分享者一员的土著性身份也仍将继续保持，但是农民的流动性和个体独立性也越发凸显。农村逐渐从"熟人社会"向"陌生人社会"转变，社会关系逐渐从血缘亲情、宗族伦理、地缘乡情的主导向利益主导的原则转变。后者正是现代城市社会的普遍特征。个体化是现代化的必然产物和典型特征。传统社会的乡村治理是群体性的，以血缘群体（比如宗族）、地缘群体（比如乡党、里社）或生产性群体（比如领主庄园）为单位和抓手来治理社会。"传统乡村治理是国家权力不直接面对个体，而是把分散化的群体作为专制统治的基点，国家依托于这些群体对乡村进行间接治理，乡村治理在本质上是一种群体化治理。"① 新中国成立以来乡村治理的主流是集体性的，乡村原有的各种群体性组织被打破、重组进了新型的集体性组织之中，并与国家政权建立了更直接、更紧密的联系。即使在改革开放之后，这种集体性的治理结构也基本延续了下来。无论是群体性还是集体性的治理结构，都表现出组织的先赋性、内聚性、排他性、封闭性以及个体对于群体、集体的依附性等特征，本质上是社会治理前现代化的表现。"事实上，1990 年代的农村治理体制及其国家与农民关系，仍然是 1949 年以来国家对农村的控制与汲取关系的历史性延续。"② 随着乡村现代化的深入，农民越来越脱出先赋性的血缘或地缘集体成员的身份，在职业选择、生产经营方式的选择、社会交往对象的选择、居住地点的选择等方面越来越自主化、个性化。"在个体化社会中，个人不再被动依附于先赋性的组织，或者强制从属于特定的组织与群体，而是成为了依法拥有个人独立、自主、权利和自由的社会主体。毫无疑问，乡村社会个体化是农民不断解放的过程，也是我国农村社会以及组织结构的历史性变革。"③ 乡村治理结构也必然随之而变。

随着村集体与村民生活的联系趋于淡化，传统的身份性群体约束或村庄集体化的治理结构越来越失去效力。农村在某种程度上成为社会治理的空白地带，乡村灰色势力甚至黑恶势力有滋长之势，宗教势力、不良风气不断渗入。这意味着新时代的乡村内在地要求一种新的治理模式。扶贫攻坚使党的领导在农村得到更多的贯彻，代表公权力的基层干部和农民群众建立了更多的联系。但是，扶贫只是部分地区和特殊阶段的特定工作，不能为广大农村普遍的、常规的治理模式提供答案。尤其是城市郊区或经济发达地区的农村，存在着大量外来人口，甚至有的地方外来人口或流动人口超过了当地人口。社区的治安、公共服务、文化教育等方面的治理需求远远

---

① 项继权、鲁帅：《中国乡村社会的个体化与治理转型》，《青海社会科学》2019 年第 5 期。
② 焦长权：《国家与农民关系悖论的生成与转变》，《文化纵横》2016 年第 5 期。
③ 项继权、鲁帅：《中国乡村社会的个体化与治理转型》，《青海社会科学》2019 年第 5 期。

超出了少数当地村民组成的村集体所能达到的供给程度。

二　从村民自治到治理一体化与行政化

传统模式下农村公共事务治理能力的减弱，实质上可以归结为农村集体行动能力的下降。[①] 集体化时代的乡村治理本质上是一种村民自治，而以民主选举为主要组织方式的新型村民自治本质上也是一种集体行动。其目的都是提供某种公共物品。村民自治意义上的民主有显著的直接民主或参与式民主的属性，对农民直接而广泛的参与有较高的要求。尽管乡村精英处于治理过程和动员网络的中心，但有效的村民自治在根本上还是依赖农民对村庄共同体的认同和对集体事业的积极参与，依赖乡村社会的集体共识与集体行动的达成。[②]

（一）村民自治的内在困境与出路

村庄集体角色的弱化、集体利益的瓦解、集体认同的消散，必然导致仍被局限在特定集体范围内的村民自治失去依托和方向。

首先，集体经济的萎缩削弱了集体行动与村民自治的经济和财政基础，乡村基础设施与公共服务缺乏来自本村集体的资金支持。近年来国家和地方财政逐渐加大了对乡村各方面建设的投入，这就在国家主导的财政来源与村民自治的治理结构之间产生了错位。完全依靠村民自治对于外来资金主导的乡村振兴与乡村治理来说，是不可行和无效率的。公共财政对于乡村公共服务与基础设施的投资相对于城市更加难以收回成本、实现产出，因此必然更加关心财政

---

① 王亚华：《提升农村集体行动能力　加快农业科技进步》，《中国科学院院刊》2017 年第 10 期。

② 杜姣：《村治主体的缺位与再造——以湖北省秭归县村落理事会为例》，《中国农村观察》2017 年第 5 期。

资金使用的效率以及相应的监管机制。这就必然在村民自治之外或之上建立新的治理结构，也就是公共行政的治理结构。韦伯指出，充足的财政资源和公共财政制度是建立理性化制度化官僚体系的基础。①

其次，农民生产生活的新形态也不支持集体行动的达成。王亚华等认为，"总体来看，当前小农户的特性对我国农村集体行动的影响表现出显著的负向影响效应"②。另外，他们指出，一些因素的强化也可能有助于未来以小农户为基础的集体行动与村民自治式乡村治理。比如，土地产权制度的稳定、农业生产经营方式的创新、土地流转、收入水平的逐步提高等都有助于农村集体行动能力的提高。但问题是，这些所谓的"积极因素"所起到的作用，长期来看是不断弱化、虚化的，甚至是似是而非的。土地产权、流转与农业经营方式上的稳定或变化都无法改变大部分农村劳动力脱离土地和农业部门的基本事实，因此也不能改变乡村中经济活动与社会治理分离的事实。农民收入水平的提高主要也不是依靠集体和土地，反而是脱离集体和土地，融入更大范围、更加市场化的其他经济部门的结果。在这一条件下，农业生产领域的积极因素并不能合乎逻辑、自然而然地促进社会治理领域内集体行动的达成或村民自治的效率。

整体而言，村民自治在乡村治理中发挥的实际作用始终不能令人满意，甚至在很多时候是徒有其名。有基层干部直言"现阶段农村的村民自治已经走进了死胡同"，农民没有动力也没有能力更不愿意实行自治，"二十多年来的村民自治，使一些农民意识到：过去村民自治，不过是让本该由政府兴办的事情让我们自己办，是政府利用村民自治转移矛盾，转嫁负担而已"③。另外，对公共事务的参与对于个人自由和个体发展本身就是一种负担和成本。尤其是对于流

———————

① ［德］马克斯·韦伯：《经济与社会》（下卷），林荣远译，商务印书馆 1997 年版，第 248—324 页。

② 王亚华、臧良震：《小农户的集体行动逻辑》，《农业经济问题》2020 年第 1 期。

③ 冯仁：《村民自治走进了死胡同》，《理论与改革》2011 年第 1 期。

动人口来说，所谓的村庄集体利益或公共事务早已经与自己的生活没有太多交集。而他们所真正需要的公共服务，比如有关职业选择、社会保障、文化娱乐等方面的需求，反而是村庄集体这个层级所无法满足的。

城乡治理一体化与公共行政化是解决乡村治理困境的客观趋势。乡村城镇化的根本是"人的城镇化"。这首先要求农村居民享受到与城镇相对均等的公共服务。乡村振兴和城乡公共服务均等化的主导性角色是政府，主要资金渠道是公共财政投入或转移支付。因此，城乡公共服务的均等化必然意味着在国家财政的支持下，农村居民被置于与城镇基本统一的公共治理体系之中，即公共治理的一体化。各自为政的社区自治显然不足以支撑公共治理的统一体系，能够承担这一任务的只能是公共行政的普遍化，尤其是推进乡村治理的行政化。比如，四川天府新区正在推进的"公园社区"建设中，明确提出推动城乡公共服务标准统一化，为农村社区打造一体化的政务服务、公共服务平台，推进"1+21"的公共服务和社会管理设施建设，打破村庄边界限制，鼓励相邻区域设施共享。这样的一体化公共服务和治理格局显然是各个孤立的乡村自治所无力承担的，必须通过政府财政支持和统一规划之下的城乡社区治理一体行政化才能实现。

（二）村治公共行政化的多重表现

原则上讲，乡镇基层政府是村民自治组织的指导机关。乡镇政府依靠自身独立的资源和决策权限指导、规范和协调下辖各村庄的自治组织。换言之，乡镇作为一级政权的存在是村民自治可以开展的制度性保障。但是，随着城乡公共服务均等化的推进和城乡一体化的发展，乡镇政府的政治性、独立性逐渐弱化。事权、财权以及经济发展必要的审批权等逐渐向县市收缩与集中，大部分设立在乡镇的行政性部门由县市垂直管理。乡镇的职能更多地变为对基层信息的收集与整理，以及对县市决策的宣传与落实，从而越来越像是县市一级政府外派的办事机构。与此同时，甚至某些行政管理职能也从乡镇政府剥离。县市一级政府的职能部门更多地采取在乡镇设置派出机构并合署办公、相互配合的方式，进行更加直接和专业化的综合治理。这些派出机构越来越取代乡镇政府，成为乡村治理结构的主干。乡镇政府的职能履行必须与之合作。

村干部的"行政化"或公职化，其实就是县乡新型关系在村庄的延续。为了更加有效地落实县市政府主导的社会治理，村干部也被赋予了更多的行政任务，并逐渐获得了相应的工资报酬和相关待遇。甚至在对村干部的任职、管理与考核上也参照公务员的管理办法。与之同时的是村级组织的行政化、科层化改造，即按照组织完整性、权力等级、专业分工等原则重组村干部队伍。行政化的村干部与村级组织是县市全域统一的行政工作和社会治理的末端执行者，与县市职能部门、派出机构以及去政治化的乡镇政府公务员一样，本质上属于同一个治理体系，是其中不同的环节，承担不同的角色。这一过程在某种程度上可以说是乡镇的"街道化"和农村的"社区化"，也就是乡村社会治理的"城市化"、城乡社会治理的一体化。而一体化必然意味着一定程度的标准化，标准化则意味着行政化。这一点对于城市社区和农村社区都是一样的。

比如，乡村社区化的核心是现代化的社区服务体系的建立，其载体一般是社区服务中心。农村社区服务中心一方面将乡镇乃至县市政府的部分行政管理与服务职能派驻到社区，一方面将村集体的部分自治功能集中到社区。具体表现为在社区服务大厅内设置党务、民政、社保、群团活动、法律援助、财务管理、计生服务等窗口，合理分类、高效处理各种即办事项或为社区居民提供代办服务；同时，在社区服务中心设立村民议事会、司法调解室、道德讲堂、阅览室、活动室、文娱室等公共空间，为社区居民提供健全的公共服务。相应的工作人员配置，自然不再局限于来自村民内部，实际上更多的是按照地方政府统一录用标准、统一工资待遇而考核、选拔、培训上岗的专业化社区服务队伍。这就突破了村民自治或社区自治的范畴，而不得不具有了更多的行政化属性。

再如，网格化治理（尤其是借助信息化手段）也是乡村治理行政化的一种表现和有益探索。实际上，网格化治理本来是城市治理中广泛采用的方式。网格长、网格员也与村干部一样被纳入地方财政支付薪酬和保障待遇的统一体系，其录用、培训和管理也有公务员化的趋势。而行政化了的村干部、网格长也将逐渐打破村民身份限制，如同城市社区一样，可以由来自本社区之外的居民担任。因此，乡村治理的网格化方法也是农村"社区化"、城乡治理一体化的体现。

更进一步的行政化是将已经部分公职化的村干部班子纳入更具公共行政原则的村综合服务中心工作人员序列之中。比如，在浙江的一些地方，村"两委"班子成员当选之后，还需要通过岗位竞聘参加村综合服务中心的专职工作，收入也由服务中心的职务决定。如果村"两委"成员未能被聘为服务中心专职工作人员，则劝其辞去现任村干部职务，即原来的村干部不再是独立的身份，而必须依附于村服务中心这一公共行政机构之上。这样的村干部在性质上已经十分接近于面向社会公开招聘的专职行政人员。由此，村干部的选举和任用也可能突破村集体的封闭界限而更具公共行政的招考录取原则。比如，四川天府新区的一些农村已经出现了村干部"异地任职"、自由流动的情况，并在现实运作中取得了良好的治理效果。

总之，过去面对村庄资源的内部存量博弈和不断流失，无论行政化还是村民自治都难免会陷入"内卷化"的泥淖，① 不可能真正地达成良好的治理、提供充足的公共物品。有学者称为"自给残缺型公共服务生产和供给"，并指出公共服务从自给残缺型迈向财政普惠型转变，符合时代发展和国家治理现代的要求。"财政普惠型公共

---

① 欧阳静认为人民公社解体之后的乡村治理是一个重陷"内卷化"的过程，甚至后税费时代的乡村治理也仍然无法摆脱"内卷化"的困境。参见欧阳静《基层政权组织的理想之路与现实之困》，《中国法律评论》2015 年第 1 期。

服务体制，需要的不是村民自治，而是'行政化'的村治。"①

三　从民主选举到党的领导与协商机制

村民自治的制度载体主要是民主选举制度，以及与之配套的民主决策、民主管理、民主监督。村民自治在面对乡村治理现代化任务时的失效，集中体现为农村选举民主机制自身存在的问题。

（一）农村民主选举存在的问题

从制度层面看，农村选举自 2003 年取消农业税以来，尤其是 2006 年之后，已从之前的"政府操纵干涉"走向了"程序公正的道路"。② 但是从治理实效看，"基层政权组织与乡村社会的关系却因此变得越来越远，符合程序的村庄选举也未能带来有效的村民自治"③。尤其是"混混"等非正式的地方势力往往可以通过选举成为乡村治理的主导力量，攫取公共利益，对乡村治理构成严重障碍。④

农村民主选举的问题集中表现为存在着大量的贿选现象。原因是多方面的。第一，在社会主义民主的基本原理中，无论哪一个层次的民主选举都应当以公共利益为依归，在村民自治中同样应当贯彻这一民主逻辑。公共利益的观念和村民整体的"公意"不是凭空产生的，而必须建基于一定的现实基础。这个基础以前是农村经济社会生活的集体性。而在改革开放之后，集体经济与农村内生自主的公共事业逐渐式微。村民各谋生计，大量农村劳动力外出务工使农村社会形成了二元结构：外出者逐渐融入新的现代社会关系环境，

---

① 王春光：《乡村振兴背景下农村"民主"与"有效"治理的匹配问题》，《社会学评论》2020 年第 6 期。
② 周雪光：《一叶知秋：从一个乡镇的村庄选举看中国社会的制度变迁》，《社会》2009 年第 3 期。
③ 欧阳静：《基层政权组织的理想之路与现实之困》，《中国法律评论》2015 年第 1 期。
④ 陈柏峰：《乡村江湖——两湖平原的"混混"研究》，中国政法大学出版社 2010 年版。

而留在村里的人则继续生活在传统的农村社会关系之中。除了法律意义上的土地集体所有制，农村已经很难再说是一个集体了，村民也不再具有以前那样强烈的集体意识了，这造成村民自治中基本民主精神的孱弱。没有强大的村级集体经济和独立的公共财政支持，村民大部分时候也难以指望通过民主选举产生的村领导班子能为自己的生产生活带来多少实质性的改变。于是，将选票作为利益交换的筹码，以"无用"的选票换成可见的物质收益，就成为一种"理性"的选择。对于外出的村民（保留着村里的户口和选举权）来说，更是如此。

同时，村干部不是国家公务员，不受《公务员法》和《党政领导干部选拔任用工作条例》的制约，担任村干部的村民可以同时经营私人的产业。作为国家政权与乡村社会的中间人，村干部的非正式身份能够为其自家产业的发展提供某些制度性或非制度性的便利条件。这种不受行政规范约束的非正式身份反而为贿选提供了利益刺激。比如，在乡村振兴的大背景下，各级政府为农村设置了各种补贴、奖励、基金等，以鼓励专业合作社等农业新型经营主体的发展。村干部可以凭借与乡镇政府的工作关系，在申请和竞争各项优惠政策、补贴奖励时，近水楼台先得月，便利自家产业的发展。或者通过与市、县、乡镇地方干部建立的私人关系和人脉资源，在地方政府主导的涉农领域工程项目招标中，捷足先登。这些项目包括土地清表、耕地整理、退耕还林还草、工程搭架等，技术要求不高，但竞争性极强，村干部的身份在这种竞争中具有明显的优势。因此，各地开始出现越来越多的农村富户或兴业能人参加村领导班子的选举，并成为村干部的情况。在这一过程中，贿选等非法行为在利益的刺激下就难以避免了。

选举之后的村务治理也存在普遍的腐败行为。有学者概括了村干部腐败集中的几个主要领域：一是在集体土地征用拆迁过程中以权谋私，收受贿赂；二是在土地开发利用等集体资源、资产、资金管理运行过程中营私舞弊，非法获利；三是在基础设施建设过程中弄虚作假，损公肥私；四是在低保户确认等公务管理过程中优亲厚友、吃拿卡要、虚报截留等。其中与土地相关的腐败是最严重的。[①]

除了民主选举本身的腐败，其在治理效能上的缺陷，是农村民主选举更深层次的问题。一个不容回避的现象是，在村民自治和民主选举中，整体上农民的参与热情不高。大多数研究将这一现象归咎于制度机制保障不力以及农民缺乏现代民主意识和公民精神。实际上，更根本的原因在于，农民缺少民主参与的现实动力。村庄集体已经不再是一个自给自足的经济社会共同体，村民关心的很多现实问题是无法通过村庄本身的自治或民主选举来解决的。

（二）农村协商民主的建构逻辑

针对村民自治制度在实践中的缺陷，有学者认为，"仅仅只有选举而无其他制约机构，仍然无法防止公共资源被侵占，无法满足乡村社会的治理需求，更难以实现和谐的乡村秩序"。进而指出，应对之策应该是不能使村民自治制度仅仅只停留于民主选举这一目标上，还必须将民主管理、民主决策和民主监督落到实处。[②] 但是，所谓的民主管理、民主决策和民主监督如果仍然是采取同民主选举一样的程序性规则，那么它们在本质上就不会有太大的区别，因此也就难以指望这些民主化的补救措施能够真正地规范民主选举、建立合理有效的乡村治理体系。实际上，民主决策、民主监督等在法律和实践中本来就是农村民主选举制度体系中的组成部分。而现实中出现的各种村民监督委员会、村民理财小组、村民监事会等也被有些学者批评为"叠床架屋""责任过载"，[③] 削弱了基层治理的效率。肖唐镖也发现，多数村民对村务参与的评价较低。农民对村治的状况，

---

① 曹国英：《如何治理村官腐败》，《学习时报》2013 年 11 月 4 日。
② 欧阳静：《基层政权组织的理想之路与现实之困》，《中国法律评论》2015 年第 1 期。
③ 陈家刚：《基层治理：转型发展的逻辑与路径》，《学习与探索》2015 年第 2 期。

包括民主管理、民主监督和对村干部的态度并不是很满意。① 解决这一问题，必须跳出目前的农村选举制度（或"四民主"）本身。

党的十六届五中全会提出的新农村建设目标是"生产发展、生活宽裕、乡风文明、村容整洁、管理民主"；党的十九大提出的乡村振兴战略方针是"产业兴旺、生态宜居、乡风文明、治理有效、生活富裕"。两相对比，其中四点大体继承，只有一点发生明显变化，即"管理民主"被替换为"治理有效"。二者虽然不是非此即彼，但其间的转换仍然值得思考。实际上，"始于 20 世纪 80 年代的乡村治理一直围绕着'民主'和'有效'之间的关系而发生变化。这里的'民主'指村民在公共事务上的'四民主'，而'有效'则表现为政府在实施其意图和政策的程度及村民获得民生需求实现的程度。那么有效'能否通过民主'实施呢？反过来说，民主能否达成有效呢？在实践中两者确实存在很大的张力"②。

管理民主与治理有效两个原则的和谐统一，需要更高层面的机制建构，即加强党的领导以及在党的领导下开展新型的协商民主。比如，关于村干部选举任用制度的调整就反映了这一发展方向。为了克服选举民主的内在缺陷、解决乡村治理困境，村支书和村委会主任的"一肩挑"已经在很多地方得到广泛的自发实践。2018 年印发的《中国共产党农村基层组织工作条例》、2019 年中央"一号文件"和《关于建立健全城乡融合发展体制机制和政策体系的意见》连续提到"全面推行村党组织书记通过法定程序担任村委会主任"，肯定了"一肩挑"的治理结构，即村干部既应是党组织的人选，又应是村民民主选举的结果。"这实际上是在党的领导与村民自治之间寻求平衡与融合，并促使二者不得不开展有效的协商。这种提名权和选举权（否决权）的分离及其促成的协商机制，会对其他领域的

---

① 肖唐镖：《近十年我国乡村治理的观察与反思》，《华中师范大学学报》（人文社会科学版）2014 年第 6 期。

② 王春光：《乡村振兴背景下农村"民主"与"有效"治理的匹配问题》，《社会学评论》2020 年第 6 期。

民主建设提供启发，通过再平衡党的领导和人民参与之间的关系，'建立全方位、各个层次的协商民主制度'。"①

流动人口的普遍存在是重建乡村治理结构的重要影响因素。当前对于城郊农村或发达地区的农村来说，外来人口已经占据了相当的比例；长远来看，随着城乡一体化的推进和乡村振兴战略的深入实施，广大腹地农村的社会经济将不断发展活跃，来自城市或其他乡村的外来人口也将成为普遍现象。显然，建立在村集体成员身份基础上的村民自治无法容纳这些变量，这就需要更加包容性的协商式治理。而乡村治理面对的利益主体越多元、越复杂，协商组织和机制就愈加难以自发的建立和维持。比如，本地人与外地人对立的二元模式将不断抬高协商民主自组织的难度，这就需要更加强调党的领导的作用。例如，浙江慈溪的乡村治理中建立了党的领导（包括上级党委、村党支部）、村民民主、外来人员社群组织等多方参与的协商民主机制，取得了良好的治理效果。② 在不断现代化的社会结构中，哪怕是偏僻乡村的人口构成也将逐渐趋于自由流动和多元并存。因此，超越单纯的本地村民选举民主，在党的领导下开展各种形式的协商民主，并不是权宜之计，而是将成为未来乡村治理的常态化结构。并且，由于协商所面临的社会具体结构各地不同，也就难以像选举民主一样建立一套法定的、规范的制度模式。因此，各地党的领导的能动性、创造性就更加凸显其中心地位了。

比如，四川天府新区新兴街道茅香村坚持"党建＋共治共享"，一方面发挥村总支的龙头作用，一方面健全"四议两公开"、村民议事会、村民委员会、监督委员会等"N"个工作机制，并通过"微党校""党群服务中心"等活动场所和工作机制，将党的领导与村民自治有机地结合起来，形成横向到边、纵向到底的协商民主治理

---

① 刘九勇：《中国协商政治的"民主性"辨析——一种协商民主理论建构的尝试》，《政治学研究》2020 年第 5 期。

② 韩福国、王梦琪、梅赜、王姝然：《外来人口社会融入的平台建设——以浙江省慈溪市坎墩五塘新村为例》，2014 年复旦大学城市治理比较研究中心科研项目成果。

新格局。具体包括建立"1＋3＋N"群防群治协作联动模式；集聚"治保主任＋网格员、辅警、综治队员＋群众"力量，共建综治中心；由党员干部引导，综治队员辅助的全范围走访、巡查工作机制等。

四　社会集体性与国家公共性的错位共生

整体而言，乡村治理的演进趋势是从村庄集体性本位向国家公共性主导的转变。同时，村民或社区居民的集体性与自治性并不会趋于消灭，而是会转化为新的形态，并实现与国家公共性的错位共存、合作互补。其中心逻辑是，如何为从特殊性的到普遍性的各层次公共服务需求提供有效的供给？赵树凯认为，"治理的基本产出是公共物品，政府治理应该以这种产出为最终目标。……农村治理危机的主要矛盾是，公共服务需求与公共服务供给匮乏的矛盾"①。村民自治和选举民主是一种供给公共服务的特定方式，但不是终极答案。回答这一问题必须从整个国家治理体系现代化的角度着眼。

在国家对乡村的财政汲取时代，行政化的力量是汲取的工具，乡村自治则是公共服务的主要供给机制；在国家对乡村的转移支付时代，行政化转而成为普惠性公共服务更有效的供给方式，以集体为限的乡村自治则在一定程度上成为有效治理的障碍，是需要被超越的对象。另外，乡村民主自治往往依赖村民精英的个体化调节与干预，治理方式具有鲜明的人格性和特殊性，治理效果具有一定的偶然性，类似于一种"人治"。公共行政化的治理方式以规则性、客观性为标志，更像是一种"法治"。"因为村级治理的行事规则已越发明晰、权责分明，德行治理的话语体系逐渐让位于'依法行政'

---

① 赵树凯：《农民的政治》，商务印书馆 2011 年版，第 140—141 页。

的法治原则。"① 基层治理规则从特殊性到普遍性的演进，被有的学者称为从"权宜之计"到"规则之治"的转型："在相当长的历史时期，基层社会流动性不足，异质性低，社会结构完整、稳定……具备治理规则自我供给能力；随着经济社会发展，经济机会增多，基层社会流动性增强，异质性增高，社会结构松动，价值体系多元，规则再生产能力式微……加之国家能力持续积累……村社内部规则供给能力瘫痪，急需外部介入调节，国家主导的'规则之治'呼之欲出。"② 这种演进或转型本质上是国家治理，尤其是基层治理公共性的成长过程。公共行政的本质是公共物品和公共服务的常规化供给。通过公共行政，国家与村民之间的公共关系，也即服务与被服务的关系得到强化，从而进一步完善了国家政权本身的公共属性。

与此同时，并非所有的公共服务需求都具有普遍性，并适用于国家统一的公共行政。某些小范围人群的特殊性服务需求，不在基础性、普惠性的公共服务体系内，也不是乡村治理公共行政化所能应对的课题。特别是随着社会的现代化发展，包括农村居民在内的人民群众对于特殊性、多元性价值的追求将越来越多。而对此的回应正是村民自治、社区自治等治理方式所擅长的领域。只不过，由于传统社区集体性不可挽回的式微，新型的基层自治组织将可能更多地转向不受地域边界和先赋身份限定的功能性、临时性社群或社团。基于行政区划并致力于基础性和普惠性公共服务的国家公共行政体系，与摆脱地域限定、致力于满足各种特殊性、临时性群体服务的社群或社团等基层自治组织，将各得其所，实现错位共存。因此，所谓的"'权宜之计'与'规则之治'不是严格的连续统一关系，更不是非此即彼的替代性关系，而是相互补充、互为交织的治理空间，只是在不同历史时期、不同规则体系下，'权宜之计'和

---

① 朱政、徐铜柱：《村级治理的"行政化"与村级治理体系的重建》，《社会主义研究》2018 年第 1 期。
② 王向阳：《新时代基层治理的实践转型——北京郊区 H 村的治理实践》，《重庆社会科学》2019 年第 1 期。

'规则之治'发挥作用的治理空间和方式产生基本差异而已"①。两种治理原则的分工不仅体现在不同的历史时期，更应当在愈发体现流动性、个体化、复杂化和多元化的现代社会中合作互补。中国基层治理，尤其是自治组织发展的具体表现，仍然值得持续观察。

（作者：中国社会科学院政治学研究所助理研究员刘九勇）

---

① 王向阳：《新时代基层治理的实践转型——北京郊区 H 村的治理实践》，《重庆社会科学》2019 年第 1 期。

公园社区：市民美好生活的共同家园

　　人类社会聚居生活经历了从族群到部落、村庄、社区的演变历程，反映出人类社会发展历史进程。公园社区作为人类聚居的高级形态，体现了人与自然、人与人的和谐共生，是人类命运共同体的基本单元，也是公园城市高质量发展、高品质生活、高效能治理的组成部分，是人们美好生活的向往地和承载地。四川天府新区深入贯彻习近平新时代中国特色社会主义思想，认真落实中共中央、国务院《关于加强和完善城乡社区治理的意见》和四川省委省政府关于城乡社区治理的重大部署，紧紧围绕到 2020 年基本形成基层党组织领导、基层政府主导的多方参与、共同治理的城乡社区治理体系，城乡社区治理体制更加完善，城乡社区治理能力显著提升，城乡社区公共服务、公共管理、公共安全得到有效保障的总体目标，严格按照成都市建设高品质和谐宜居生活社区的总体部署，坚持以基层党组织建设为关键、政府治理为主导、居民需求为导向、改革创新为动力，健全体系、整合资源、增强能力，完善城乡社区治理体制，创新推动公园社区发展治理，着力塑造人与自然、人与人最和谐的幸福美好生活共同体——公园社区，市民美好生活需要在公园社区得到极大满足，为世界社区发展治理提供中国方案。

一　公园社区提出的时代背景及内涵特质

党的十八大以来，特别是进入新时代以来，在习近平新时代中国特色社会主义思想的指引下，四川天府新区践行新理念，顺应人民新期盼，把握城市发展规律，按照"一尊重五统筹"城市工作总要求，在准确诠释公园城市丰富内涵的基础上，彰显公园社区的时代价值，推动打造践行新发展理念公园城市—社区—市民共同体，凝聚起共建共治共享幸福美好生活家园的思想共识和强大合力。

（一）建设全面体现新发展理念公园社区新时代背景

1. 以习近平新时代中国特色社会主义思想为根本指引

习近平新时代中国特色社会主义思想，蕴含着党的十九大对党建引领城乡社区发展治理的新部署新要求。党的十九大做出"提高保障和改善民生水平，加强和创新社会治理""打造共建共享的社会治理格局"等重大决策部署，为新时代城乡社区治理指明了奋进方向。党的十九大以来，习近平总书记先后指出"社区是基层基础，只有基础坚固，国家大厦才能稳固"，"为民的事无小事，大量工作在基层"，"把社区建设好，把幼有所育、学有所教、劳有所得、病有所医、老有所养、住有所居、弱有所扶等目标实现好"。这一系列重要论述，系统回答了新时代如何认识城乡社区治理、需要怎样的城乡社区治理、怎样推进城乡社区治理等重大问题。在习近平新时代中国特色社会主义思想的指引下，四川天府新区切实提升推进新时代城乡社区治理的政治站位和行动自觉，全面贯彻党的十九大关于城乡社区治理的重大部署，系统、深入推动公园社区建设，先后出台了《四川天府新区公园社区发展治理总体规划》《四川天府新区建设高品质和谐宜居公园社区实施意见》等，构筑起新时代公园社区发展治理的主体框架，回答了为什么建公园社区、建什么样的公园社区、如何构建现代公园社区治理体系等时代命题。

2. 以协调创新绿色开放共享新发展理念为实践先导

社区是城乡治理的基本单元。为深入贯彻"创新、协调、绿色、开放、共享"五大发展理念，正当广大城市工作者探索城市持续发展道路之时，2018年2月，习近平总书记视察天府新区，提出"特别是要突出公园城市特点，把生态价值考虑进去"。2020年1月，中央财经委员会第六次会议明确要求，支持成都建设践行新发展理念的公园城市示范区。2020年12月，四川省印发《关于支持成都建设践行新发展理念的公园城市示范区的意见》，提出抓住成渝地区双城经济圈建设重大机遇，支持成都加快建成新发展理念的坚定践行地和公园城市的先行示范区。四川天府新区践行公园城市"首提地"使命担当，高起点谋划、高标准定位、高质量发展，努力打造公园社区发展治理国家样本。公园社区是公园城市的基本单元，是构筑未来城市的底部支撑。2020年10月，成都市城乡社区发展治理工作领导小组发布全国首个"公园社区规划导则"。四川天府新区围绕功能复合促共联、开放活力促共栖、绿意盎然促共赏、配套完善促共享、安全韧性促共济、多元协同促共治的六大总体指引，开启了公园社区发展治理探索实践。

3. 以实现市民对美好生活新期盼为价值取向

人民城市为人民。城市的发展繁荣，为人类生产生活带来了前所未有的便捷，居民收入不断增加、居住条件得到改善、生活质量极大提升，但同时也伴随着一系列的问题和困扰：城市空间野蛮扩张，生态承载难以为继；要素资源低效占用，永续发展难以为继；公共服务供给不足，品质生活难以为继；多元利益交织冲突，有序运行难以为继；风貌形态千城一面，文化传承难以为继。如何坚守"让生活更美好"的城市初心，不断满足人民对美好生活的向往，是当前亟待解决的时代课题。社区是人民美好生活的实现地和承载地。党的十九大明确新时代我国社会主要矛盾是人民日益增长的美好生活需要和不平衡不充分发展之间的矛盾。推动城乡社区发展治理，就是要更好地弥补城市幸福美好生活发展不平衡不充分的短板。这为公园社区发展治理提供了基本价值遵循。三年来，四川天府新区致力于深化公园城市理论创新和实践探索，聚焦群众对美好生活的新期盼，坚持以社区为基本单元，让幼有所育、学有所教、劳有所得、病有所医、老有所养、住有所居、弱有所扶等民生之利落实在社区，民生之忧解决在社区，民生之短补齐在社区，让市民从街区、社区、小区的点滴变化中，不断增强对幸福美好生活的获得感、认同感、归属感。

（二）公园社区的定义、内涵

1. 公园社区的基本定义

公园社区是公园城市城乡物理空间和城乡社会治理基本单元，由政府、居民、社会共建共治共享，精准服务于生活人群和产业人群，是集秀美生态环境、优美空间形态、完美生活服务、善美人文关怀、和美社会关系、甜美心灵感知于一体的幸福美好生活共同体。公园社区是人类聚居的高级形态，是人全面自由发展的理想家园，是实现美好生活的更高向往。公园社区是城市发展从工业逻辑回归人本逻辑、从追求规模数量转向注重发展质量、从生产导向转向生活导向的产物，是"人民城市为人民"的微观表达。

四川天府新区坚持"山水林田湖草"生命共同体营城理念，着眼于"人、城、境、业"的高度和谐统一，打造人与自然相适相生、人与人和谐共处的公园城市，在推动公园社区发展治理过程中，致力于公园社区"六美"建设，涵养表达公园城市绿水青山的生态价值、诗意栖居的美学价值、绿色低碳的经济价值、以文化人的人文价值、健康宜人的生活价值、和谐共享的社会价值"六大价值"，把公园社区打造成为生态怡人绿色发展的社区、形态优美开放时尚的社区、业态融合活力迸发的社区、文态浸润传承创新的社区、心态包容向善向美的社区。四川天府新区探索公园社区发展治理实践，从理论创新看，公园社区"幸福美好生活共同体"是在习近平新时代中国特色社会主义思想指引下，深入践行"创新、协调、绿色、开放、共享"五大新发展理念的生动实践。从价值取向看，公园社区发展治理坚持人本价值取向，以人的获得感和幸福感为根本出发点，回应人民向往美好生活的新期待，把以人民为中心的发展思想落实到公园社区发展治理的各个方面；从功能发展看，公园社区由单一居住功能转向商务往来、休憩社交、居家生活、美学艺术、公共服务等复合型功能，涵盖了地标商圈潮购场景、特色街区雅集场景、公园生态游憩场景、体育健康脉动场景、美学艺术品鉴场景、社区邻里生活场景、未来时光沉浸场景等。

2. 公园社区的主要内涵

公园社区是公园城市、社区、人的纽带。公园社区的主要内涵集中表现在六个维度：公园社区秀美生态环境，涵养表达绿水青山的生态价值，深刻把握绿色发展、绿色生活的内在逻辑，筑牢公园城市生态本底，探索一条城市发展绿色可持续、社区生活低碳可循环融合方式，构建"山水林田湖草"生命共同体；公园社区优美空间形态，涵养表达公园城市诗意栖居的美学价值，通过对城市形态、公共空间的美学改造，塑造大美公园社区特色风貌；公园社区完美生活服务，涵养表达公园城市绿色低碳的经济价值，通过培育绿色经济引擎，构建现代产业体系，创建"公园＋"的高质量发展、可持续发展新模式；公园社区善美人文关怀，涵养表达公园城市以文化人的人文价值，镌刻公园城市独特印记，通过传统历史文化、现代文化交融塑造，厚植"创新创造、优雅时尚、乐观包容、友善公益"天府文化，展现的新时代天府文化内涵；公园社区和美社会关系，涵养表达公园城市和谐共享的社会价值，通过构建共治共享新格局，完善"党委领导、政府负责、民主协商、社会协同、公众参与、法治保障、科技支撑"的现代化社会治理体系；公园社区甜美心灵感知，涵养表达公园城市健康宜人的生活价值，创造公园城市品质生活，让幼有所育、学有所教、劳有所得、病有所医、老有所养、住有所居、弱有所扶在公园社区落实，人们对美好生活的需要得到极大满足。

二　天府新区公园社区发展治理的探索实践

四川天府新区紧紧围绕习近平总书记关于天府新区"特别是要突出公园城市特点，把生态价值考虑进去"的重大要求，全面落实成都市委关于加强党建引领城乡社区发展治理、建设高品质和谐宜居生活社区总体部署，围绕高效能治理、高质量发展、高品质生活，形成以1个总体目标、5大理念转变、6项具体要求为内容的"156"公园社区发展治理实践路径。

（一）打造幸福美好生活共同体的国家样本

在建设践行新发展理念公园城市先行区的背景下，按照成都市推动建设高品质和谐宜居生活社区总体部署，结合新区实际，通过加强党对公园社区发展治理的领导，着力补齐公园社区城乡融合发展治理短板，完善共建共治共享的治理格局，不断提升市民对公园社区发展治理的获得感、幸福感和满意度，将公园社区建设成集秀美生态环境、优美空间形态、完美生活服务、善美人文关怀、和美社会关系、甜美心灵感知于一体的幸福美好生活共同体，努力打造公园社区治理国家样本。

（二）推动公园社区发展治理理念转变

按照《成都市公园社区规划导则》，四川天府新区突出公园社区发展治理人本逻辑，注重物质空间和非物质空间环境营造，强化空间尺度、居住环境、经济发展的有机融合，推动实现社区中建公园向公园中建社区转变、社区空间建造向社区场景营造转变、标准化配套向精准化服务转变、封闭式小区向开放式街区转变、规范化管理向精细化治理转变。

一是推动社区规划由"社区中建公园"向"公园中建社区"转变。依托各级公园和公园化环境,构建"公园+"规划建设模式,将公园形态与功能空间有机融合,打造公园式的基本生产生活单元。紧紧围绕打造山水林田湖草生命共同体,综合公园城市生态、美学、人文、经济、生活、社会六大价值,按照先园后居的建城营城时序,着力打造出"望山、拥水、亲丘"各具特色、高艺术价值的建筑群落,形成临湖拥园、依山傍水而居,推窗见景、出门入画,可进入、可参与、可游憩、可共享的大美公园社区。

二是推动社区建设由"社区空间建造"向"社区场景营造"转变。转变以往单纯物质空间建造模式,更加注重多种功能承载、多样化服务设施建设、满足多层次人群需求、多元化活动植入的空间场景营造。大力实施城市功能区建设与社区共同体生活场景营造,在推动天府新区总部商务区、成都科学城和文创城等城市功能区建设的同时,着力营造城乡社区服务、文化、生态、空间、产业、共治、智慧"七大场景"。如在麓湖公园社区发展治理中,按照公园城市规划设计理念,将自然生态、产业生产、城市生活融为一体,营造出公园城市高品质生活场景。

三是推动社区服务由"标准化配套"向"精准化服务"转变。突出"以人为本",精准分析各人群需求特征,精细配置公共服务设施,提升公共服务资源配置的适应性和灵活性。全面补齐公园社区基础设施短板和公共服务体系,顺应新时代变化,改变消费、购物、政务等服务方式,统筹开展以老旧院落改造、背街小巷整治、特色街区创建、社区服务提升、平安社区创建为牵引,着力布局和推动一批社区商业综合体建设,构建公园社区绿色智慧交通体系和一批国际学校、医院、服务中心以及精品图书馆、美术馆等生活配套,形成5—15分钟精准精细个性化社区生活便民服务圈。

四是推动社区形态由"封闭式小区"向"开放式街区"转变。

改变以往"封闭"式围墙做法，积极建造开放式、院落式的建筑形态，实现社区公共资源的共享、社区功能空间的融合。按照片区式规划设计，组团式开发建设、单元式发展治理，引入"泛社区"理念，打破街道、社区行政边界，着力构建起人城境业高度统一的公园城市新型社区（泛社区），推动开放式组团建设，着力塑造无围墙隔离、无身份界别的可进入、可参与、可游憩、可共享的公园社区开放舒畅街区。

五是推动社区治理由"规范化管理"向"精细化治理"转变。激发社会多元主体参与社区建设，培育社区共同体意识，推动社区可持续发展和治理水平现代化。将小区治理纳入党建引领社区发展治理重点工作范围，并纳入新区"三重"目标，构建了党政主要领导亲自督导、新区社治领导小组具体统筹的工作机制。推进公园社区发展治理延伸向居民小区精细化治理，通过健全小区党组织体系、小区协商议事机制，深入实施和谐友好邻里关系营造。同时，推动城市治理由经验判断型向数据分析型转变、由被动处置型向主动发现型转变，促使城市建设模式、城市管理方式、市民生活方式、社会治理方式全方位变革，启动天府新区数字城市建设计划，将智慧社区（小区）建设纳入天府新区数字城市建设总体行动计划范畴，实现公园社区精准精细智慧化治理。

（三）推动建设美好幸福生活社区共同体

按照公园社区功能绿意盎然促共赏、开放活力促共栖、复合促共联、配套完善促共享、安全韧性促共济、多元协调促共治要求，推动把公园社区建成"六美"社区共同体。

一是推动建设生态环境秀美社区。坚持以习近平生态文明思想为指导，强化新区"公园城市首提地"担当，以景区化、景观化夯实公园社区良好生态本底，以公园绿化空间缝合社区功能空间，推进公园生活无时无处不在，实现让居民在生态中享受生活，在公园中享有服务。发掘和培育新区公园城市IP，建设生产、生活、生态

"三生合一",建设绿水青山、小桥流水、清新自然诗意栖居的秀美公园社区。

二是建设空间形态优美社区。创新整合特色资源要素,充分彰显社区空间美学价值和人文艺术魅力,全面提升人的创造力和场所活力。以生态廊道区隔城市组群,以天府绿道串联城乡社区,以"三治一增"美化城市环境,着力构建人城境业高度和谐统一的开放物理空间和共生生活场景。

三是建设生活服务完美社区。依托天府总部商务区、成都科学城、天府文创城,遵循产业生态圈发展理念,坚持"一个产业功能区就是一个新型生活社区",按照"对外出行智能化 + 社区内部便捷化 + 社区休闲慢行化"的要求,建设 15 分钟社区对外通行圈、10分钟社区服务享受圈、5 分钟社区生活慢行圈,统筹推进教育、医疗、就业、养老、托幼等配套改革,建强社区邻里人家,打造"天府邻里"品牌,加快建设集研发设计、创新转化、场景营造、社区服务于一体的生产生活服务高品质公园社区。

四是建设人文关怀善美社区。以人的自由全面发展,厚植向上向善更有温度的公园社区,促进人情味、归属感和街坊感的本质回归,推动建设崇德向善、活力向上的公园社区生活共同体。着力开展友好友爱友善邻里关系营造,广泛开展"友善优雅市民文明大讲堂""百姓故事会""天府大讲堂""身边好人"评选等文明实践活动,创新文明社区、文明单位、文明校园、"三美"示范村创建载体,积极践行社会主义核心价值观,弘扬中华优秀传统文化,广泛开展社会公德、职业道德、家庭美德、个人品德教育,举办邻里义行、义集等特色邻里活动,增强公园社区温度。

五是建设社会关系和美社区。创新群众诉求全响应工作体系,健全"大联动·微治理"和网格化管理服务制度,全面优化网络理政、新区公开电话96099系统功能,进一步畅通和规范群众诉求表达、利益协调、权益保障通道。坚持和发展新时代"枫桥经验",建立矛盾纠纷化解全链条工作体系。创新协商议事形式和活动载体,鼓励开展村（居）民说事、民情恳谈、百姓议事等各类协商，探索基层民主多种实现形式。探索融媒体语境下的基层治理新模式，建立"天府连心桥"群众路线工作制度。实施"互联网＋社区"行动计划，加快人工智能、大数据、5G、区块链等与社区治理服务体系的深度融合。

六是建设心灵感知甜美社区。全方位搭建社区治理体系，以多元参与方式凝聚共建共治合力，推动社区发展与治理的良性互动、秩序与活力的有机统一。解决社区生活与管理中的"操心事、烦心事、揪心事"，构建云端集成、智慧生活的城镇社区智慧场景，加快推进智慧健康与医疗服务、智慧养老与幼托服务、智慧零售服务、智慧教育服务，极大满足公园社区居民对美好生活的需要，提高居民对公园社区的获得感、幸福感、满意度。

（四）实施社区分类治理发展治理

为加快打造高品质和谐宜居生活社区，推动新区发展治理制度创新、机制创新和体系创新，四川天府新区按照公园社区发展治理"156"总体思路，坚持城乡社区分类治理融合发展基本原则，以全域国际化社区为统揽，以小区治理为基础，将城镇社区、产业社区、乡村社区并行摆位，一体研究、一体规划，形成党建引领城乡社区发展治理新格局。

一是巩固城镇社区发展治理。按照城镇社区空间规模1—3平方公里，人口规模1万—3万人，依托"中优"和特色镇建设，在华阳、万安、新兴城市建成区和太平、永兴、籍田等场镇发展公园城镇社区，实施"院落·街巷·片区·参与·共享"，促进老旧场镇激活与新生，制定以舒适生活、功能多元，适度开发、开放活力，全龄友好、全时服务，多彩感知、人文渗透，闲适安逸、独立慢行为内容的城镇社区建设目标。同时，制定公园城镇社区发展治理规划指引共9项29条建设标准。在党建方面，制定了以公园社区党的组织网络延伸到小区楼栋、网格，覆盖辖区社会组织、社会企业、志愿者队伍等各类组织，实现应建必建、设置规范、运转有效等5条标准；在社区服务场景方面，制定了涵盖公园社区教育、卫生、文化、体育、法律等公共服务齐备，社区综合服务设施面积不低于每百户30平方米以及社区菜市、便利店、家电维修、裁缝干洗等生活服务丰富，形成便捷的"15分钟社区生活服务圈"等5条标准；在文化场景营造方面，制定了每月至少组织1场邻里交流活动，常态化开展社区志愿服务等活动，塑造邻里互助、关系融洽的社区文化，营造"一街一特色"等标准体系；在塑造生态场景，规定了社区公园、社区绿地（含"小游园·微绿地"）不少于1处，人均绿地面积不少于1平方米，小区、驻区企事业单位实施生活垃圾分类率不低于80%以及推进社区花园、可食地景建设，倡导建设社区级绿道"回家的路"等生态绿色要求。这些规划标准成为推动公园城镇社区工作的指南。

二是推动产业社区发展治理。按照产业社区空间规模1—5平方公里，人口规模1万—5万人，依托天府公园、鹿溪河生态湿地、西部博览城、天府国际会议中心、"一带一路"交往中心等建设项目，和天府新经济产业园、紫光芯镇、鹿溪智谷、独角兽岛等建设项目，以及天府国际旅游度假区、川港创意产业园、蓉港青年创新创业梦工厂等建设项目，推进产业社区建设，进一步明确以"产业主题、核心功能，产城融合、职住平衡，开放共享、融合共生，产业人才、企业发展，多方参与、多维推进"为内容的公园产业社区建设目标。同时，制定公园产业社区发展治理规划指引示范建设标准共9项30条。在党建引领方面，进一步细化了组织体系健全、工作体系健全、服务体系健全、阵地体系健全等6条标准；在服务场景方面，做出了居民住宅、人才公寓、职工宿舍等居住空间不少于2类以及便利店、酒店、健身房、咖啡店、理发店、餐饮店、书店、银行、酒店等多元生活性服务业态不少于6类等建设要求；在空间场景营造方面，对编制完善产业社区规划、复合多元空间形态建设以及设立共享会客厅、共享娱乐空间、共享洗衣房等共享公共空间等做出了明确要求；在产业场景方面，出台了进一步营造资源集成的营商环境，引入法律、金融、税务、商标、专利、培训等专业服务机构以及双创空间等标准；在推动共建共治方面，对社区与企业双向互动合作机制健全、常态化推进平安社区建设、充分发挥社区专职工作者、法律工作者等多方力量作用以及提高新阶层人士满意度方面做了详细规定。

三是做实乡村社区发展治理。按照乡村社区空间规模平坝区3—5平方公里，山地丘陵10平方公里，人口规模0.5万—1万人，依托"一心一带两环"乡村振兴示范建设，在乡村区域打造"农业成景观、农居成景点、农村成景区"三景融合的社区空间体系，发展"产业兴旺、生态宜居、乡风文明、治理有效、生活富裕"的都市现代农业，把乡村区域打造成"乡愁记忆"的旅居之地和公园城市的重要承载地，进一步明确了以"生态融合、聚散相宜，诗意栖居、自然优美，以农为本、多业融合，城乡融合、服务均等，大兴文化、乡风文明"为内容的公园乡村社区建设目标。同时，制定公园乡村社区发展治理规划指引示范建设标准共9项26条。在党建引领方面，规定了乡村社区党组织书记、主任"一肩挑"，积极推行党组织书记、班子成员兼任集体经济组织负责人；在集中居住区、散居林盘院落、农村新型经营主体全覆盖建立党的组织，确保设置规范、运转有效；建立社区联席会议制度，吸纳合作组织、个体农户、居民自组织等，共商产业发展和乡村治理重要事项；健全活动阵地，使社区党群服务中心面积400平方米以上，完善亲民化设施等。在服务场景方面，明确了党群服务中心亲民化改造、特殊困难群体关心关爱到位、"六网"（公路、自来水、电、清洁能源、宽带互联网、4G网络）基础设施健全等内容。在空间场景方面，实施乡村绿道建设或川西林盘打造项目、"美丽蓉城·宜居乡村"示范村、社区微更新项目等内容。在产业场景方面，要求建立产权明晰、管理规范的集体经济组织，形成现代化管理制度；探索农村集体经济新的实践形式和运行机制，通过整合土地、资金等资源，形成落地落实的示范项目等。在共治场景方面，常态化推进平安社区建设，规范运行"1+3+N"专群联动模式以及发挥社区专职工作者、五老乡贤、法律工作者等多方力量作用，形成有效管用的矛盾纠纷多元调处机制，引进或孵化社区社会组织、自组织等。

四是创新国际化社区发展治理。对标上海古北社区、新加坡西海岸国际社区，创新提出"全地域覆盖、全领域提升、全行业推进、全人群共享"的国际化社区建设标准，制定新区全域国际化社区建设"1+3+5"政策体系，即1个建设规划、3个配套文件（实施意见、评价标准、支持政策）、5个行动计划（标识系统全覆盖、综合服务提质增效、民生事业跨越发展、商业业态提档升级、公共文化外向拓展）。各街道制定5年工作方案，编制国际化示范社区城市设计方案，主动向上争取形成项目建设清单。坚持世界眼光、国际标准、中国特色，以新区城乡、中外居民共享国际化、高品质生活为目标，聚焦社区构成全部要素，引领社区形态、业态、文态、生态和心态全面升级，打造高品质和谐宜居生活社区典范。在天府总部商务区、成都科学城、天府文创城等区域，围绕打造成都未来城市新中心、世界级中央商务区、公园式国际会展博览城和休闲旅游目的地的战略定位，重点聚焦国际化商务和旅游人士的社区生活需求，以国际化的服务理念和标准，大力实施基础设施和生态体系建设，构建完善的商务配套服务体系，加快形成遵循国际惯例的生活服务、商务服务、政务服务场景，打造便利化、开放式、配套成熟的商旅生态型国际化社区群落，着力探索商区与社区融合治理机制、园区与社区联动治理机制，形成中外文化交融共生的国际化社区文化样态。

三　天府新区公园社区发展治理的成效分析

近年来，四川天府新区坚持党建引领，全面推进公园社区建设，积极落实"五大行动"，推动国际化社区建设，通过大力实施老旧城区改造、背街小巷整治、服务能力提升、平安社区创建和特色街区打造"五大行动"，切实推动让城市有变化、社区有温度、市民有感受，努力提高市民对建设高品质和谐宜居生活社区的获得感、幸福感和满意度，涌现出安公社区、麓湖公园社区、兴隆湖社区、慕和南道小区、红豆家园小区等一批在全国具有示范意义的社区、居住小区，构建起党建引领公园社区发展治理共建共治共享新格局。

（一）大力实施老旧城区改造行动

2018 年以来，四川天府新区大力实施老旧城区改造行动，努力为"老城区"换上一件"新衣裳"，不断夯实和谐宜居生活城市底色，奋力建设让居者心怡、来者心悦的"中优典范区"。

1. 实施老旧院落改造

天府新区遵循"总体规划、综合治理、分类改造、一院一策"的原则，坚持"先自治后整治"和"三视三问"群众工作法，按照"政府主导、部门协同、社会参与、综合治理"的改造思路，紧扣成都市老旧院落改造指导标准，着力完善地下管网更新维护、居民水电气供给、绿色环境品质再造等功能改造元素，补齐民生短板，积极回应群众的美好生活需要。创立"三上三下"工作模式和"六个一"改造标准。截至 2020 年底，累计完成老旧院落改造 156 个，改造面积 118 万平方米，惠及住户 1.2 万户，累计投入资金 1.99 亿元，年均投入资金约 4000 万元，平均每个院落改造投资约 137 万元，院落宜居品质得到质的提升，居民安居幸福感越来越高。

2. 实施棚改旧改

以中优、城市更新为抓手，坚持少拆多改，突出识别性，编制《天府新区成都直管区"中优"五年行动计划》，实现 1 年有明显变化、3 年有大变化、5 年城市功能和城市形态上台阶。2018 年以来，天府新区坚持规划优先、综合改造，坚持优化运行机制、落实项目保障，做到信息"五公开"，鼓励搬迁户广泛参与，成立"城市市民观察团",搬迁过程接受市民监督,全力推进棚改旧改。截至 2020 年底,累计实施棚改旧改项目 12 个,涉及 2900 余户,涉及面积约 40 万平方米,累计投资约 42 亿元;其中,已基本完成兴隆天明城中村改造、煎茶紫光小镇城中村改造一期、煎茶紫光小镇城中村改造二期、华阳四河六社城中村改造、张家巷子一期棚改、半边街棚改、华阳商城棚改、通济桥棚改 8 个项目,涉及住户约 2091户,改造面积约 26 万平方米,投入资金约 20 亿元。

(二)背街小巷整治行动

实施背街小巷整治行动,旨在畅通街区街巷"微循环",以网格化、小尺度道路划分城市空间,增加市政街巷通道,通过城市慢行系统有机串联社区、公园、绿地、交通场站和公共服务设施,提升街巷路网功能,畅通织密城市"毛细血管"。

1. 开展环境整治

坚决整治脏乱差现象,破解市容、环境、消防三大"顽疾"。精准实施环卫作业,建立环卫环保冲洗除尘联动机制,新区道路清扫保洁面积约 2638 万平方米,较 2015 年增长 28%,城市建成区道路清扫保洁机械化作业率达 96%,较 2015 年提升 10%。精细实施市容秩序,持续加强广告招牌管理,广告招牌规范设置率达 90% 以上;创建"门前三包"市级示范街 180 条,"门前三包"责任制签约率 100%;推行数字城管监管,华阳、兴隆、正兴 3 个街道实现全覆盖,总监管范围 30平方公里;扎实开展市政设施病害治理,建立桥梁结构定期检测机制,城市主干道路亮灯率达 98% 以上。比如,2019 年,华阳商业步行街过去 17 年的陈旧顽疾得到彻底根治,街巷面貌焕然一新。

2. 实施功能提升

新增背街小巷环境品质提升 110 余条,打造示范街巷 4 条,获评成都市"最美街道"7 条;有序推进垃圾分类,居民生活垃圾分类覆盖率由 2015 年的 15% 提升至 50%;纵深推进"厕所革命",累计新建环卫公厕 18 座,改造环卫公厕 10 座;始终保持执法高压态势，累计查处广告与招牌、市政、餐垃、扬尘、占道经营等违法案件 2100 余件，立案调查住建领域违法行为 480 余件。

3. 开展"两拆一增"

2018 年以来，聚焦重点难点、强化问题导向、科学系统谋划，对影响城市形象和群众生活的重点区域、难点问题优先发力、整治到位，稳步推进"两拆一增"，累计完成整治点位 190 个，增绿 180 余万平方米，增加开敞空间 180 余万平方米。大力推进龙泉山森林公园、十里香樟、北部组团生态隔离等"森林化"工程建设，建成兴隆湖、天府公园、锦江生态带、鹿溪河生态区等大型城市公园。人均公园绿地面积达 11.65 平方米，已建成绿道超过 250 公里，龙泉山城市森林公园实施增绿增景 10 万亩，森林覆盖率达到 25.50%，较 2015 年（23.79%）提升 1.71 个百分点，森林蓄积量达 55.49 万立方米。2019 年，天府新区空气质量优良天数为 260 天，超过成都市"十三五"期间空气质量优良天数每年 256 天的目标。

4. 增加小游园、微绿地

按照成都市"花重锦官城"专项工作要求，天府新区编制实施《增花添彩详细规划》，完成鹿溪河生态区及兴隆湖彩化工程一期示范点位打造，建成"花重锦官"点位 2 个；结合天府绿道建设，以绣花的功夫推动街区形态、文态、业态不断提升，实施垂直绿化、沿河绿化、街头绿地行动，开展"屋顶建绿、围墙添绿、道路增绿、节点造绿、阳台布绿"以及"增花添彩"等工程，累计实施"增花添彩"氛围营造面积 19 万余平方米、新建绿地面积 6.04 平方公里、立体绿化 8 万余平方米，年均复合增长率 5.6%；新增小游园、微绿地 26 个，创建公园城市特色示范街区 8 个、省级园林式居住小区 1 个、省级园林式单位 1 个、市级园林式居住小区 23 个。

（三）社区服务提升行动

四川天府新区始终把保障和改善民生作为党建引领公园社区发展治理的出发点和落脚点，推进城乡均等就业服务和基本保障机制不断完善，教育、医疗、养老、育幼等公共服务支出效率持续提高，"15分钟公共服务圈"切实优化布局，新型基础设施投资力度加大，人民群众共享发展成果、更多获得感持续增强。

1. 完善社区综合体建设

建成将军碑、二江寺、香山、万科翡翠公园等8处社区综合体（含农贸市场、社区服务中心、公厕、社区文化活动中心、综合健身中心、环卫工人休息室等）。完成城乡社区党群服务中心布局优化提升73个。社区综合服务设施社区达标率达80%，形成了"城市有变化、市民有感受、社会有认同"的良好氛围。其中，华阳香山社区商业服务综合体与"益民菜市"联手，切实解决周边市民"买菜难"的问题，同时增加社区党建、教育、医疗、文化、体育等场所和载体，进一步方便居民的生活，提高居住舒适度，提升新区城市品质，打造新区别样精彩的生活。

2. 打造社区美学空间

结合街道U形面、滨水空间、生态绿道等建设，打造自然亲切、全龄友好的公共空间。一是提升社区邻里空间。通过多方参与，整合社区空间资源，形成集党建服务、便民服务、志愿服务、公共服务为一体的邻里红色空间，打造麓湖公园邻里中心、祥龙社区创客工作坊等26个生活美学大空间。二是打造公园邻里驿站。开拓城市微绿地、微景观、小游园公共空间400余处，在人流密集、人员集中地设置公园邻里驿站160余个，为社区居民提供休闲、娱乐、社交场所。三是设立小区邻里聚坊。坚持居民需求导向，利用小区架空层、闲置房屋等，建成戛纳滨江幸福里、幸福长廊以及麓湖澜语溪岸等小区邻里聚坊40余处。2019年，安公社区"空中花园"营造获得全市微更新项目一等奖。

3. 实施幸福民生工程

建设15分钟社区生活服务圈。坚持以人民为中心的发展理念，系统谋划补齐城市功能和公共要素短板，完善构建普惠公平的共享格局，现已建成一批市级重大公服项目，包括中国西部国际博览城、天府国际会议中心、中国现代五项赛事中心等，社区体育设施步行15 分钟覆盖率 84.7%；建成 118 个"15 分钟生活圈"，有序推动教育、医疗、文化等基本公共服务满覆盖，新开办中小学、幼儿园和特殊教育学校 58 所，增加学位 5.5 万余个，每万人拥有的幼儿园班数 8.5 个，社区中小学步行 15 分钟覆盖率 78.9%；区域内医疗卫生机构数共计 428 家，形成以省人民医院为龙头、新区人民医院为枢纽、14 家基层医疗卫生机构为成员单位、108 家村卫生室为网底的"四位一体"医联体构架，全区每千人口实际开放床位数 3.91 张，每千人口医师 2.64 人，每千人口护士 2.92 人，社区卫生医疗设施步行 15 分钟覆盖率 53.7%，每千名老年人拥有养老床位数 19.7 张等均接近成都市五城区水平。

4. 拓展社区服务功能

成立天府新区国际化社区联合会，链接全球 16 个国家、境内外150 余家商会资源。完成 12 所敬老院扩容提质工程，创建卫生院托管敬老院"4143"模式，搭建智慧养老服务信息平台，建成社区养老院 3 个，提供医养结合服务机构 11 家；建成城乡日间照料中心 84个和老年人助餐服务点 13 个，建成 5 个社区嵌入式养老示范项目。网络理政等平台全覆盖到村（社区）一级，便民、民生服务等系统90% 以上延伸到村（社区）一级。麓湖公园社区智慧社区平台已经试运行，安公社区实施老旧小区智慧监控改造新建，建成 2 个智慧居家养老服务阵地，完成 8 个小区单元门智能门禁建设，社区商城平台具备上线运行条件。参与决策社区重大公共事务的议事员达3381 名，推动社会组织参与社区治理实施服务项目累计 2320 余个。

5. 规范小区物业服务

推动"社区 + 小区 + 业主 + 物业 + 其他组织"多方联动联治管理，探索居委会设立"社区—业主—物业"联治管理委会员，指导成立物业服务行业协会、电梯维保行业协会等组织，健全完善农民集中居住区有效自治、规范管理的模式和机制。高饭店社区红豆家园小区物业采取结对共建方式链接到 5 家单位，其中 1 家承诺每年捐赠发展基金不低于 5 万元，2 家企业自愿出资 33 万元认养小区绿地。

（四）平安社区创建行动

综合性示范社区建设不断覆盖，机构改革后已有 7 个街道建成安全社区，25 个综合减灾社区（村）、82 个应急示范社区通过验收，获得省级命名表扬的"六无"平安示范村（社区）7 个，广大群众安全意识和防范能力明显增强。

1. 推动"雪亮工程"建设

加快信息化建设，建成纵向贯通、横向集成、优势互补、资源共享的政法信息网络、语音、视频系统，完成 10 套雪亮工程系统安装调试，1036 个摄像头接入该系统。2019 年配齐 9 个街道政法委员，由街道分管副书记兼任。

2. 完善综治中心建设

完成 13 个规范化司法所及公共法律服务工作站建设及 13 个一类村（社区）"法律之家"建设；整合优化"两所一庭"23 个，其中司法所 9 个、派出所 10 个、法庭 4 个；9 个街道建立健全了社会治安综合治理中心和综治巡逻队，119 个村（社区）建立健全了综治中心、调解室和网格化服务管理工作站；进一步健全和完善了以街道党工委、办事处为核心，村（社区）为支撑，调解室和警务室为骨干，治安巡逻队为基础的村（社区）级平安建设工作体系。

（五）特色街区创建行动

按照"一街一特色"原则，在重点区域和节点，重点打造特色街区，实现特色化、专业化、差异化发展，优化城市生态，增强城市整体功能。

1. 打造特色精品街区

坚持"创新、协调、绿色、开放、共享"五大发展理念，结合生产、生活与生态功能空间和谐共生的社区场景营造，以社区的舒适度、安全度、可识别度、人文温度"四度"为标准，完成二江坊、麓坊、天顺街、戛纳湾、滨江和城、菁蓉广场 200 余个特色街区规划，推进特色街区规划方案编制和打造，努力展示新区特色风貌，形成以鹿溪智谷为代表的国际化社区场景群落雏形。首创天府"邻域空间模式"。结合产业功能布局与居住空间结构，以 3 公里为基本服务半径，构建场景群社区群落、创意阶层和品质居住单元 3 大场域单元。同时，依托高科技产业人群、本地居民、创意阶层的生活半径布局与消费需求，形成文商旅体一体化的主题化创意邻域空间。首创天府"产业互联模式"。以助力鹿溪智谷打破地区分割、高质量一体化融入国内大循环为主要目标，通过完善产业社区服务配套、创新社区服务模式，将社区场景转化成为高端人才吸附力、智能产业服务力，将鹿溪智谷打造成为天府新区科技型产业社区和高质量发展引领区。营造"开放悦活"的街区场景。对接服务人群消费需求，以"一街一策""一街一社群"的开放式街区建设理念，结合社群化"首店"业态导入、生活化露天零售空间植入、主题化休闲空间创意、街头绿地微活动空间构建，形成人文、烟火、智芯、菁英、时尚、研创 6 大主题街区场景群落，塑造层次化、社群化的生长型开放式街区场景设施体系。营造"交往成长"的空间场景。聚焦战略新兴产业服务、大众科普服务及社区生活服务，注重公共服务设施建筑设计国际性、业态功能集聚性与共享性、空间时空开放性、配套设施超前性，建成麓客岛、湖畔书店、"蜻居"酒店、景宴半岛等创意主题化公共驿站、青年社交中心、未来生活科技馆、文化菜市、共享书吧等国际一流的新型公共服务设施，形成天府新区国际水准的公共服务体系。

2. 打造特色小镇

天府国际基金小镇位于麓山社区腹地，挂牌成立于 2015 年，是国内首家正式投入运营的自贸区基金小镇。现已入驻国内外知名金融机构 222 家，管理资金规模超过 2000 亿元。基金小镇自 2015 年成立以来，按照"党建引领、统战搭台、群团唱戏、服务中心"的要求，立足"财富管理、双创孵化、创投融资、人才聚集"核心功能，紧扣新区万亿级发展战略，坚持"一核引领，三圈融合，四维拓展"的党建工作思路，打造服务平台，汇聚各方力量，构筑一流金融生态圈，有力推动西部金融中心建设。一是坚持一核引领，通过健全组织体系、开展党建联建，充分发挥示范引领作用，推动整个商圈治理。小镇党总支先后组建 2 个联合支部、8 个单建支部，组建工会、志愿者服务队、投资人俱乐部、慈善基金等群团、社会组织。先后召开联席会议 30 余次，协调解决企业重大问题 80 余个。通过设置党建红色地图、党员示范岗，开展党员亮身份、亮承诺、公开联系等方式，不断扩大党员示范影响。二是围绕三圈融合，突出基金共治、商圈治理、社区自治重点，促进各类主体交流沟通，营造金融生态圈。侧重通过搭建监督管理体系及互动参与平台，突出行业重点，致力强化基金共治。三是通过四维拓展，全力打造社区共同体。设立政务服务分中心、社区警务室等，打通政务服务。立足向下拓展，先后组织"麓山夜话"12 期，吸引 2000 余人参与。立足向内拓展，积极与中国私募基金等行业组织展开深度合作；立足向外拓展，成功承办天府国际金融论坛、首届 APEC 智慧产业创新发展论坛等 100 余场次高端论坛和沙龙。

3. 打造林盘聚落

《天府新区成都直管区川西林盘保护修复总体规划》按照强化"可游、可观、可居、可业"的保护利用理念，突出对林盘景观以传统林盘综合整治和依托林盘建设美丽新村两种方式开展林盘保护利用，打造天府森林公园、和盛东方田园、老龙梨花村、五月荷花等16 个具有天府人文特色的川西林盘。

四 天府新区公园社区发展治理的经验启示

未来公园城市，美好生活社区。在习近平新时代中国特色社会主义思想的指引下，四川天府新区作为公园城市的首提地，始终站稳人民立场，坚定践行新发展理念，准确把握新发展阶段，深刻诠释公园社区科学内涵，系统回答了"建设什么样的公园社区，怎样建设公园社区"的时代命题，提出了建设生态环境秀美、空间形态优美社区、生活服务完美、人文关怀善美、社会关系和美、心灵感知甜美"六美"公园社区，努力建设幸福美好生活家园，着力打造全面展示中国特色社会主义制度优越性的未来城市、未来社区、未来生活样板。

1. 公园社区发展治理体现了人对永续发展的本质要求

公园社区以生态环境作为健康生活之本、以生态经济推动可持续发展、以生态教育传承生态文明思想，是全面提升城市宜居度和市民认可度的社会生活共同体。作为"公园城市"的首提地，四川天府新区以"美丽宜居公园城市"标定城市战略发展方向，以建设践行全面体现新发展理念的公园城市先行区为统揽，探索新时代城市可持续发展新路径，展望未来城市发展新愿景。公园社区是公园城市的组成细胞，是体现城市绿色可持续发展的基本载体。推进公园社区发展治理，旨在坚持"人与自然和谐共生"科学发展观、"绿水青山就是金山银山"绿色发展观、"良好生态环境是最普惠的民生福祉"基本民生观、"山水林田湖草生命共同体"整体系统观，统筹好生产、生活、生态三大布局，着力探索公园城市基本空间单元营建模式，推动实现生产空间集约高效、生活空间宜居适度、生态空间绿意盎然，建设高品质和谐宜居生活社区。

2. 公园社区体现了社会秩序与活力的有机统一

注重"秩序"，建立以公园社区党组织为核心、全域联建的立体多维党建网络。建构公园社区党组织领导下的社区治理委员会，通过行政赋能实现"社区发现、街道呼叫、部门报到"的"街道吹哨·部门响应"综合治理服务机制。聚焦"活力"，大力培育居民骨干、社区自组织，完善社区协商议事机制；成立社区治理委员会和公共事务议事会，组建社区、小区两级议事平台，实现社区事务自理；畅健全居民、市民利益诉求表达机制，通居民和多元社会力量参与的社区治理渠道，构建起"秩序"与"活力"有机统一的共治格局。

3. 公园社区体现了发展成果开放共享的价值取向

着力构建园区、居区、景区"三区融合"，生产、生活、生态"三态合一"的可进入、可参与、可游玩、可共享的公园社区形态，以"泛社区"模式，突破行政区划，建设无围墙、无边界、无隔离的开放共享社区。如在麓湖公园社区，着力塑造"推窗见景、出门入画"的大美公园社区空间形态，建成全龄段文化教育体系、精细化健康服务体系、便捷畅达交通网络体系、多绿共融生态环境体系、舒适精致社交消费体系，实现"麓主""麓客"居民社团活跃在社区、共享在社区。又如麓山国际化社区，针对天府国际基金小镇金融人才，突出"财富管理、双创孵化、创投融资、人才聚集"核心功能，设立金融人才之家、外籍人士之家，开办"麓山夜话"、私募下午茶，在地为金融人才提供落户、出入境办理、居住证办理等服务，打造开放共享的国际消费要素和生活场景。

4. 公园社区体现了治理共同体共建共治的基本方略

在公园社区发展治理中，推动开发商向社区运营商转变、居民从被动服务向主动参与转变、政府从行政管理向公共服务转变，培育和激发社会力量共建共治，引导社区各主体共担公园社区治理职责，推动社区、街区、小区治理共同体建设，构建合作共治格局。打造国际化产业示范社区，聚焦建设国际化总部经济、文化会展、消费旅游产业生态圈，扩大与中俄中小企业交流会等国际机构合作，凸显社区国际交往主体地位，打造合作共治示范社区。大力推行"五线"共治，通过凝聚"党员线"、健全"自治线"、发动"志愿线"、壮大"社团线"、延伸"服务线"，建立社区"一核引领，多元治理"机制，以建设服务型党组织为抓手，带动社区自治组织、社会组织建设，实现政府治理和社会调节、居民自治良性互动，将社区营造成人人有责、人人尽责、人人享有的社会治理共同体。

（作者：四川省社会科学院马克思主义学院助理研究员郑钧蔚）

参考文献

一 中文文献

（一）著作类

《邓小平文选》第 3 卷，人民出版社 1993 年版。

习近平：《决胜全面建成小康社会 夺取新时代中国特色社会主义伟大胜利——在中国共产党第十九次全国代表大会上的报告》，人民出版社 2017 年版。

《习近平关于社会主义生态文明建设论述摘编》，中央文献出版社 2017 年版。

《十八大以来重要文献选编》（上），中央文献出版社 2014 年版。

《十八大以来重要文献选编》（中），中央文献出版社 2016 年版。

陈柏峰：《乡村江湖——两湖平原的"混混"研究》，中国政法大学出版社 2010 年版。

成都市公园城市建设领导小组编著：《公园城市：成都实践》，中国发展出版社 2020 年版。

彭森主编：《十八大以来经济体制改革进展报告》，国家行政学院出版社 2018 年版。

费孝通：《乡土中国》，人民出版社 2015 年版。

费孝通：《乡土中国　生育制度　乡土重建》，商务印书馆 2011
　　年版。

国家发展和改革委员会编：《国家级新区发展报告 2020》，中国计划
　　出版社 2020 年版。

林语堂：《中国人》，浙江人民出版社 1988 年版。

钱穆：《中国历代政治得失》，九州出版社 2011 年版。

清华大学社会学系主编：《清华社会学评论：特辑》，鹭江出版社
　　2000 年版。

阮元校刻：《十三经注疏》，中华书局 1980 年版。

王慧斌：《内生改革：社会需求视角下政府重塑研究》，中国社会科
　　学出版社 2016 年版。

王国平：《城市论》（上册），人民出版社 2009 年版。

吴金群、廖超超等：《尺度重组与地域重构：中国城市行政区划调整
　　40 年》，上海交通大学出版社 2018 年版。

夏建中：《中国城市社区治理结构研究》，中国人民大学出版社 2011
　　年版。

肖复兴：《梦幻中的蓝色》，文汇出版社 2001 年版。

俞可平等：《中国的治理变迁（1978—2018）》，社会科学文献出版
　　社 2018 年版。

赵树凯：《农民的政治》，商务印书馆 2011 年版。

周雪光：《组织社会学十讲》，社会科学文献出版社 2003 年版。

［德］斐迪南·滕尼斯：《共同体与社会——纯粹社会学的基本概
　　念》，林荣远译，商务印书馆 1999 年版。

［德］哈贝马斯：《公共领域的结构转型》，曹卫东等译，学林出版
　　社 1999 年版。

［德］马克斯·韦伯：《经济与社会》（下卷），林荣远译，商务印书
　　馆 1997 年版。

［加］贝淡宁、［以］艾维纳：《城市的精神》，吴万伟译，重庆出版
　　社 2012 年版。

［美］丹尼尔·A. 科尔曼：《生态政治：建设一个绿色社会》，梅俊杰译，译文出版社 2006 年版。

［美］科恩：《论民主》，聂崇信、朱秀贤译，商务印书馆 2004 年版。

［美］罗伯特·D. 帕特南：《使民主运转起来：现代意大利的公民传统》，王列、赖海榕译，中国人民大学出版社 2015 年版。

［美］罗伯特·D. 帕特南：《独自打保龄：美国社区的衰落与复兴》，刘波等译，中国政法大学出版社 2018 年版。

［美］约翰·奈斯比特、［奥］多丽丝·奈斯比特：《成都调查》，魏平、毕香玲译，吉林出版集团、中华工商联合出版社 2011 年版。

（二）期刊类

习近平：《在纪念邓小平同志诞辰 110 周年座谈会上的讲话》，《党的文献》2014 年第 5 期。

习近平：《在党的十八届五中全会第二次全体会议上的讲话（节选）》，《求是》2016 年第 1 期。

薄文广、殷广卫：《国家级新区发展困境分析与可持续发展思考》，《南京社会科学》2017 年第 11 期。

蔡昉：《人口转变、人口红利与刘易斯转折点》，《经济研究》2010 年第 4 期。

晁恒、满燕云等：《国家级新区设立对城市经济增长的影响分析》，《经济地理》2018 年第 6 期。

陈国权、陈永杰：《第三区域的集权治理及其廉政风险研究》，《经济社会体制比较》2017 年第 1 期。

陈家刚：《基层治理：转型发展的逻辑与路径》，《学习与探索》2015 年第 2 期。

陈亮、谢琦：《城市社区共治过程中的区域化党建困境与优化路径》，《中州学刊》2019 年第 6 期。

陈明：《乡村振兴中的城乡空间重组与治理重构》，《南京农业大学学报》（社会科学版）2021 年第 4 期。

陈明明：《比较现代化·市民社会·新制度主义》，《战略与管理》2001 年第 4 期。

陈荣卓、肖丹丹：《从网格化管理到网络化治理——城市社区网格化管理的实践、发展与走向》，《社会主义研究》2015 年第 4 期。

陈伟东：《社区行动者逻辑：破解社区治理难题》，《政治学研究》2018 年第 1 期。

陈伟东、吴岚波：《困境与治理：社区志愿服务持续化运作机制研究》，《河南大学学报》（社会科学版）2018 年第 5 期。

陈杨、陈欢、唐建：《多元文化下的"洋风建筑"——以大连东方圣克拉楼盘为例》，《城市建筑》2020 年第 24 期。

陈月明：《宣传 5W 模式：党的宣传鼓动工作"一般办法"——兼与传播 5W 模式比较》，《新闻界》2012 年第 2 期。

杜姣：《村治主体的缺位与再造——以湖北省秭归县村落理事会为例》，《中国农村观察》2017 年第 5 期。

范斌、赵欣：《结构、组织与话语：社区动员的三维整合》，《学术界》2012 年第 8 期。

费爱华：《新形势下的社会动员模式研究》，《南京社会科学》2009 年第 8 期。

费孝通：《从反思到文化自觉和交流》，《读书》1998 年第 11 期。

冯大彪：《美好生活需要的理论意蕴、当代价值与实现路径》，《中共天津市委党校学报》2018 年第 6 期。

冯仁：《村民自治走进了死胡同》，《理论与改革》2011 年第 1 期。

冯志峰：《供给侧结构性改革的理论逻辑与实现路径》，《经济问题》2016 年第 2 期。

甘泉、骆郁廷：《社会动员的本质探析》，《学术探索》2011 年第 6 期。

高同星：《关于发挥城市社区"隐身"党员作用的思考》，《政治学研究》2012 年第 1 期。

高雪梅、吴梓溢：《成都：公园大城，雪山同框》，《瞭望东方周刊》2020 年第 20/21 期。

辜胜阻、王敏：《智慧城市建设的理论思考与战略选择》，《中国人口·资源与环境》2012 年第 5 期。

桂勇、黄荣贵：《城市社区：共同体还是"互不相关的邻里"》，《华中师范大学学报》（人文社会科学版）2006 年第 6 期。

郭彩琴、张瑾：《"党建引领"型城市社区志愿服务创新探索：理念、逻辑与路径》，《苏州大学学报》（哲学社会科学版）2019 年第 3 期。

韩兴雨、孙其昂：《现代化语境中城市社区治理转型之路》，《江苏社会科学》2012 年第 1 期。

郝寿义、曹清峰：《论国家级新区》，《贵州社会科学》2016 年第 2 期。

何雪松、侯秋宇：《城市社区的居民参与：一个本土的阶梯模型》，《华东师范大学学报》（哲学社会科学版）2019 年第 5 期。

何艳玲：《理顺关系与国家治理结构的塑造》，《中国社会科学》2018 年第 2 期。

黄荣贵、桂勇：《集体性社会资本对社区参与的影响——基于多层次数据的分析》，《社会》2011 年第 6 期。

霍春龙：《论政府治理机制的构成要素、涵义与体系》，《探索》2013 年第 1 期。

焦长权：《国家与农民关系悖论的生成与转变》，《文化纵横》2016 年第 5 期。

焦长权、周飞舟：《"资本下乡"与村庄的再造》，《中国社会科学》2016 年第 1 期。

金元浦：《公园城市：我国城市发展战略的新高度》，《江西社会科学》2020 年第 12 期。

康涛：《取消招商引资后街道办事处服务经济职能研究》，《领导科学论坛》2016 年第 23 期。

孔繁斌、吴非：《大城市的政府层级关系：基于任务型组织的街道办
　　事处改革分析》，《上海行政学院学报》2013 年第 6 期。

李白洁：《美国房地产的几大居住形态》，《安家》2006 年第 9 期。

李德成、郭常顺：《近十年社会动员问题研究综述》，《华东理工大
　　学学报》（社会科学版）2011 年第 6 期。

李海金：《城市社区治理中的公共参与——以武汉市 W 社区论坛为
　　例》，《中州学刊》2009 年第 4 期。

李浩：《新时代社区复合型治理的基本形态、运转机制与理想目标》，
　　《求实》2019 年第 1 期。

李梅：《新时期乡村治理困境与村级治理"行政化"》，《学术界》
　　2021 年第 2 期。

李强：《中国城市社会社区治理的四种模式》，《中国民政》2017 年
　　第 1 期。

李瑞良、李燕：《城市改革背景下街道办事处职能重构研究》，《中
　　国管理信息化》2020 年第 6 期。

李维安：《绿色治理：超越国别的治理观》，《南开管理评论》2016
　　年第 12 期。

梁本凡：《建设美丽公园城市推进天府生态文明》，《先锋》2018 年
　　第 4 期。

廖小东、史军：《绿色治理：一种新的分析框架》，《管理世界》
　　2017 年第 6 期。

凌辉、朱阿敏、张建人：《社区感对城市居民生活满意度的影响》，
　　《社区心理学研究》2016 年第 1 期。

刘炳香：《党员干部要发挥好"领头雁"作用》，《人民论坛》2018
　　年第 1 期。

刘博、李梦莹：《社区动员与"后单位"社区公共性的重构》，《行
　　政论坛》2019 年第 2 期。

刘成良：《行政动员与社会动员：基层社会治理的双层动员结构——

基于南京市社区治理创新的实证研究》，《南京农业大学学报》
（社会科学版）2016 年第 3 期。

刘海龙：《环境正义：生态文明建设评价的重要维度》，《中国特色
社会主义研究》2016 年第 5 期。

刘继华、荀春兵：《国家级新区：实践与目标的偏差及政策反思》，
《城市发展研究》2017 年第 1 期。

刘景琦：《动员式参与：老旧小区互助式养老模式的运作机制》，
《兰州学刊》2020 年第 3 期。

刘九勇：《中国协商政治的"民主性"辨析——一种协商民主理论
建构的尝试》，《政治学研究》2020 年第 5 期。

刘威：《街区邻里政治的动员路径与二重维度——以社区居委会为中
心的分析》，《浙江社会科学》2010 年第 4 期。

罗荣渠：《现代化理论与历史研究》，《历史研究》1986 年第 8 期。

毛路：《韧性视角下城市社区规划与建设研究》，《美与时代》（城市
版）2021 年第 5 期。

欧阳静：《基层政权组织的理想之路与现实之困》，《中国法律评论》
2015 年第 1 期。

庞明礼、徐干：《开发区扩张、行政托管与治权调适——以 H 市经
济技术开发区为例》，《郑州大学学报》（哲学社会科学版）2015
年第 2 期。

彭小辉、史清华：《中国村庄消失之谜：一个研究概述》，《新疆农
垦经济》2014 年第 12 期。

渠敬东、周飞舟、应星：《从总体支配到技术治理——基于中国 30
年改革经验的社会学分析》，《中国社会科学》2009 年第 6 期。

阙政：《从一块地，到一座城 上海陆家嘴金融城华丽转身记》，
《新民周刊》2016 年第 39 期。

容志、刘伟：《街道体制改革与基层治理创新：历史逻辑和改革方略
的思考》，《南京社会科学》2019 年第 12 期。

史云贵、刘晴：《公园城市：内涵、逻辑与绿色治理路径》，《中国

人民大学学报》2019 年第 5 期。

孙立平、王汉生、王思斌、林彬、杨善华：《改革以来中国社会结构的变迁》，《中国社会科学》1994 年第 2 期。

田毅鹏：《"未来社区"建设的几个理论问题》，《社会科学研究》2020 年第 2 期。

王春光：《乡村振兴背景下农村"民主"与"有效"治理的匹配问题》，《社会学评论》2020 年第 6 期。

王德福、张雪霖：《社区动员中的精英替代及其弊端分析》，《城市问题》2017 年第 1 期。

王冠：《动员式参与与主体间性：居委会的社区参与策略考察》，《北京科技大学学报》（社会科学版）2011 年第 4 期。

王佳宁、罗重谱：《国家级新区管理体制与功能区实态及其战略取向》，《改革》2012 年第 3 期。

王军、张百舸、唐柳、梁浩：《公园城市建设发展沿革与当代需求及实现途径》，《城市发展研究》2020 年第 6 期。

王铭铭：《小地方与大社会——中国社会的社区观察》，《社会学研究》1997 年第 1 期。

王前钱、宋明爽：《"镇改街道"之职能定位与机构设置探析》，《山东农业大学学报》2017 年第 3 期。

王硕：《乡镇和街道行政管理体制改革研究》，《行政科学论坛》2021 年第 2 期。

王向阳：《新时代基层治理的实践转型——北京郊区 H 村的治理实践》，《重庆社会科学》2019 年第 1 期。

王亚华：《提升农村集体行动能力加快农业科技进步》，《中国科学院院刊》2017 年第 10 期。

王亚华、臧良震：《小农户的集体行动逻辑》，《农业经济问题》2020 年第 1 期。

王泽应：《命运共同体的伦理精义和价值特质论》，《北京大学学报》（哲学社会科学版）2016 年第 9 期。

吴宝红：《城中村发展中的社区动员与青年参与》，《当代青年研究》
　　2019 年第 2 期。

吴金群：《网络抑或统合：开发区管委会体制下的府际关系研究》，
　　《政治学研究》2019 年第 5 期。

吴晓林：《模糊行政：国家级新区管理体制的一种解释》，《公共管
　　理学报》2017 年第 4 期。

吴岩、王忠杰：《公园城市理念内涵及天府新区规划建设建议》，
　　《先锋》2018 年第 4 期。

夏建中：《从社区服务到社区建设、再到社区治理——我国社区发展
　　的三个阶段》，《甘肃社会科学》2019 年第 6 期。

夏志强、付亚南：《公共服务多元主体合作供给模式的缺陷与治理》，
　　《上海行政学院学报》2013 年第 7 期。

向德平：《社区组织行政化：表现、原因及对策分析》，《学海》
　　2006 年第 3 期。

向铭铭、顾林生、韩自：《韧性社区建设发展研究综述》，《城市广
　　角》2016 年第 7 期。

项继权、鲁帅：《中国乡村社会的个体化与治理转型》，《青海社会
　　科学》2019 年第 5 期。

肖唐镖：《近十年我国乡村治理的观察与反思》，《华中师范大学学
　　报》（人文社会科学版）2014 年第 6 期。

辛自强、凌喜欢：《城市居民的社区认同：概念、测量及相关因素》，
　　《心理研究》2015 年第 5 期。

徐勇：《论城市社区建设中的社区居民自治》，《华中师范大学学报》
　　（人文社会科学版）2001 年第 3 期。

许耀桐：《从五个角度理解“国家治理”》，《国家治理》2014 年第
　　9 期。

晏国政、潘林青、李钧德、刘元旭：《社区“芝麻官”酸甜苦辣》，
　　《瞭望》2012 年第 2 期。

杨丽华、刘宏福：《绿色治理：建设美丽中国的必由之路》，《中国

行政管理》2014 年第 11 期。

杨敏：《公民参与、群众参与与社区参与》，《社会》2005 年第 5 期。

杨雪锋：《公园城市的科学内涵》，《中国城市报》2018 年第 3 期。

叶春风、代新洋、梁玉翰：《推进乡镇和街道行政管理体制改革构建
　　简约高效的基层治理体系》，《行政科学论坛》2019 年第 9 期。

苑琳、崔煊岳：《政府绿色治理创新：内涵、形势与战略选择》，
　　《中国行政管理》2016 年第 11 期。

翟磊：《开发区管委会职能与组织的动态平衡研究——以天津经济技
　　术开发区为例》，《南开学报》（哲学社会科学版）2015 年第 6 期。

曾润喜、朱利平、夏梓怡：《社区支持感对城市社区感知融入的影
　　响——基于户籍身份的调节效应检验》，《中国行政管理》2016 年
　　第 12 期。

张大维、陈伟东：《城市社区居民参与的目标模式、现状问题及路径
　　选择》，《中州学刊》2008 年第 2 期。

张静：《社会变革与政治社会学》，《浙江社会科学》2018 年第 9 期。

张延吉、秦波、唐杰：《城市建成环境对居住安全感的影响——基于
　　全国 278 个城市社区的实证分析》，《地理科学》2017 年第 9 期。

张再生、于鹏洲：《城市建设满意度对主观幸福感影响的实证研究》，
　　《社会科学家》2015 年第 2 期。

赵建军、赵若玺、李晓凤：《公园城市的理念解读与实践创新》，
　　《中国人民大学学报》2019 年第 5 期。

赵寿星：《论"社区"的多样性与中国的"社区建设"》，《国外理论
　　动态》2014 年第 9 期。

赵欣：《从指令到赋权：单位社区社会动员的演变逻辑》，《晋阳学
　　刊》2015 年第 5 期。

赵欣：《授权式动员：社区自组织的公共性彰显与国家权力的隐形在
　　场》，《华东理工大学学报》（社会科学版）2012 年第 6 期。

赵欣：《社区动员何以可能——结构—行动视角下社区动员理论谱系
　　和影响因素研究》，《华东理工大学学报》（社会科学版）2019 年

第 2 期。

赵秀玲：《"微自治"与中国基层治理》，《政治学研究》2014 年第 5
　期。

赵延东：《社会资本理论的新进展》，《国外社会科学》2003 年第
　3 期。

郑建君：《中国公民美好生活感知的测量与现状——兼论获得感、安
　全感与幸福感的关系》，《政治学研究》2020 年第 6 期。

郑建君、马璇：《村社认同如何影响政治信任？——公民参与和个人
　传统性的作用》，《公共行政评论》2021 年第 2 期。

郑路、张栋：《城市美好社区指标体系研究》，《社会政策研究》
　2020 年第 3 期。

周佳娴：《城市居民社区感研究——基于上海市的实证调查》，《甘
　肃行政学院学报》2011 年第 4 期。

周庆智：《论中国社区治理——从威权式治理到参与式治理的转型》，
　《学习与探索》2016 年第 6 期。

周雪光：《一叶知秋：从一个乡镇的村庄选举看中国社会的制度变
　迁》，《社会》2009 年第 3 期。

周亚越、吴凌芳：《诉求激发公共性：居民参与社区治理的内在逻
　辑——基于 H 市老旧小区电梯加装案例的调查》，《浙江社会科
　学》2019 年第 9 期。

周颖：《共建共治共享视角下新型社会动员体系的构建——以佛山市
　南海区为例》，《探求》2019 年第 2 期。

周永康：《社会控制与社会自主的博弈与互动：论社区参与》，《西
　南大学学报（社会科学版）》2007 年第 4 期。

朱政、徐铜柱：《村级治理的"行政化"与村级治理体系的重建》，
　《社会主义研究》2018 年第 1 期。

[英] 托马斯·法罗尔：《开发区和工业化：历史、近期发展和未来
　挑战》，《国际城市规划》2018 年第 2 期。

（三）报纸类

习近平：《把抓落实作为推进改革工作的重点，真抓实干踏疾步稳务求实效》，《人民日报》2014 年 3 月 1 日。

习近平：《在党的群众路线教育实践活动总结大会上的讲话》（2014 年 10 月 8 日），《人民日报》2014 年 10 月 9 日。

习近平：《在参加首都义务植树活动时的讲话》，《人民日报》2015 年 4 月 4 日。

《习近平在参加上海代表团审议时强调　推进中国上海自由贸易试验区建设　加强和创新特大城市社会治理》，《人民日报》2014 年 3 月 6 日。

曹国英：《如何治理村官腐败》，《学习时报》2013 年 11 月 4 日。

韩利：《全国首创成都设立市委城治委》，《成都商报》2017 年 9 月 4 日。

《加大对乡镇放权赋能力度打造基层社会治理现代化的桥头堡》，《承德日报》2020 年 1 月 17 日。

李中文、方敏：《城市更"智慧"群众得实惠》，《人民日报》2020 年 9 月 24 日。

骆颖叶：《迭代升级　再造嘉善　争创社会主义现代化先行示范区——访市委书常委、嘉善县委书记洪湖鹏》，《嘉兴日报》2021 年 1 月 29 日。

彭训文：《迎大考，中国社区动起来》，《人民日报》（海外版）2020 年 2 月 17 日。

《人口数据中的机遇与挑战》，《经济参考报》2021 年 5 月 17 日。

商意盈等：《富人治村，一个值得关注的新现象》，《新华每日电讯》2009 年 9 月 12 日。

《双流 13 镇（街道）将由天府新区成都管委会管理》，《四川日报》2013 年 11 月 30 日。

《四川成都天府新区举行全域化国际社区建设新闻发布会》，《成都日报》2019 年 3 月 29 日。

王佃利：《基于风险治理能力提升的韧性社区建设》，《济南日报》
　　2020 年 3 月 13 日。

杨永加：《习近平强调的思维方法》，《学习时报》2014 年 9 月 1 日。

《在中央财经领导小组第十二次会议上的讲话》，《人民日报》2016
　　年 1 月 27 日。

张君：《新时代现代化建设的突出特征》，《中国社会科学报》2018
　　年 3 月 13 日。

《中共中央关于坚持和完善中国特色社会主义制度　推进国家治理体
　　系和治理能力现代化若干重大问题的决定》，《人民日报》2019 年
　　11 月 6 日。

周洪双、李晓东、朱小路：《城乡有变化、群众有感受、社会有认
　　同——四川成都以党建引领社区发展治理新实践》，《光明日报》
　　2021 年 4 月 1 日。

（四）其他

四川天府新区党工委管委会编：《天府新区公园城市建设规划白皮
　　书》，2021 年 2 月。

四川天府新区党工委管委会编：《四川天府新区公园社区发展与治理
　　白皮书（2018—2020）》，2021 年 4 月。

《中共四川天府新区工作委员会政法委员会关于四川天府新区社会矛
　　盾纠纷化解协调中心 1—8 月运行情况的报告》。

中国社会科学院政治学研究所"政治发展与民主"调研组编：《湖
　　南省花垣县调研资料汇编》，2017 年 8 月。

中国社会科学院政治学研究所南江调研组编：《四川省南江县调研资
　　料汇编》，2018 年 6 月。

中国社会科学院政治学研究所"新时代中国特色社会主义的理论与
　　实践"创新组编：《四川天府新区调研资料汇编》，2020 年 10 月。

中国社会科学院政治学研究所"国家治理体系和治理能力现代化"

创新组编：《四川天府新区调研资料汇编》（上册·综合材料），2021 年 4 月。

中国社会科学院政治学研究所"国家治理体系与治理能力现代化"创新组编：《四川天府新区调研资料汇编》（中册·专项规划），2021 年 4 月。

中国社会科学院政治学研究所"国家治理体系与治理能力现代化"创新组编：《四川天府新区调研资料汇编》（下册·成都市文件汇编），2021 年 4 月。

二　英文文献

BruceJ. Dickson, *Red Capitalists in China*：*The Party*, *Private Entrepreneurs and Prospects for Political Change*, Cambridge University Press, 2003.

Cicognani, E. , Klimstra, T. and Goossens, L. , "Sense of Community, Identity Statuses, and Loneliness in Adolescence：A Cross-National Study on Italian and Belgian Youth", *Journal of Community Psychology*, Vol. 42, No. 4, 2014.

Huang, S. M. , Chan, A. , Madsen, R. , et al. , "Chen Village Under Mao and Deng", *Journal of Asian Studies*, 1992, Vol. 52, No. 2. .

Karl W. Deutsch, "Social Mobilization and Political Development", *American Political Science Review*, Vol. 55, 1961.

Pedersen, O. , "Green Governance：Ecological Survival, Human Rights, and the Law of the Commons by Burns H. Weston and David Bollier", *Journal of Law & Society*, Vol. 40, No. 3, 2013.

Weston, B. H. , Bollier, D. , "Green Governance：Ecological Survival, Human Rights, and the Law of the Commons", *American Journal of International Law*, Vol. 108, No. 1, 2014.

White, M. P. , Alcock, I. , Wheeler, B. W. and Depledge, M. H. , "Would You be Happier Living in a Greener Urban Area? A Fixed-Effects Analysis of Panel Data", *Psychological Science*, Vol. 24 , No. 6 , 2013.

后记：中国式现代化需要
"中国式解读"

锦江春色来天地，玉垒浮云变古今。

编辑完本论著，总觉心里还有话要说，说点什么呢？说说我们研究团队一路跟踪调研的心路历程，说说我们一路观察分析的困惑和思考，也许有助于读者诸君的进一步阅读和辨析。

身处中国千年未有之现代化大变局之中，对中国学者来说，既是一种历史荣幸，也是一种历史责任，既有感同身受的观察研究优势，也有身处"庐山之中"而"不识庐山真面目"的困惑。在短短四十多年的急剧全面现代化进程中，如此波澜壮阔而又丰富多样的中国现代化创新实践，已经引发从乡村到城市各个层面、各个领域的深刻变迁，作为与时代同行的中国研究者，我们又从何切入、从何考察、从何解读中国现代化这一历史性的"古今之变"？这对于我们的研究团队来说，同样也是一种历史性的考验。

中国现代化进程的波澜壮阔而又丰富多样，是任何欲解读和研究"中国故事"的研究者的历史性限定条件，从地域来说，东部、中部和西北、东北各地，各地发展的资源禀赋和发展状况各不相同，既有东部50万人口以上的乡镇，也有西部3万多人口的县城，既有东部几百亿元产值的街道，也有西部几千万元产值的县市。你所说的"中国故事"，是哪里的"故事"？这是任何一个研究者首先要直面的"第一问题"。从纵向结构来说，有中央、省级、市级、县级、乡镇五级政府，加上已完全"行政化"的行政村"两委"，中国的治理结构有六个层级之多，你所研究的"国家治理"，又是哪一级的"政府治理"？从横向结构来说，每一层级的"基层治理"，有党的组织、政府机构，有企业事业单位，又有人民团体和社会组织，还有群众自组织和公民个体，多元主体的统合协同和勾连互动，你所研究的"基层治理"，又必须辨析清楚到底"是谁在治理"？中国有2800多个县级单位，有60多万个行政村和社区，有300多万个自然村，你所说的"乡村故事"，又是哪个村、哪个社区的"故事"？这便是"复杂中国"中的"多样故事"。

面对如此之多的"复杂中国"中的"多样故事"，你又拿什么样的理论概念和理论逻辑来解读中国呢？这同样是每一位研究者需要三思的问题。我们往往纠结于"西方理论"与"本土化理论"。所谓的"现代化理论"，发源于西方，成熟于西方，如影随影般地渗透于后发现代化国家，"西方发达国家"也几乎成为后发现代化国家的"唯一参照"，也是西方国家对后发国家进行"文化殖民"的理论优势。中国研究者如何摆脱西方的"话语垄断"，进行"本土化"的转化和创造，这就需要"学术积累"和"实地调研"的双重"功力"，绝非空泛抽象的"中国向何处去"所能涵括。中国的"二元分治"的城乡结构，中国特有的户籍制度和土地制度，中国难分难解的城镇化进程，中国3亿之多的"农民工"群体，"中国式现代化"的治理体系和实现机制，都需要立足中国实践、概括中国创新的"中国式的概念和理论"。

如何从中国实践、中国故事中概括提升出中国理论，同样面临着极大的"抽象层次"跨越。从个别到一般、从特殊到普遍的抽象（归纳法为主）概括，是任何社会科学研究都必须面对的问题，也都可能面对反例个案的"证伪考验"。你所说的"县域治理"，是指的"哪个县的治理"？中国2800多个县级单位，你实地调研考察了多少个县？你所说的"乡村治理"，是指"哪个县哪个村的治理"？浙江一个村的集体经济收入少于 70 万元，就被认定为"薄弱村"，而西部却存在大量的"空壳村"（集体经济收入为零的村），努力要达到的目标也只是村民人均集体经济收入 6 元以上。中国 60 多万个村和社区，你实地调研考察了多少个村和社区？从你实地调研过的一村一社、一县一市，如何抽象概括提升出中国的"乡村治理"和"城市治理"？你所概括的普遍性、通则性的规律适应全国情况吗？你所说的中国"乡村发展"能够全国乡村"齐步走"吗？你所说的中国"城镇化发展"是指一线大城市还是五线、六线城市发展？你所概括总结的中国"地方治理规律"，是"哪个层级、哪个地域的治理规律"？

面对复杂中国的多样性问题，中国学者自应发挥身处其中的"切身观察优势"，应在扎实的中国实践和中国问题的实地调研中，提炼和概括"中国本土化"的概念和解释架构，如基层治理中普遍加强的"党建引领"和"党政统合"。每一位学者都有自己的学术专长和特点，都有自己的家乡关怀和乡土情结，每一位学者利用自己熟悉的家乡人脉和礼治风俗，扎实深入地做好本村、本乡和本县的本土化研究，集合和贯通起来，就可能构成波澜壮阔的中国基层治理的研究长卷，2800 多个县级地域的研究综合贯通起来，就能构成中国"县域研究"的丰富多彩画卷。

中国的理论离不开中国的实践，中国的实践需要中国理论的指导，但真实有效的理论指导，离不开扎实持续的国情调研，离不开长期坚持的材料积累。只有深入中国的现代化实践，直面中国的现代化问题，真实反映民生需求和人民愿望，切实推动制度性的体制机制改革，才能真正从中国现代化发展的生动故事中，提炼和概括中国话语的本土化理论，才能真正提升理论指导实践的针对性和有效性。

我们的研究团队，有幸得益于四川天府新区这一生动丰富的"观察窗口"，长期跟踪和深入观察天府新区发展的"古今之变"。从 2014 年起，中国社会科学院、四川省社会科学院、四川大学、西南交通大学诸研究同人，持续跟踪和调研天府新区的所有乡镇街道，同基层一线的干部群众开展面对面的访谈和问卷，先后共收集了十多卷本、几千万字的第一手材料，深切感受到成都和天府新区的沧桑巨变和发展细节，也深切感受到基层干部群众的艰辛不易和创新活力。这一本研究论著，便是我们研究团队多年来观察研究的学术探索，也是我们研究团队期望回答上述困惑的学术尝试。我们期待通过天府新区这一"观察窗口"，展现中国现代化发展中的地方治理体系和基层治理机制；期待更多深入观察解读地方创新和基层治理鲜活案例的成果涌现，共同构建中国式现代化"中国式解读"的丰富实践案例基础。

在此，特别感谢成都市和天府新区的各级干部和群众，是你们的创新和支持，使我们的研究多年来持续推进和层层深入，特别感谢中国社会科学院政治学研究所的领导和同人，是你们的关照和协作，使本项研究终于开花结果，特别感谢四川省社会科学院、四川大学、西南交通大学的研究团队，是你们熟悉地域和发挥研究专长的优势，使我们的研究持续深入和不断提升。

在此记录下我们研究的心路历程，希望我们能够继续得到成都市和天府新区的支持，也希望我们的研究团队能够继续在天府新区这一生动的"研究场域"坚持深入，为中国式的话语体系和理论体系做出应有的学术贡献。

周少来

2021 年 7 月 28 日于北京丰益花园